TOUTE LA GÉOGRAPHIE DU MONDE

Auteur de nombreux essais et romans, Jean-Claude Barreau dirige le département de culture générale du pôle universitaire Léonard de Vinci. Guillaume Bigot est directeur de l'école de management Léonard de Vinci et a publié *Les Sept Scénarios de l'apocalypse* (2000). Ensemble, ils ont déjà écrit *Toute l'histoire du monde* (2005), où ils dressent de l'histoire humaine un tableau clair, brillant et renseigné aux meilleures sources.

JEAN-CLAUDE BARREAU

GUILLAUME BIGOT

Toute la géographie du monde

FAYARD

La géographie est-elle encore utile ?

Paradoxe étrange. Les Français n'ont jamais autant voyagé, mais ils n'ont jamais autant ignoré la géographie ! Si leurs grands-parents apprenaient la liste des départements, ils seraient, eux, bien incapables de réciter celle des pays de la Terre. Pourtant, il n'est point de journal qui ne tienne à obligation de publier chaque année un atlas économique ; pourtant, les revues comme *Géo* sont nombreuses et bien faites, et les documents audiovisuels sur le sujet innombrables ; jamais les images du monde n'ont été aussi accessibles. Les superbes photos aériennes d'un Yann Arthus-Bertrand sont reçues comme des tableaux – mais il faut faire un effort pour en découvrir les légendes. À l'aide des ordinateurs, les internautes peuvent regarder d'en haut leurs rues et leurs campagnes avec, sur le portail de l'IGN[1], des détails de cinquante centimètres. Toutes ces images sont extraordinaires ; l'avion et le satellite constituent de merveilleuses plates-formes d'observation. Ces photos prises en altitude ou depuis l'espace permettent aux amateurs de contempler du ciel les lieux de leur géographie intime, et les amateurs sont légion : il y a engorgement sur Google Earth et Géo-

---

1. Institut géographique national.

portail. Encore faut-il pouvoir interpréter ces images stu-
péfiantes, c'est-à-dire savoir un peu de géographie ! Or
– et c'est un des travers de l'époque – on voit tout et tout
de suite, mais on ne comprend rien. L'étudiant moyen, s'il
n'est pas spécialiste, connaît beaucoup moins d'histoire et
de géographie aujourd'hui (les deux auteurs, enseignants
en faculté, en témoignent) que le candidat au certificat
d'études de jadis. Ce n'est pas la faute de l'étudiant. Il a en
effet consacré beaucoup d'heures de cours à ces matières.
Alors ? En histoire, la chronologie a disparu, remplacée
par des thèmes « transversaux » (« le transport à travers
les âges »...). Pour cette raison, les auteurs avaient désiré
en 2005 publier un ouvrage, *Toute l'histoire du monde*,
qui connut un vrai succès. En géographie, c'est la géographie physique et descriptive qui a disparu, étouffée par un
vocabulaire technique, qui rend cette discipline absconse
aux non-spécialistes : jurassique, crétacé, précambrien,
synclinal, anticlinal, etc.

Les mêmes auteurs veulent offrir au même public un
nouvel essai, *Toute la géographie du monde*, travail
modeste malgré l'ambition en apparence démesurée de
son titre, car il s'agit seulement de fournir au lecteur des
fondamentaux, des rudiments qui puissent lui rendre
encore la géographie passionnante, lui permettre de lire
la Terre comme un livre ouvert et plein de sens, comme
les beaux atlas de nos grands-parents avec leurs couleurs
délavées et leurs cartes mystérieuses. Car si les Français – et les Occidentaux en général, parmi lesquels il
convient maintenant d'inclure les Japonais – se déplacent
beaucoup, il faut savoir que le tourisme de masse n'en-
seigne nullement la géographie à ses usagers. L'avion
efface l'espace comme le faisait le tapis volant dans les
contes arabes. Après quelques heures passées dans une

cabine climatisée, le touriste arrive à destination, choisie davantage comme archétype – mer, montagne, neige – que comme pays concret. À l'étape, il ne voit du réel qu'un décor à la Potemkine, spécialement dressé pour lui (ce maréchal russe organisait, à l'occasion des visites sur le terrain de la tsarine Catherine II, des villages de carton-pâte peuplés de figurants recrutés pour jouer les moujiks endimanchés). La vision que le touriste massifié a depuis la plage de la République dominicaine où il séjourne est-elle si différente de celle que pouvait avoir l'impératrice de toutes les Russies ? Au-delà des palmiers et des jolies hôtesses, il ignorera autant qu'elle la misère des peuples. Arrivé en République dominicaine, il ne s'apercevra pas que ce pays est situé sur l'île de Saint-Domingue, avec la république d'Haïti – contrée où il ne voudrait se rendre sous aucun prétexte, la télévision lui en ayant montré à satiété des images d'épouvante.

Et il n'y a pas que les touristes. Que peuvent connaître du monde les hommes d'affaires qui vont de Los Angeles à Tokyo sans jamais sortir de leur Hilton planétaire ?

La « mondialisation » est certainement une réalité économique et financière, mais elle est aussi oubli des vérités concrètes de la géographie. À réduire le monde à des chiffres de PNB ou PIB[1], on peut en arriver à négliger la réalité du monde. On pourrait dire de la géopolitique qu'elle est la trace virtuelle de la géographie disparue.

Que peuvent savoir de la Terre ces étudiants qui passent leur année sabbatique à en faire le tour, de salles d'attente d'aérodrome en correspondances de charters ? Ou ces touristes japonais groupés derrière les fanions de leurs accompagnateurs ? La plupart de ces gens ne se préparent nullement le cœur. Or les meilleurs guides, et l'on

1. PNB = Produit national brut ; PIB = Produit intérieur brut.

en édite beaucoup d'excellents, ne sauraient suppléer à
l'absence de désir. Un lycéen qui gravissait jadis les
marches des Propylées de l'Acropole rêvait de cet instant
depuis des années ; le touriste pressé peut n'y voir qu'un
tas de pierres.

Au XIXe siècle, au contraire, la plupart des voyageurs
étaient des géographes parce qu'ils prenaient leur temps.
Voyager implique de la patience et beaucoup de temps
passé au ras des choses. Par exemple, pour aller en voiture de Paris jusqu'en Inde, il faut énormément de temps.
L'automobile, quand elle sort des autoroutes et des chemins battus, n'est pas très différente de la diligence,
encore moins le véhicule tout-terrain qui prouve sur les
pistes défoncées de l'Orient une utilité que les 4 × 4 qui
paradent sur les Champs-Élysées font paraître ridicule.
Semaine après semaine, le paysage change et les civilisations avec lui : les Perses, Alexandre (Kandahar, la
capitale des talibans d'Afghanistan, c'est Iskandahar
– Alexandrie – fondée par le Macédonien), l'Indus, le
Gange, leurs foules après les déserts salés d'Iran...

Le vrai voyageur sait à quel point la Terre est immense.
De Paris à l'Inde, il faut des semaines et des semaines en
voiture, et non pas quelques heures d'avion. Voyager
implique aussi que l'on se fonde parmi les populations traversées, que l'on en partage le gîte et la nourriture. On ne
peut y parvenir lorsque l'on séjourne dans ces hôtels clima-
tisés tous semblables d'un bout à l'autre de la planète.
Passer la nuit dans une tchaïkana afghane (maison de thé),
dormir sur des lits de corde au milieu de cavaliers au galop
qui rient de leurs dents blanches sous la lune et de chameaux à deux bosses à l'attache apprend davantage qu'un
tour du monde en avion.

Le véritable voyage implique aussi l'imprévu et l'aventure, aujourd'hui refoulés au nom du « principe de précaution » et des progrès techniques. De ce point de vue, le rallye Paris-Dakar est une caricature de la traversée du désert, avec ses concurrents « cocoonés » par des assistants techniques, médicaux et psychologiques. S'aventurer sans assistance dans les dunes et les hamadas est une tout autre expérience, où la rupture mécanique et l'ensablement sont choses sérieuses. Pis encore, il fallait jadis savoir lire une carte pour naviguer dans l'immensité saharienne ; avec l'essor incroyable de la géolocalisation, du GPS, que même les chauffeurs de taxi parisiens utilisent, ce n'est plus nécessaire – immense progrès et risque égal de régression. Traverser vraiment le désert s'apparente à la navigation de haute mer en solitaire. Mais, jusque dans cet exercice aventureux, la liaison radio n'est plus rompue.

Jadis, voyager, c'était disparaître pour de longs mois. Les bateaux de Magellan ont mis trois ans pour faire le tour du monde et personne ne savait où ils étaient. Louis XVI aurait demandé sur l'échafaud : « Avez-vous des nouvelles de Monsieur de La Pérouse ? » Aujourd'hui, le portable a rendu la véritable absence impossible.

La seule aventure qui nous reste, vécue comiquement comme une tragédie, c'est la longue attente dans un aéroport à cause d'une compagnie aérienne indélicate. Il existe certes des agences spécialisées qui vendent de l'« aventure ». Mais il s'agit là d'une fausse aventure, parce que assistée par un réseau de compétences prêtes à intervenir à la demande.

On trouve encore de véritables voyageurs, sans assistance et sans liaison, qui cheminent à l'écart des chemins battus et observent en géographes. Leurs livres, ceux des « écrivains voyageurs », ont du succès, mais un succès mélancolique. Pour voyager véritablement aujourd'hui, il faut vraiment le vouloir.

Tout cela explique que nos grands-parents, qui se déplaçaient beaucoup moins que nous, étaient en réalité plus avertis de géographie que nous. Mais il y a aussi, il y a surtout une autre manière de penser. Avant 1914 existait en France une extraordinaire « école » de géographie illustrée par les frères Reclus – Élisée et Onésime –, Paul Vidal de La Blache et tant d'autres. Onésime Reclus ne craignait pas de décrire la planète entière en un seul volume intitulé *La Terre à vol d'oiseau* – et cela en 1876, avant l'invention de l'avion.

Les auteurs du présent essai ont donc d'illustres prédécesseurs. Notre dernier grand géographe vulgarisateur a été Fernand Braudel dans son fameux livre *La Méditerranée et le monde méditerranéen à l'époque de Philippe II*. Cependant, quand il l'a publié (1949), la géographie n'était déjà plus de mode, et Braudel se crut obligé de camoufler son génie géographique derrière sa compétence reconnue d'historien de l'école des *Annales*. Les deux cents pages de géographie physique de la Méditerranée sont géniales, mais il s'agit d'une œuvre cachée, enveloppée et masquée par les quatre cents pages consacrées à Philippe II d'Espagne, qui n'en demandait pas tant.

Depuis cette époque, rien ou presque n'a été écrit pour le grand public, à l'exception notoire du géographe Yves Lacoste [1] et de sa revue *Hérodote*, les publications de guides, la diffusion de documentaires et d'émissions que nous évoquions plus haut n'étant que les derniers feux d'un astre mort.

---

1. Il vient de publier un beau livre de géographie générale dissimulé sous le titre de *Géopolitique*.

Au XIXe siècle, tout savant tenait à honneur de vulgariser, alors que maintenant cette activité ne semble pas sérieuse. L'enseignement de la géographie, comme beaucoup d'autres, est étouffé par les chiffres, les statistiques et la technicité. Intimidé par la sévérité pointilleuse de ses collègues, le géographe actuel se réfugie dans la spécialisation de publications réservées aux professionnels, petites forteresses plus faciles à défendre contre les attaques. Mais il y a plus grave encore, et cela explique pourquoi la géographie est passée de mode.

Deux préjugés contribuent à son discrédit. La géographie est un art de comparaison. Or comparer est devenu une activité intellectuelle suspecte et presque obscène. En histoire, par exemple, constater qu'Athènes a été plus importante pour le monde que les Boros-Boros passe aujourd'hui pour un jugement quasi fasciste. La géographie est un perpétuel exercice de comparaison (Malraux soulignait d'ailleurs que « penser, c'est comparer », quelle que soit la discipline).

Source encore plus décisive de discrédit, la géographie est la science des frontières, qu'elles soient culturelles ou physiques. À l'heure où toute institution respectable se proclame « sans frontières », on voit le problème ! Notre époque mondialisée les a en horreur et le proclame par ce slogan qui n'implique pas seulement le souhait que les frontières restent ouvertes, ce qui serait légitime, mais appelle leur négation – une négation absurde, car elles existent bel et bien. Elles sont physiques : océans, montagnes, fleuves et déserts. Elles sont aussi historiques, et ressemblent alors à des cicatrices : or une cicatrice vous accompagne jusqu'à la mort. Quand les choses vont, la cicatrice ne fait pas souffrir ; mais si la santé se détériore, elle peut se rouvrir et suppurer. Ainsi la frontière entre l'Orient et l'Occident passe-t-elle depuis des siècles à Sarajevo, comme nous avons pu le constater en 1914 ainsi qu'en 1991.

Les frontières sont des limites et des lieux de passage et de métissage. Le monde est ainsi couvert de cicatrices mal refermées, lignes de fracture tectonique ou de civilisation que la géographie a pour tâche d'expliciter.

En heures d'avion ou sur Internet, le monde paraît lisse, petit et sans mystères. Dans la réalité, il reste immense et compliqué. Il y a quelques années, un essayiste démontrait que la France n'avait plus d'importance au motif qu'on la traversait en quelques heures. Mais en quelques heures également le coureur de Marathon put traverser l'Attique ; ce qui n'empêcha pas Athènes d'être grande ! Le géographe s'intéresse d'ailleurs moins à la superficie absolue des États qu'à leur surface relative, la surface utile. À l'aune de la superficie utile, l'immense Russie est de taille comparable à la France !

Ainsi, à la mode ou non, la géographie reste absolument nécessaire à qui veut comprendre le monde. C'est probablement la plus utile des sciences humaines, car elle se veut description intelligente de l'espace dans lequel nous vivons.

Sans négliger les aspects politiques et économiques, la géographie est d'abord physique. Quand Bonaparte disait : « La politique d'un État est toute dans sa géographie », c'est de la configuration physique de cet État, de sa position par rapport aux mers et aux continents, qu'il voulait parler. Si la géographie en général est dédaignée actuellement, la géographie physique l'est plus particulièrement (quel lycéen pourrait encore citer les affluents des fleuves français ?).

Les rapports de l'homme et de son environnement géographique sont puissants. C'est la vérité de l'écologie. Cependant, à juste titre obsédée par les problèmes environnementaux planétaires, l'écologie n'a nullement contribué à faire redécouvrir les réalités de la géographie physique.

La géographie physique engendre de fortes contraintes qui permettent parfois de comprendre le destin des nations. Prenons un exemple dans le passé en comparant Venise et Gênes.

Gênes, c'est la montagne, découpée en multiples calanques, qui se jette dans la mer. Quand on séjourne à Monterosso ou à Vernazza, on comprend vite qu'il est plus facile à un Ligurien de partir vers le large pour découvrir l'Amérique – ce que fit Christophe Colomb, le plus illustre des Génois... – que d'escalader la montagne et de passer les cols qui la dominent. La plaine du Pô est plus éloignée, mentalement, de la Ligurie que ne l'est le golfe du Mexique. D'un côté, ce sont les palmiers, les plantes tropicales (les agaves, d'origine américaine, ne poussent quasiment que là en Europe) ; de l'autre côté des Alpes maritimes, les hivers sont presque sibériens. En même temps qu'elle est ouverte sur le large, chacune des calanques est séparée des autres par les abrupts et apparaît comme rivale des autres : Monterosso déteste Vernazza et réciproquement. On comprend qu'il ait été difficile à la république de Gênes, la « Superbe », de créer un État central puissant. Elle n'y parvint pas, succomba devant Venise et dut subir le protectorat espagnol.

Venise, à l'opposé, c'est la mer qui inonde de ses marées (il y en a en Adriatique) une lagune de polders et de marais, de vrais pays bas quasi hollandais. Pour construire des digues, détourner les fleuves, maîtriser les sables, les flots et les *acqua alta*, un État fort s'imposait.

La ressemblance entre les paysages vénitien et hollandais est d'ailleurs saisissante. Dans les deux cas, les ravages de la mer et de l'ensablement sont accentués par le fait que les bas pays de la mer du Nord comme de l'Adriatique gisent au débouché de fleuves puissants, ici le Rhin, là le Pô. De fait, la république de Venise – dont le destin, avec un siècle de décalage, est curieusement semblable à celui d'Amsterdam – sut construire au milieu des eaux un État puissant et impérial, gouverné par « la plus triomphante cité de l'univers » (*dixit* Commynes), la « Sérénissime Dominante ».

Ainsi, la contrainte géographique explique les destins divergents de Gênes et de Venise, leurs ambiances différentes, leurs couleurs spécifiques, violentes en Ligurie, vaporeuses en Vénétie.

Et il est beaucoup d'autres contraintes géographiques déterminantes, celles de la géologie par exemple, et tout voyageur devrait connaître les différents paysages qu'engendrent des sols différents. À l'âpreté des géologies anciennes et granitiques, aux rondeurs érodées des vallées glaciaires s'opposent les cimes découpées, les champs ouverts et les nappes phréatiques profondes des géologies tertiaires.

La nature propose ainsi à l'homme des espaces attractifs et des espaces répulsifs : attractives, les zones à climat tempéré, aux fleuves paisibles, à la géologie calme ; répulsifs, les terrains paludéens malsains, les climats équatoriaux ou arctiques, les fleuves incontrôlables.

L'homme est le seul mammifère qui puisse habiter partout : car avec ses vêtements et ses abris, il transporte en effet avec lui sa niche écologique jusque dans l'espace interplanétaire. Pourtant, il n'est pas insensible aux attraits des géographies locales, et ce n'est pas un hasard si la France est aujourd'hui un pays où tout le monde veut venir et dont personne ne repart jamais – « Heureux comme Dieu en France », dit un proverbe allemand. Mais l'homme peut aussi dépasser les limites de la géographie physique en lui imposant une géographie politique contraire. Pour reprendre l'exemple de la France, son État doit peu à la géographie. Rien *a priori* ne rapprochait la Méditerranée de la mer du Nord et de la Manche. Long-temps le royaume de France hésita entre deux géogra-phies opposées, franco-allemande (bataille de Bouvines) ou franco-anglaise (guerre de Cent Ans). Aucun de ces destins n'était méditerranéen. C'est la volonté obstinée des rois capétiens qui finit par unir Toulouse avec Paris, Aigues-Mortes, création royale *ex nihilo*, étant le sceau de cette union sur la mer primordiale. Fruit de la volonté des hommes, la France est le seul État que l'on nomme d'après une figure géométrique : l'Hexagone ! Les contraintes géographiques sont à considérer, mais elles peuvent être surmontées.

Cet essai de géographie partira donc des facteurs phy-siques, fort méconnus de nos jours, mais ne s'y limitera pas. Après une rapide description de la planète Terre, il en détaillera tous les aspects : continents, océans, etc. Chaque pays, chaque État actuel – on en compte plus de deux cents – se trouve décrit non par ordre alphabétique ou par ordre de puissance, mais à sa place, par exemple la Suisse avec la montagne ou la Mauritanie avec le désert. Il y a en géographie, et surtout en géographie physique, des faits indiscutables : emplacements des reliefs ou des fleuves, superficies, populations... Mais en géographie humaine (et les États sont des réalités de géographie humaine), les faits peuvent faire l'objet d'interprétations diverses et la liberté de ton s'impose. Les auteurs ont des opinions, comme en avaient les voyageurs de jadis, et ils les expriment. Les lecteurs ne sont pas obligés d'y adhérer. Comme les bons journalistes, avec lesquels ils ont des points communs, les géographes tentent de séparer l'exposé des faits de leurs commentaires. Les faits sont contraignants, les jugements libres. Rien n'est plus hypocrite de dissimuler des opinions bien arrêtées derrière un jargon ultra-technique. Quand on relit les grands géographes de l'école française, leur érudition, leur minutie, leur fidélité aux faits sont flagrantes, mais aussi l'insolence, le non-conformisme de leurs jugements. On ne manquera pas de reprocher aux auteurs de cet essai ce dernier travers.

Une autre constatation s'impose : on trouvera dans cette géographie du monde beaucoup d'histoire. C'est que la géographie et l'histoire ne sont pas séparables. Dans *Toute l'histoire du monde*, bien que notre plan fût chronologique, nous étions ainsi obligés d'évoquer le cadre géographique des événements passés. Dans *Toute la géographie du monde*, nous voulons décrire le monde tel qu'il est aujourd'hui. Physiquement, il a peu changé depuis la fin de la dernière glaciation, il y a quinze mille ans. La géographie physique, à l'échelle de notre vie, a quelque chose d'immuable. Mais, puisque nous parlons des États qui sont institutions humaines, il est impossible de ne pas évoquer – même brièvement – les faits de leur histoire qui conditionnent leur géographie actuelle. Un exemple entre cent : comment décrire aujourd'hui la Bolivie sans rappeler qu'elle a perdu sa façade maritime pendant la guerre du Pacifique (1879-1883) au profit du Chili, ce qui fait d'elle un pays enclavé ? L'historien ne peut ignorer l'espace, pas plus que le géographe ne peut ignorer le temps.

Toute la géographie du monde se veut donc une invitation à un voyage non pas touristique, mais réel, et à un voyage librement commenté.

La planète, un immense océan

La vie semble surgir dans l'univers à chaque fois que les conditions favorables sont réunies – à chaque « fenêtre de lancement », pour employer une image de l'industrie spatiale. Cependant, pour être réunies, ces conditions supposent une extraordinaire accumulation de hasards heureux.

Or ces hasards heureux sont tous réunis sur la Terre.

Notre planète est tellurique, c'est-à-dire solide (à l'inverse des géantes gazeuses que sont Jupiter ou Saturne), et sa taille moyenne lui assure une pesanteur suffisante pour retenir son atmosphère. Elle a la forme d'un globe aplati de 12 756 kilomètres de diamètre à l'équateur et de 12 712 kilomètres au pôle. Elle tourne sur elle-même en 23 heures 56 minutes et 4 secondes autour d'un axe incliné de 66° 34' sur le plan de l'écliptique, de sorte que les rayons du Soleil ne tombent pas toujours sous le même angle au même endroit, d'où l'alternance de jours et de nuits, de saisons, de chaleur et de froid favorable à la vie. Située à la bonne distance de son étoile (150 millions de kilomètres en moyenne), la Terre n'en est ni trop proche, comme Vénus ou Mercure, qui sont caniculaires, ni trop éloignée, comme Mars, froide et sèche. Le Soleil est une étoile moyenne de la galaxie Voie lactée à rayonnement stable, née il y a cinq milliards d'années et parvenue à la moitié de son âge. Le Soleil va encore briller pendant un milliard d'années avant de changer d'éclat. Quant à la Terre, elle s'est constituée par agrégation de poussières stellaires il y a quatre milliards et demi d'années. Circonstance favorable, car la vie a besoin de beaucoup de temps pour s'organiser.

Notre planète entraîne dans sa course autour du Soleil, qui dure trois cent soixante-cinq jours, un gros satellite : hasard heureux, car la Lune, comme en témoignent les nombreux cratères à sa surface, attire sur elle comme un aimant la plupart des météorites qui risqueraient de s'écraser sur nous. La composition interne de la Terre n'est pas uniforme, mais formée de couches concentriques discontinues, en léger mouvement les unes par rapport aux autres, ce qui produit un « effet dynamo » qu'on appelle le champ magnétique. Gros avantage pour la vie : ce champ magnétique piège les rayons cosmiques les plus destructeurs émis par le Soleil – Mars et Vénus sont dépourvues de cette protection-là.

La croûte extérieure du globe, assez mince – de 100 à 200 kilomètres –, se fragmente en plaques rigides qui se chevauchent les unes les autres avec des craquements responsables de tremblements de terre dévastateurs, mais aussi de la physionomie générale de la planète. Ces mouvements, connus sous le nom technique de « tectonique des plaques », sont à l'origine du volcanisme et de la dérive des continents. Les continents, jadis rassemblés, dérivent comme de grands radeaux sur un océan visqueux. Cette mobilité distingue la Terre de planètes mortes comme Mars ou Vénus. Elle a érigé nos montagnes et creusé nos abysses.

D'innombrables volcans (aujourd'hui, plus de deux

cents sont considérés comme actifs) ont craché à la surface les gaz intérieurs qui, retenus par la gravité assez forte du globe, lui ont constitué une atmosphère dense mais peu élevée (la moitié de sa masse totale se concentre à moins de 5 kilomètres d'altitude) composée d'air, mélange d'un volume d'oxygène pour quatre d'azote et de quelques gaz rares. Cette atmosphère (à l'origine beaucoup plus carbonique) a permis aux plantes de respirer, produisant de surcroît un salutaire effet de serre. Les plantes inspirent du carbone et expirent de l'oxygène. Pour elles, l'oxygène est un poison, mais ce poison, gaz actif, a permis la vie animale. Résidu de respiration végétale, l'oxygène est une espèce de cocaïne qui offre aux animaux une vie infiniment plus animée.

De leur côté, les animaux rejettent le gaz carbonique favorable aux plantes, la boucle – que l'on nomme le « cycle du carbone » – étant ainsi bouclée en équilibre. Mais, pour surgir et se maintenir, la vie a d'abord besoin d'eau. Or, pour que celle-ci puisse rester à l'état liquide, de très difficiles conditions sont requises : une température entre 0 et 100 degrés centigrades à la pression terrestre, une atmosphère dense. Miraculeusement, ces conditions sont réunies sur notre planète et permettent à une pellicule de vie, la « biosphère », de subsister – cas unique dans le système solaire.

La superficie du globe étant d'environ 510 millions de kilomètres carrés, les terres émergées ne couvrent guère plus du quart de cet espace, soit 135 millions de kilomètres carrés ; restent 375 millions pour les océans. Plus de 70 % des espaces terrestres sont recouverts par la mer.

Longuement, sans se lasser, il faut contempler notre globe. Aujourd'hui, les engins spatiaux nous en renvoient d'émouvantes images. En 1969, des astronautes ont pu admirer notre planète bleue depuis la Lune. Dès la Renaissance, les géographes avaient pourtant acquis une représentation suffisante de la Terre – qu'ils ne pouvaient regarder de l'extérieur – pour en faire fabriquer, sous forme de sphères, des modèles réduits dont on peut voir de magnifiques exemples au Louvre et à la bibliothèque Vaticane. De nos jours, on peut acheter des globes partout, de toute taille et de toute qualité.

Si étudier un globe terrestre n'est jamais une perte de temps, lire une carte non plus. Pour les besoins du commerce et de la guerre, les hommes savent dessiner des cartes depuis l'Antiquité. Longtemps, les cartes firent partie des documents les plus secrets jalousement gardés par les généraux et par les chefs d'État. À partir du XIXe siècle, les techniques de projection et de trigonométrie sont devenues de plus en plus précises. Quand on compare aux photos satellitaires les cartes dressées – par pur calcul – par nos arrière-grands-parents, on ne peut qu'être émerveillé de leur extraordinaire exactitude. Leurs calculs abstraits savaient appréhender une réalité que la photographie ne fait que confirmer. Un géographe a d'abord la passion des cartes et il les lit comme nous regardons nos photos familières. Mais elles ont l'inconvénient d'être plates, alors que la Terre est ronde. À petite échelle, cela n'a pas d'importance, mais à grande échelle cela déforme la réalité, surtout au voisinage des pôles.

Il est facile de comprendre que, lesdits pôles étant des points, les planisphères agrandissent les régions polaires démesurément, comme les miroirs déformants de notre enfance. C'est pourquoi les globes sont irremplaçables.

En les regardant, on s'aperçoit immédiatement que la Terre, que nous imaginons continentale, est en fait maritime. Les marins le savent, mais seulement depuis que la boussole et le gouvernail leur ont permis de s'éloigner des côtes, c'est-à-dire depuis le XVᵉ siècle (auparavant, ils longeaient les rivages). C'est depuis Magellan que nous savons que la Terre est une mer.

On voit aussi que notre planète est, pourrait-on dire, « hémiplégique », une moitié étant presque totalement dépourvue de terres émergées. Il y a davantage de continents dans l'hémisphère Nord, et moins dans le côté Pacifique que dans le côté Atlantique. Il ne s'agit d'ailleurs ici ni de Nord ni de Sud, ni d'Est ni d'Ouest. Prenez un globe et faites-le tourner d'une certaine manière : vous ne verrez plus que de l'eau parsemée de quelques îles. C'est l'*hémisphère du vide*.

On traverse rarement cet hémisphère-là. Le fret maritime l'évite et passe au nord, le long de l'Asie et des Amériques. Seuls s'y risquent les voiliers des courses autour du monde et les avions qui desservent les îles d'Océanie. Le Pacifique, contrairement à ce que l'on entend partout, n'est pas et ne sera jamais le « centre » du monde.

Les calottes polaires sont une autre caractéristique de la Terre vue de l'espace. À l'instar de Mars, notre planète présente deux taches blanches au nord et au sud. Ce sont des zones hostiles à l'homme, qui ne s'y est vraiment risqué qu'au XXᵉ siècle. Dans les régions polaires, il y a rupture de la succession des jours et des nuits, chaque pôle, en raison de l'inclinaison de la Terre sur son axe, connaissant une nuit de plusieurs mois qui en accentue le froid. Ces zones sont totalement dissymétriques.

L'**Arctique** est un océan glacial, mais aussi une espèce de méditerranée (« mer entourée de terres ») : les côtes

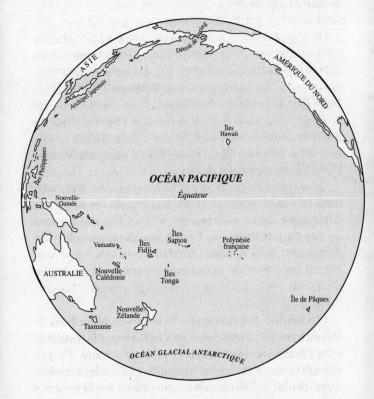

ASIE

Détroit de Béring

AMÉRIQUE DU NORD

Archipel japonais

Îles Philippines

Îles Hawaii

OCÉAN PACIFIQUE

Équateur

Nouvelle-Guinée

Îles Samoa

Polynésie française

Vanuatu

Îles Fidji

Nouvelle-Calédonie

AUSTRALIE

Îles Tonga

Île de Pâques

Nouvelle-Zélande

Tasmanie

OCÉAN GLACIAL ANTARCTIQUE

Carte 1. L'hémisphère du vide

du Canada, de l'Alaska, de la Sibérie, de la Russie, de la Scandinavie et du Groenland ne communiquent avec l'océan planétaire que par des détroits – celui de Bering, la mer du Groenland, etc.

Mais l'océan Glacial Arctique est une méditerranée gelée. La banquise recouvre la mer, même l'été, y rendant la navigation très difficile. En hiver, la glace l'immobilise entièrement en joignant les côtes. Les peuples de l'Arctique, les Inuits, les Lapons, les Sibériens, s'accrochent aux rivages. Les Inuits ou Eskimos sont les témoins de la prodigieuse faculté d'adaptation de l'homme, qui est capable de transporter partout son climat. Igloo, kayak, anorak, mots passés dans toutes les langues, manifestent l'ingéniosité technique des gens qui habitent là. Démunis de souveraineté politique, ces peuples ont à présent délaissé leurs modes de vie traditionnels, et leurs très anciennes cultures sont menacées ; ils tentent néanmoins de faire valoir leurs droits et y réussissent partiellement au Canada et au Groenland. Mais jamais ils ne se sont risqués au centre de la banquise, lequel n'a été atteint qu'au XXe siècle par d'audacieux explorateurs : Nansen, Amundsen, Peary.

L'océan Glacial Arctique couvre plusieurs millions de kilomètres carrés, totalement pris en hiver par la banquise, dont l'extension varie selon les mois de l'année. Février connaît la plus forte concentration de glace et les températures les plus basses (quoique « adoucies » par la présence de la mer) : – 30°, – 40°. En juin, la banquise, plus fragile, ne couvre plus que les quatre dixièmes de la mer Arctique. Les convois qui ravitaillaient l'URSS pendant la Seconde Guerre mondiale ont montré l'importance stratégique de cette zone, aujourd'hui reconnue avec la construction de bases militaires permanentes américaines (Thulé) ou

Carte 2. La Méditerranée arctique

russes (Mourmansk) ; on extrait du fer au Spitzberg. Cette méditerranée arctique pourrait renfermer jusqu'au quart des réserves mondiales de pétrole ou de gaz, aujourd'hui difficilement exploitables mais que l'évolution des techniques et le réchauffement de la planète pourraient transformer en eldorado. L'été, la température des glaces peut à certains moments dépasser, pendant le long jour polaire, le 0°. On constate, depuis un certain nombre d'années, que la banquise d'été recule, ce qui facilite la navigation aux brise-glace russes ou américains. Si la banquise d'été continuait de rétrécir, le passage du nord-ouest, au nord du Canada, deviendrait libre de glace plusieurs mois par an, ce qui libérerait une voie maritime évitant le canal de Panama et raccourcirait de 7 000 kilomètres les distances entre l'Europe et l'Asie. Il existe aussi des effets bénéfiques liés au réchauffement de la planète.

L'**Antarctique**, au contraire de l'Arctique, est un continent, approximativement centré sur le pôle Sud et isolé en plein milieu de l'hémisphère du vide.

L'Antarctique est une espèce d'Australie recouverte par un gigantesque glacier de plusieurs kilomètres d'épaisseur. Ce glacier, appelé *inlandsis*, masque un ensemble géologique d'âge primaire, mais aussi de hautes montagnes tertiaires dont les chaînes côtières dépassent les 5 000 mètres d'altitude et comportent des volcans actifs comme l'Érébus et le Terror. À l'ouest, ce continent pousse une péninsule vers l'Amérique du Sud ; à l'est, il culmine à plus de 4 000 mètres et s'achève sur la mer libre par des falaises de glace.

Avant le XXᵉ siècle, jamais l'homme n'avait mis le pied sur l'Antarctique, dont il ne soupçonnait même pas l'existence. Pendant la nuit polaire, le froid peut dépasser

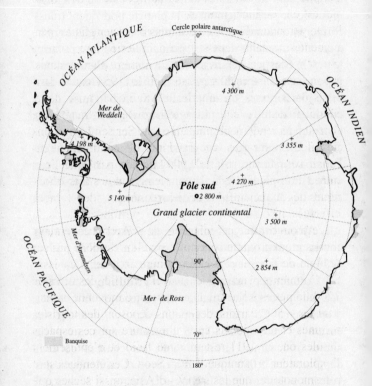

OCÉAN ATLANTIQUE

OCÉAN INDIEN

OCÉAN PACIFIQUE

Cercle polaire antarctique

0°

4 300 m

Mer de Weddell

3 355 m

4 198 m

4 270 m

5 140 m

Pôle sud
○ 2 800 m

Grand glacier continental

3 500 m

Mer d'Amundsen

90°

2 854 m

Mer de Ross

70°

Banquise

180°

Carte 3. L'Antarctique

les − 77°. Par sa masse et sa forme, ce continent res- semble à l'Australie, que, il y a un milliard d'années, la dérive des continents – conséquence de la tectonique des plaques – a repoussée dans les parages de l'Asie, mais qui est un continent jumeau.

On y trouve aujourd'hui des missions scientifiques per- manentes, installées aussi bien à l'intérieur que sur les côtes : américaines, françaises, russes, norvégiennes, japonaises, chiliennes, anglaises, etc. En 1954, trente-neuf États ont signé à Washington le traité de l'Antarctique, bloquant toute revendication territoriale. Ce traité a été renforcé en 1999, pour cinquante ans. Sur ses 14 millions de kilomètres carrés, ce grand glacier continental ren- ferme sous forme solide la plus grande partie de l'eau douce de la planète. S'il fondait, le niveau des mers mon- terait de 200 mètres ! Fort heureusement, des forages effectués jusqu'à 3 600 mètres de profondeur sous la glace prouvent que cet inlandsis est présent à cet endroit depuis plus de quatre cent mille ans. Il n'est donc pas sur le point de fondre, et semble même continuer d'épaissir. Sur l'immense plateau glacé peuvent souffler des vents de 320 kilomètres à l'heure, la température moyenne avoisi- nant les − 50°. Parfois, des avions déposent des touristes fortunés et des sportifs épris d'aventure sur ces espaces désolés où, en 1911, est mort de froid et d'épuisement l'explorateur britannique Robert Scott. Ces étendues sont plus monotones que les steppes d'Asie, aussi sèches que le Sahara, et beaucoup plus hostiles à la vie que la planète Mars. Mais elles jouent un rôle déterminant dans le climat général de la Terre.

Les **régions équatoriales**, à l'opposé des calottes polaires, engendrent un climat humide et chaud, aux jours et aux nuits toujours semblables, et sans saisons. Cette ceinture chaude et malsaine, dont la température moyenne de + 30° n'est pas considérable, est rendue insupportable par l'humidité et hostile à l'homme, mais (contrairement aux zones polaires) très favorable à la végétation. Elle est brisée par de vastes coupures océaniques. Ce n'est pas à l'équateur qu'il fait le plus chaud, mais au Sahara, durant l'été, où les 50° à l'ombre sont dépassés. L'amplitude thermique de la Terre est ainsi de 130°, de + 53° à − 77°, presque aussi forte que sur la planète Mars. Cependant, il s'agit ici d'extrêmes et la température moyenne de la planète, + 12°, reste tiède sans être chaude.

La zone équatoriale joue dans notre système climatique un rôle aussi considérable que celui des calottes polaires. Depuis l'équateur s'élèvent des ascendances continues d'air chaud ; déviées vers le nord par la rotation terrestre, elles retombent aux tropiques où elles maintiennent de hautes pressions génératrices de déserts. Sur les terres émergées des zones équatoriales pousse la forêt primitive, malheureusement de plus en plus essartée pour les besoins de l'industrie et gravement menacée.

La géographie nous permet de prendre conscience des extraordinaires contrastes qu'on trouve sur la Terre. Supposons un explorateur extraterrestre atterrissant dans la terrible nuit antarctique, l'hiver, sur le grand glacier continental fouetté par des vents de 300 kilomètres à l'heure, gelé par un froid de − 77°, sous un ciel noir avec un horizon blanc et glacé à l'infini. Supposons maintenant ce voyageur transporté, immédiatement après, au milieu des touffeurs équatoriales de la forêt amazonienne, sous un ciel gris à peine visible à travers les rares trouées de la végétation, environné de cris d'oiseaux et de frôlements de reptiles. Notre extraterrestre aura peine à imaginer qu'il se trouve sur la même planète !

Le climat général de la Terre se modifie d'ailleurs au cours des âges. Le cycle des périodes glaciaires et interglaciaires est le plus connu des changements réguliers. Il s'étend sur cent vingt mille années environ. Pendant les glaciations (quatre-vingt mille ans), la Terre dans son ensemble est plus froide de 4 ou 5 degrés (7° de température moyenne). Les glaciers recouvrent le Middle West américain et, en Europe, descendent jusqu'à la Belgique. Le Sahara est alors tapissé de hautes herbes, sillonné de fleuves et peuplé d'une faune abondante. Le niveau des mers est plus bas qu'aujourd'hui et l'on peut se rendre à pied d'Asie en Amérique (par le détroit de Bering) et de France en Angleterre qu'aucun pas de Calais ne sépare encore. Pendant les périodes interglaciaires (quarante mille ans), la température moyenne est celle que nous connaissons de nos jours (12°). La dernière glaciation s'est achevée il y a quatorze mille ans, les glaces ont fondu et la mer a monté, isolant l'Angleterre de l'Europe, l'Asie de l'Amérique et l'Australie de la Malaisie. Nous sommes actuellement en interglaciaire. La Terre a gardé le visage qu'elle a pris il y a dix mille ans. Dans vingt-cinq mille ans devrait survenir une nouvelle glaciation, si toutefois l'homme n'a pas d'ici là déréglé le mécanisme.

Les géographes et astronomes sont perplexes sur les causes de ces alternances : modifications modestes de l'éclat du Soleil ou de l'orbite terrestre autour de lui, passage de nuages de poussières cosmiques atténuant le rayonnement de l'étoile et régulièrement répartis dans la galaxie ?

L'interglaciaire lui-même connaît des changements,

mais modérés (2 ou 3°). Par exemple, le Moyen Âge était plus chaud que notre époque : les historiens parlent ainsi de l'« optimum climatique » médiéval. Quand Érik le Rouge découvrit le Groenland en 982 et y attira quelques centaines de familles vikings, il le nomma « Terre verte » – ce qui a longtemps été considéré comme de l'humour noir, vu l'aspect de ce monde aujourd'hui glacé. Nous savons maintenant que les Vikings y élevaient alors des vaches et faisaient les foins, ce qui serait encore impossible de nos jours.

Vers le XIVe siècle, l'optimum climatique prit fin, entraînant un refroidissement du Groenland qui condamna les Vikings à la famine et donna leur chance aux Eskimos, mieux adaptés au froid. Commencèrent alors des périodes plus rudes que les spécialistes appellent le « petit âge glaciaire ». Sous Louis XIV, la Seine gelait parfois en hiver. Ces hivers froids dureront jusqu'en 1914-1918, le réchauffement climatique ne commençant vraiment qu'à partir de 1960.

La météorologie est une science infiniment complexe. Nous comprenons assez bien le rôle antagoniste des calottes polaires et des régions équatoriales, le sens général des courants atmosphériques ou océaniques déportés par la rotation de la Terre (vers le nord-est dans l'hémisphère Nord, vers le sud-ouest dans l'hémisphère Sud, les vents alizés), et les mouvements de marées engendrés par la Lune, mais beaucoup d'éléments nous échappent encore. La mer – qui couvre, rappelons-le, 70 % de la planète – joue dans le système un rôle immense que nous évaluons mal.

Les satellites d'observation nous dévoilent les secrets de la haute atmosphère, mais nous sommes loin d'en maîtriser les facteurs. Par ailleurs, des événements inéluctables mais inattendus jouent un rôle imprévisible : de fortes éruptions volcaniques, comme celles du Krakatoa en Indonésie ou du mont Saint Helens aux États-Unis, peuvent tout aussi bien refroidir durablement le climat, si elles sont poussiéreuses, que le réchauffer par les gaz à effet de serre qu'elles émettent. Il est indiscutable que nous vivons aujourd'hui, et depuis quarante ans, une période de réchauffement (sans avoir encore retrouvé les valeurs du Moyen Âge).

Ce réchauffement va-t-il continuer ? Il semble que oui, sa cause principale étant l'augmentation dans l'air du CO_2 émis par l'homme et ses industries, lesquelles produisent aussi des poussières qui font écran au rayonnement solaire. L'action de l'homme sur le climat est aussi ancienne que l'invention de l'agriculture. Le méthane émis par les rizières et les élevages bovins, le gaz carbonique produit par les immenses feux de brûlis des premiers agriculteurs ont eu, c'est certain, il y a dix mille ans déjà, un effet de réchauffement indéniable. Quant au « petit âge glaciaire » des temps classiques, il n'est explicable par aucune activité humaine.

Chasseur qui ne savait pas conserver la viande, l'homme préhistorique, semblable à nous par ses arts et ses angoisses métaphysiques, restait une espèce menacée, fondue dans son environnement. L'agriculture, qui permet de nourrir sur le même espace mille fois plus d'individus (le territoire de la France peut faire vivre 30 millions de paysans au lieu de 30 000 chasseurs), suppose des greniers, la gestion des flux de céréales, l'écriture, l'État ; en un mot, elle dégage des surplus capables de nourrir des scribes, des militaires, des rois et des prêtres qui résident en ville (Jéricho aurait dix mille ans). Avec la révolution agricole « néolithique », l'espèce humaine – espèce menacée – de quelques millions d'individus est devenue une espèce menaçante de plusieurs dizaines de millions de personnes. Avec la révolution industrielle, cette espèce, menaçante pour les autres espèces, est devenue une espèce de plusieurs milliards d'individus (6,5 à l'heure où nous écrivons), menaçante pour la Terre qui la porte – ce que l'écologie a bien compris. Cependant, l'avenir n'est pas prévisible. Les simulations informatiques sont peu convaincantes : les ordinateurs ne recrachent que les données qu'on y met, une seule donnée inexacte altère les résultats de toute simulation. Le problème du réchauffement climatique est néanmoins l'une des réalités incontournables de la climatologie actuelle.

L'homme a changé la face de la Terre. Il l'a changée, d'abord, dans ses paysages. Certes, on trouve encore des paysages naturels qui ne doivent rien à l'homme – aiguilles et sommets des Alpes, des Andes ou de l'Himalaya, dunes des ergs sahariens ou des steppes mongoles, vagues océaniques des « quarantièmes rugissants », forêts encore vierges d'Amazonie ou de Nouvelle-Guinée –, mais la majeure partie des paysages sont aujourd'hui des paysages humains – ce qui ne veut pas forcément dire saccagés. L'agriculture par exemple, passé le temps des feux de brûlis, a su épouser les courbes de niveau des montagnes, comme au Yémen ou à Java, planter de belles forêts pour le bois des navires ou le plaisir des seigneurs, créer des harmonies. Qui peut rester insensible à la beauté d'un paysage toscan ou angevin, modelé par des générations de paysans dont les villages s'harmonisaient avec l'environnement ?

L'architecture aussi a longtemps su s'intégrer aux sites naturels, telles la grand-place de Sienne, le Campo, aménagement génial d'une cuvette de montagne, ou bien les maisons paysannes d'Europe, orientées selon le soleil et les vents. Les villes elles-mêmes, comme Venise et Gênes dont nous avons parlé plus haut, s'intégraient à leur site naturel.

Le cadre géographique s'impose même à des cités, telles Istanbul et New York, conurbations de tailles comparables, villes portuaires et cosmopolites qui offrent ainsi au voyageur arrivant par la mer un visage curieusement semblable. Péninsules étroites et rocheuses entourées de bras de mer, Manhattan et Stamboul ont été contraintes, par leur site, à la beauté. Il les a obligées au resserrement de leurs édifices, au jaillissement vers le ciel des gratte-ciel ou des minarets et coupoles. Paris et Londres, comparables par leur population et leur rôle économique et politique, situées sur de larges cuvettes traversées par des fleuves, n'ont pas subi la même contrainte géographique et présentent, bien qu'elles soient deux cités capitales radio-concentriques, un visage très différent dans leurs architectures – ordonnées à Paris, désordonnées à Londres.

Avant de nous lancer dans la macro-géographie continentale ou océanique, il est bon de se souvenir qu'existent une multitude de micro-géographies locales. Un petit pays de 20 kilomètres de diamètre peut être aussi riche d'enseignements physiques, politiques et humains qu'un grand État moderne couvrant des millions de kilomètres carrés. Au cours de notre description de la Terre, de ses mers, de ses fleuves, de ses montagnes, récit plutôt macro-géographique, récit de synthèse, nous ferons parfois des incursions au cœur d'univers minuscules mais parlants.

Univers d'autant plus parlants que l'homme est partout le même et pourtant différent. Nous sommes tous les descendants – la génétique le démontre – de quelques milliers d'*Homo sapiens* qui accédèrent à l'humanité, à ses angoisses, à son génie, il y a plusieurs centaines de milliers d'années en inventant le langage. Il y eut d'autres espèces d'hominidés (celle de Neandertal, par exemple, a coexisté avec l'espèce *Sapiens*), mais elles ont disparu.

Tous les hommes vivant sur Terre aujourd'hui, si variée que soit leur apparence extérieure, descendent de ces tribus de chasseurs africains qui peuplèrent progressivement la Terre jusqu'en Amérique. C'était l'époque glaciaire, la mer était basse, on pouvait passer à pied d'Asie en Amérique par le détroit de Bering. Conquête lente et inconsciente, celle de chasseurs à la poursuite de leur gibier. Différenciation progressive des langues et des couleurs de peau en fonction de l'ensoleillement, mais maintien d'une unité telle qu'il est impossible de déduire des os d'un squelette la pigmentation de la peau et que tous ces hommes sont restés interféconds.

Les révolutions industrielles ont été moins respectueuses de l'environnement que la révolution agricole. Il a fallu attendre le XIXᵉ siècle pour voir les bâtiments des hommes, plantés n'importe où et n'importe comment, tours de banlieue ou pavillons de campagne, agresser les sites et les négliger. L'industrie et l'urbanisation anarchique ont déchiré la planète de leurs cicatrices artificielles, visibles depuis les satellites : autoroutes, bétonnages, essartages inconsidérés.

À la biosphère se superpose donc aujourd'hui une noosphère, celle de l'humanité moderne dont les réseaux et concentrations se voient depuis l'espace interplanétaire. Cependant, toute nombreuse et mondialisée qu'elle soit devenue, l'humanité actuelle n'échappe pas pour autant, même si elle le croit à tort, aux contraintes fortes de la géographie.

Le tricontinent, une chaîne de montagnes et un grand désert transversal

À l'opposé de l'hémisphère du vide, on remarque sur le globe terrestre une espèce d'hémisphère du plein, constitué d'un ensemble continental d'un seul tenant que l'on pourrait appeler le « tricontinent ». Europe, Asie, Afrique ne sont point réellement séparées. Pour un œil naïf, elles forment un tout, une seule masse émergée que l'habitude nous oblige à considérer séparément. La chose a été notée en ce qui concerne l'Europe et l'Asie. Les géographes ont souvent dit que « l'Europe est un cap de l'Asie », et ils ont coutume de parler d'« Eurasie ». Curieusement, ils ont oublié l'Afrique, qui pourtant fait indubitablement partie du tricontinent.

Dans sa masse, cet ensemble est situé dans l'hémisphère Nord. Il atteint presque, en Sibérie, le 78ᵉ degré de latitude Nord et côtoie l'océan Glacial Arctique du cap Nord en Norvège, au cap Occidental, sur le détroit de Bering – ce qui fait que ses côtes septentrionales, pourtant longues de milliers de kilomètres, prises dans les glaces l'hiver, sont quasi inutilisables. Cependant, le tricontinent mord largement sur l'hémisphère Sud ; en Afrique, en Asie, il descend très au-delà de l'équateur. Toutefois, au sud, il reste éloigné des zones glaciales et

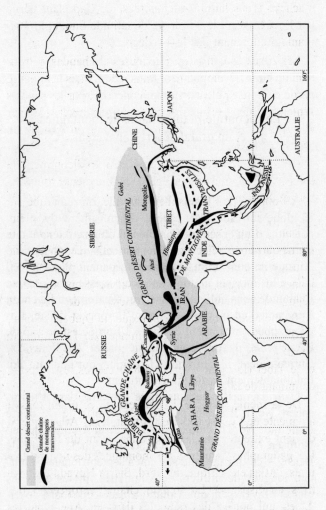

Carte 4. Tricontinent

s'achève à des latitudes tempérées, Le Cap étant borné
par l'océan avant le 35e degré de latitude Sud, et la Tasmanie n'atteignant pas le 44e degré.

Les zones équatoriales, pluvieuses et chaudes, y trouvent un large développement transversal. Mais la majeure
partie de l'ensemble est surtout concernée par les saisons
septentrionales – printemps, été, automne, hiver –, l'hiver
austral n'étant sensible qu'en Australie et en Afrique du
Sud.

Deux caractères physiques marquent le tricontinent de
l'ouest à l'est : une grande chaîne montagneuse transversale et un grand désert continental.

Une *grande chaîne montagneuse transversale*, la
même en vérité de l'Atlantique au Pacifique, s'étend de
l'ouest vers l'est. Ces montagnes fortement plissées sont
jeunes, découpées, très élevées – altitude qui augmente
depuis l'occident jusqu'à l'orient : de plus de
4 000 mètres au bord de l'Atlantique (le Djebel Toubkal,
4 165 mètres, est le point culminant de l'Afrique du
Nord) à près de 9 000 au cœur de l'Asie, entre le Népal
et le Tibet (le mont Everest, 8 850 mètres, est le point
culminant de la Terre).

De la même manière, l'épaisseur de ce grand massif
augmente de l'ouest vers l'est. Étroit vers l'Atlantique, il
devient extrêmement large en approchant du Pacifique.
Les géographes donnent à ces montagnes des noms différents : Atlas en Afrique du Nord, Sierra Nevada et Pyrénées en Espagne. La longue chaîne européenne des
Alpes, qui pousse des radicules dans les Apennins, les
Alpes dinariques, les Carpates, les Balkans et jusqu'en
Crimée, en fait partie. En Anatolie, ils les appellent

chaîne Pontique ou Taurus (le biblique mont Ararat y culmine à 5 165 mètres).

Entre la mer Noire et la mer Caspienne, la chaîne du Caucase ressemble à s'y méprendre à celle, plus occidentale, des Pyrénées entre l'Atlantique et la mer Méditerranée. Le Caucase, qui culmine avec l'Elbrouz à 5 633 mètres, est prolongé en Iran et en Afghanistan par les monts Elbourz (Demavend : 5 604 mètres), du Khorassan, du Zagros et de l'Hindou Koush (où le Chitral atteint 7 706 mètres). Enfin, en Asie centrale, le formidable massif de l'Himalaya pousse ses crêtes à près de 9 kilomètres d'altitude, jusqu'à la stratosphère, et surtout s'élargit immensément dans les hauts plateaux désolés du Tibet avant de redescendre sur les rives du Pacifique en de multiples cordillères – Annamite, Japonaise, Malaise, Javanaise – et de finir en Nouvelle-Guinée.

Bien sûr, sur le tricontinent, on trouve des montagnes nord-sud, mais usées, isolées – les Vosges, les monts scandinaves, les Highlands, l'Afrique orientale ou les Ghats du Dekkan –, quand elles ne sont pas, comme au Yémen, de simples contrecoups du plissement alpin. Mais comment ne pas être frappé par l'unité de cette chaîne continentale qui s'étend de l'ouest à l'est sur 18 000 kilomètres ? Elle partage le tricontinent. Sur son versant nord s'étend, de la Manche à la mer d'Okhotsk, une immense *savane* qu'aucune barrière ne protège des vents polaires de l'Arctique. Uniformément froide l'hiver, sauf à l'occident où elle est réchauffée par les courants atlantiques, elle connaît cependant des étés chauds qui en font, à l'ouest, un grenier agricole de la Beauce à l'Ukraine. Plus à l'est, les étés sont trop courts pour dégeler ses sols et la toundra est défavorable à l'homme. Au contraire, le versant sud, ensoleillé et tiède, a connu les civilisations chatoyantes de la Grèce, de Rome, de l'Inde et de la Chine.

Avec cette réserve que les plaines du Sud, rares et peu étendues, ont besoin d'être drainées pour accueillir des agriculteurs ; autrement, leurs marais chauds engendrent de terribles fièvres, paludisme ou malaria. Voilà pourquoi la plupart des villages anciens sont situés sur les hauts et non dans les bas, l'insécurité et le brigandage qu'on donne en général comme causes à ce fait surprenant n'étant souvent que secondaires. Qu'on pense à la Mitidja algérienne, à la Maremme toscane, aux touffeurs de la plaine du Pô, de la Macédoine (des milliers de soldats français de l'armée d'Orient y moururent de paludisme en 1918) ou des plaines du Gange, tombeau des lanciers du Bengale.

Étonnamment semblable est l'apparence de ces montagnes d'un océan à l'autre : aiguilles déchiquetées, neiges éternelles, glaciers. À leur aspect toujours grandiose, un voyageur qui se réveillerait à leur pied sans savoir où il est ne pourrait dire s'il regarde les Pyrénées, le Caucase ou l'Himalaya. Mais son épaisseur fait jouer au massif un rôle différent à l'occident et à l'orient. Il faut souligner ici la distinction essentielle qu'il convient de faire entre la montagne-barrière et la montagne-passage.

Il s'agit de la même chaîne, partout les altitudes sont élevées et les cols similaires : ceux des Alpes ressemblent à ceux de l'Himalaya. Ces montagnes sont le château d'eau du tricontinent. Dans les Alpes naissent en Europe le Rhin et le Danube. De l'Himalaya sortent des fleuves puissants qui se fraient difficilement des canyons vers les terres basses : au sud, l'Indus, le Brahmapoutre, le Gange, vers l'Inde ; à l'est, le grandiose Yang-tse et le

fleuve Jaune, fleuves historiques de la Chine, le Mékong ;
à l'ouest, le Syr et l'Amou-Daria ; au nord, enfin, les inépuisables fleuves de Sibérie, Ob, Iénisseï, Léna, qui se
perdent, eux, dans les marais glacés de l'Arctique.

De l'Atlantique à l'Hindou Koush, la montagne est un lieu de passage

Au Caucase, par exemple, se rencontrent Iraniens,
Turcs, Slaves, Arméniens et Géorgiens, islam, christianisme et hindouisme. C'est par les cols de l'Hindou
Koush que communiquaient, avant les temps modernes,
l'Inde et la Chine ; Alexandre et Tamerlan les ont
franchis.

Par les cols alpins cheminaient les rois de Paris, les
empereurs d'Aix-la-Chapelle et de Vienne, les soldats de
la Révolution (le tableau de David nous montre Bonaparte au Grand-Saint-Bernard), les marchands de Venise,
les artistes de Florence, les prélats de Rome.

La montagne-passage est lieu d'échange et de vie.
Dans l'histoire, des États se sont souvent établis de part
et d'autre des lignes de crête : le royaume de Navarre,
de chaque côté des Pyrénées ; le duché puis royaume de
Savoie, qui s'étendit, des siècles durant, du lac de Genève
au Piémont, la capitale étant transférée tardivement de
Chambéry à Turin. Devenue royale par l'annexion de la
Sardaigne, cette dynastie de Savoie fit en 1860 l'unité de
l'Italie, abandonnant les deux Savoies à la France. Si l'on
regarde l'histoire militaire, Clausewitz[1] constate que la
montagne-passage ne se défend pas sur les crêtes. Quand,

---

1. *De la guerre* (1832-1834).

jeune général révolutionnaire, il occupait la plaine du Pô, Bonaparte s'est bien gardé d'attendre sur les sommets du Tyrol les armées autrichiennes envoyées pour l'en expulser. Il les a battues à leur débouché dans la plaine, amenant Clausewitz à théoriser qu'une frontière montagneuse étroite doit se défendre sur le versant ami. L'explication de ce fait repose entièrement sur l'amplification du facteur distance par les difficultés du terrain où ce repli des défenseurs oblige l'envahisseur à établir ses lignes de communication. Dans la plaine du Pô, Bonaparte avait toute facilité pour concentrer son armée sur le secteur attaqué ; l'envahisseur, à l'inverse, gardait la montagne dans le dos.

De l'Himalaya au Pacifique, la montagne est une montagne-barrière, quasiment infranchissable. Il fallut, pendant la Seconde Guerre mondiale, les immenses ressources de la logistique anglo-saxonne pour ouvrir – difficilement – entre l'Inde et la Chine la route de Birmanie. L'altitude des sommets ou des cols n'y est pour rien, puisque les cols de l'Himalaya sont aussi franchissables que ceux des Alpes – la différence étant qu'ils ne mènent nulle part, car, en Asie centrale, la grande chaîne transversale enferme un altiplano. Ce terme désigne de hauts plateaux entourés de montagne. Beaucoup d'altiplanos, encerclés de terres équatoriales et malsaines, sont des refuges pour les paysans. Mais ceux de l'Himalaya sont hostiles à l'homme : à 4 ou 5 000 mètres d'altitude, l'oxygène y est rare, le climat glacial, la terre aride. La présence, à l'est de l'Hindou Koush, de l'immense plateau du **Tibet** transforme la montagne en barrière infranchissable.

Le climat épouvantable du Tibet et sa grande étendue en font une zone répulsive. Le bouddhisme, chassé d'Inde par les brahmanes, trouva refuge dans ce pays, gouverné depuis lors par une théocratie monastique dont le chef siégeait au palais du Potala qui domine la ville sainte de Lhassa, à 4 000 mètres d'altitude. Le Dalaï-Lama reconnaissait vaguement l'autorité purement nominale de l'empereur de Chine. En fait, le très étendu et très haut Tibet était un *no man's land*. Il n'était parcouru que par de rares étrangers, dont quelques Occidentaux connus par de saisissants récits de voyage, tels le père Huc, avec ses *Souvenirs d'un voyage au Tibet pendant les années 1844 à 1847*, et au XXᵉ siècle l'exploratrice et écrivain Alexandra David-Neel, première Européenne à entrer – déguisée en Tibétaine – dans Lhassa, dont elle décrivit le palais du Potala à flanc de montagne et les innombrables monastères-lamasseries.

Après la proclamation de la République populaire de Chine en 1949, Mao Tsé-toung envoya l'Armée rouge en octobre 1950 « libérer le Tibet de ses moines ». Adolescent, le Dalaï-Lama s'exila en Inde avec sa suite, et les plus célèbres lamasseries furent détruites. Actuellement, Pékin ne cesse d'implanter les fils de Han en masse sur les hauts plateaux.

Par millions, les Chinois sont maintenant largement majoritaires au détriment des montagnards bouddhistes, cette invasion continuant dans l'indifférence de la communauté internationale – « Selon que vous serez puissant ou misérable... ».

L'Himalaya et les cordillères qui s'en détachent et encerclent le plateau hostile ont fait de la moitié orientale de la chaîne continentale une montagne-muraille. On pouvait défendre l'Inde, contrairement à la plaine du Pô, en occupant les débouchés de la montagne renforcée par son désert intérieur – ce que firent les Anglais du temps de leur empire. C'était, entre l'Inde et la Chine, un mur infranchissable sur des milliers et des milliers de kilomètres. Mais les choses sont peut-être en train de changer grâce à la technique : les Chinois viennent en effet d'inaugurer « le plus haut chemin de fer du monde » (la ligne atteint parfois les 5 000 mètres d'altitude) au prix de centaines d'ouvrages d'art. Une voie ferrée relie désormais la Chine du Nord-Ouest à Lhassa ; sa prolongation vers l'Inde n'est plus qu'une question de politique.

Ainsi, les paysages, les pics, les glaciers, les cols pouvant être absolument comparables, la montagne ne joue pas le même rôle selon sa largeur. Deux États contemporains illustrent cette influence différente de la montagne-barrière et de la montagne-passage.

Le **Népal**, à l'est de la grande chaîne, est avant tout un État himalayen où se trouvent les plus hauts sommets de la planète, les fameux « plus de 8 000 » des alpinistes. Mais ce pays est comme adossé à un mur : on ne le traverse pas. Situé sur le versant sud de l'Himalaya, il est entièrement tourné vers le sous-continent indien, qui lui envoie ses pluies de mousson et d'où viennent ses populations et ses religions, bouddhisme et hindouisme. Comme les Suisses à l'autre bout de la chaîne, les Népalais ont des qualités montagnardes. Ce sont des alpinistes opiniâtres, guides et sherpas. Ils sont aussi soldats, mercenaires au service des gens de la plaine. Rappelons que les Suisses furent longtemps les mercenaires les plus appréciés des États européens, en particulier de la monarchie française pour laquelle ils moururent encore en 1792. Sous le nom de *gurkas*, les Népalais ont été (et sont toujours par suite d'un traité) les meilleurs soldats de la monarchie britannique (ils s'illustrèrent encore dans la guerre des Malouines).

Le Népal est une grande Suisse de 147 000 kilomètres carrés et de 24 millions d'habitants, dont les paysages de piémont ressemblent à ceux de l'Oberland bernois – tous les alpinistes le savent. Katmandou, la capitale, est située à 1 500 mètres d'altitude. Mais c'est une Suisse enclavée qui ne mène nulle part : voilà pourquoi le Népal reste l'un des pays les plus pauvres de la planète, gouverné par une antique et inefficace monarchie. Pour ne rien arranger, la guérilla y sévit souvent ; aujourd'hui, il s'agit d'une guérilla « maoïste » – curiosité historique, mais cruelle réalité. Les pays de montagne, à cause de leur cloisonnement (nous l'avons dit plus haut pour l'ex-république de Gênes, montagne dans la mer), sont toujours guettés par les guerres intestines de vallée à vallée. La Suisse n'y échappa pas, qui vit encore les cantons s'entre-tuer au milieu du XIXᵉ siècle (guerre du Sonderbund en 1847). Mais si les Suisses furent contraints à la paix par leurs voisins, tel ne fut pas le cas des Népalais, longtemps coincés entre les intérêts divergents de la Chine et de l'Inde.

Du **Bhoutan**, petit Népal grand comme la Suisse, plus pauvre encore que le Népal, nous ne dirons pas grand-chose, si ce n'est pour évoquer ses splendides paysages de cimes. L'une des dernières monarchies absolues du monde y gouverne quelques centaines de milliers de montagnards.

La **Suisse**, à l'occident de la chaîne continentale transversale, est un État alpestre qui, à l'opposé du Népal, a joué un rôle important dans l'Histoire, précisément parce qu'il occupe la plupart des cols d'une montagne-passage. De la taille du Bhoutan mais peuplée de 7 millions d'habitants, la Suisse est un carrefour (et non, comme le Népal, un cul-de-sac). À l'origine pourtant, c'est bien l'isolement qui entraîna l'indépendance des montagnards des cantons d'Uri, Schwyz et Unterwald quand ils conclurent entre eux en 1291 une alliance perpétuelle contre l'empereur germanique. Les hautes vallées furent aussi le refuge de persécutés comme les vaudois, et les Suisses ont fait montre des mêmes qualités militaires que les *gurkas*. Mais la véritable fortune de la Suisse lui vient de sa position au centre de l'Europe et de ce qu'elle est un véritable château d'eau, le Rhin et le Rhône prenant leur source dans le massif du Saint-Gothard.

L'axe alpin constitue l'épine dorsale du pays sur 350 kilomètres. On y trouve les plus hauts sommets d'Europe, à l'exception du mont Blanc : d'ouest en est, le Grand Combin (4 314 mètres), le Cervin (4 478 mètres), le mont Rose (4 634 mètres), la Jungfrau (4 478 mètres). Contrairement au Népal, situé sur le versant sud de la montagne continentale, la Suisse en occupe le versant nord, le Tessin mis à part. Au septentrion des Alpes, la chaîne du Jura, moins élevée mais abrupte, lui fait un rempart avec ses forêts et ses croupes « jurassiques » qui s'élèvent à 1 679 mètres au mont Tendre. Ainsi la montagne couvre-t-elle 70 % du territoire helvétique. Mais elle est trouée, d'ouest en est, de cols accessibles : le Grand-Saint-Bernard, le Simplon, le Saint-Gothard, le San Bernardino, le Splügen, favorisent une circulation d'autant plus intense que les Suisses ont su faire de leurs montagnes une plaque tournante des communications européennes, et ce bien avant le creusement des tunnels ferroviaires.

Aujourd'hui, les hauteurs se dépeuplent, à l'exception des stations de sports d'hiver. Les hommes se concentrent sur le plateau qui sépare les Alpes du Jura au bord ou non loin des grands lacs que sont les lacs Léman, de Constance, de Neuchâtel ou des Quatre-Cantons. C'est là que l'on trouve les cinq plus grandes villes du pays : Zurich, Bâle, Genève, Berne et Lausanne. Place financière puissante à Zurich et à Genève, la Suisse est célèbre pour la discrétion légendaire de ses banques. Mais elle a aussi su développer des industries agroalimentaires (Nestlé), chimiques ou mécaniques (horlogerie).

Si elle donne asile à de nombreuses organisations internationales comme la célèbre Croix-Rouge dont le symbole est emprunté à son drapeau (créée par un Genevois, Henri Dunant), la Suisse reste farouchement indépendante, neutre, refuse de faire partie de l'Union européenne et a longtemps boudé l'ONU. Sa démocratie cantonale directe, non dénuée de xénophobie (excepté à l'encontre des étrangers riches), se prêterait mal à un État qui aurait besoin d'une ferme diplomatie. Mais les Suisses n'en demandent pas tant et tiennent avant tout à conserver leur farouche liberté de montagnards. Autre originalité de la Suisse : c'est une véritable nation – c'est-à-dire, selon la formule de Renan, une vraie volonté de vivre ensemble –, alors même qu'elle est formée de peuples opposés et de civilisations différentes : l'allemande pour les trois quarts, la française pour 20 % et même l'italienne (sans compter les Romands).

En Suisse, catholicisme (la garde pontificale du Vatican est obligatoirement composée de citoyens helvétiques) et protestantisme (Genève a en quelque sorte été La Mecque du calvinisme, même si aujourd'hui la ville est en majorité catholique) s'équilibrent. Exemple rare et presque unique d'un communautarisme réussi.

Le *grand désert continental* est l'autre caractéristique évidente du tricontinent. Depuis l'espace, on distingue cette sorte d'écharpe rouge portée un peu de travers par la planète. Cette ceinture désertique commence à l'Atlantique, au sud du Maroc, pour se terminer dans le Pacifique, au nord de la Chine, décalée du sud-ouest au nord-est. Un voyageur qui cheminerait dans cette direction d'un océan à l'autre ne la quitterait jamais et pourrait même éviter de traverser les mers étroites qui l'échancrent : mer Rouge, golfe Persique, Caspienne.

Ces déserts sont la conséquence de la retombée des vents chauds montés de l'équateur après qu'ils ont perdu leur vapeur en altitude, engendrant de hautes pressions ou anticyclones et des climats secs.

L'homme donne à cette ceinture désolée des noms différents : Sahara, désert Arabique et Persique, steppes du Sin-kiang, désert de Gobi... Ses dunes et ses rocs se déroulent sur plus de 15 000 kilomètres de long, mais c'est bien toujours le même désert.

Il agit sur l'homme à l'inverse de la chaîne montagneuse transcontinentale, laquelle s'épaissit et devient plus difficile à franchir quand on va vers l'orient. Le désert, au contraire, est redoutable et large à l'ouest, torride quoiqu'il y puisse geler la nuit (66° d'amplitude à In-Salah). Vers l'orient, il s'adoucit (le Gobi est moins chaud, pouvant même connaître des froids sibériens), et surtout il est plus étroit et donc plus facile à franchir. À l'ouest, le Sahara n'est traversé que difficilement, grâce au dromadaire (chameau à une bosse). À l'est, en revanche, le désert n'est plus une barrière, mais un passage, la fameuse « route de la soie » sur laquelle cheminaient les lourdes et régulières caravanes de chameaux à deux bosses, dits de Bactriane, qui unissaient par voie de

terre la Chine à l'Europe. Aujourd'hui, les camions de
tous les trafics et de toutes les migrations ont remplacé
ici et là les caravanes ; quant aux chameaux et dromadaires, ils errent, désormais inutiles.

À l'occident, le désert fait barrière et sépare le Maghreb
de l'Afrique noire ; en Asie, il est un chemin. C'est en été
que le Sahara est le plus beau – Eugène Fromentin l'a souligné –, précisément le Sahara algérien.

Par un curieux hasard historique, l'Algérie est le pays
du tricontinent qui possède le plus de désert, mais elle
est aussi, paradoxalement, un pays étranger au désert. En
revanche, les passes du haut Atlas mettent le Maroc en
relation avec son Sahara, la Tunisie s'y prolonge naturellement, l'Égypte le traverse avec le Nil, l'Arabie en fait
partie, de même que la Mongolie. L'Atlas tellien, au
contraire, isole complètement l'Algérie, tournée vers la
mer, de son *hinterland* désertique. Personne n'est plus
étranger au désert que le montagnard kabyle. C'est le
hasard de la colonisation, ou plutôt de la décolonisation,
qui attribua au nouvel État indépendant cet immense territoire, avec son gaz, son pétrole, mais aussi sa beauté.

On ne saurait imaginer entrée plus étrange dans le
Sahara que le Tademaït, grande surface lisse comme un
noir miroir, enclume sur laquelle tape le soleil. Certaines
mers lunaires doivent offrir la même vastitude de laves
refroidies et plates, de roches sombres jetées n'importe
comment. Une fois le Tademaït franchi, ce sont des
océans de dunes blondes ou rouges moutonnant à l'infini
et que dore la gigantesque et silencieuse illumination du
soleil, ici et là, de grands volcans éteints, tuyaux d'orgue
jetés vers le ciel. Les images de la planète Mars que nous
ont transmises nos sondes spatiales ou les robots qui y
ont atterri sont extraordinairement semblables à celles de

nos paysages sahariens, y compris les grands cônes volcaniques, les dunes, les oueds et canyons grandioses et
asséchés, ainsi que la teinte dominante rouge. Mars est
un grand Sahara froid et stérile.

Dans le nôtre, on découvre souvent de l'eau. Au creux
de falaise se cachent les gueltas, magnifiques petits lacs,
profonds et préhistoriques. Dans le grand désert terrestre,
contrairement au désert martien, existent des oasis, de palmiers en Afrique, de peupliers frémissants en Iran,
d'herbes ondulant au vent dans le Gobi.

La **Mauritanie** se loge tout entière en ces confins
atlantiques. Cependant, ses pieds touchent le Sénégal,
non sans engendrer des conflits ethniques, le fleuve
constituant une frontière immémoriale entre Noirs et
Blancs. Elle est une création coloniale, mais son existence est portée par un véritable peuple jadis nomade, les
Maures ; elle rassemble à peine 2 millions d'habitants
(sur son million de kilomètres carrés), qui ont réussi à
créer une fragile économie moderne. Ses côtes sablonneuses sont les plus poissonneuses du monde et ses auto-
rités ont signé des accords de pêche un peu partout. Le
minerai de fer, pour lequel les Français ont construit un
long et large chemin de fer transsaharien, représente
encore la moitié du revenu national, et le pétrole s'annonce. Mais le pays est avant tout un espace magnifique,
aux oasis jadis prestigieuses comme Chinguetti, et les
Maures sont une fière population.

Les **Touregs** n'ont pas eu la même chance. Ces
superbes méharistes prédateurs aux voiles bleus et à l'allure noble (n'oublions pas cependant qu'ils rançonnèrent
les Noirs, les réduisant en esclavage pendant des siècles)
n'ont pas réussi à se faire un pays à eux ; dispersés entre
l'Algérie, le Mali et le Niger, ils se clochardisent ou bien

deviennent guides, chauffeurs de poids lourds pétroliers, quand ils ne sont pas en rébellion contre le pouvoir central. Les **Touboues**, au contraire, s'ils n'ont pas de pays qui leur soit réservé, ont réussi à dominer le Tchad indépendant – plus en le pillant, il est vrai, qu'en l'administrant.

La **Libye** (5 millions d'habitants sur 2 millions de kilomètres carrés) semble échapper au désert par la longueur de sa côte. Certes, au fond du golfe de Syrte, le Sahara se jette dans la Méditerranée où aboutissent aujourd'hui oléoducs et gazoducs pétroliers. Mais à l'ouest, en Tripolitaine, on reconnaît sur les rivages la trace de Rome : Leptis Magna, située sur la mer, est la plus belle cité en ruine de l'ex-Empire. Tout y semble intact : théâtre, amphithéâtre, forum, thermes, *decumanus* paraissent avoir été quittés hier par l'empereur Septime Sévère. Plus à l'ouest encore, le théâtre romain de Sabratha est superbe. À l'est, au-delà du Syrte, court sur deux cents kilomètres de long une montagne, contrecoup du plissement alpin. Elle arrête l'harmattan, le vent torride du désert, et accroche les pluies venues du nord. Les marches de cet escalier géant, tournées vers la mer, sont parsemées de villes antiques dont Cyrène, agrippée à 600 mètres d'altitude, est la plus belle. Au milieu des pins parasols et des temples d'Apollon ou de Zeus, on comprend pourquoi les Grecs s'y étaient installés.

Musulmane, la Libye de Khadafi est davantage l'héritière des corsaires barbaresques de Tripoli, même si son raïs s'est assagi. Son désert couvert de dunes et d'oasis, dont la fameuse Koufra conquise par Leclerc en 1941, est brûlant et méconnu. Sur ses côtes, en 1941 et 1942, s'affrontèrent les Anglais, les blindés de l'Afrikakorps et les Italiens.

L'**Arabie**, pour sa part, ne saurait échapper au grand désert. Certes, des deux côtés, les failles de la mer Rouge et les dépressions du golfe Persique l'en séparent, mais elle y est tout entière incluse. Le long de la mer Rouge, le rebord relevé du vide porte les villes saintes de La Mecque et de Médine, où le prophète Mahomet reçut la Révélation. Au débouché des ruelles de la médina, avec leurs murs blancs, leurs maisons basses, aveugles, serrées, soudain une mosquée claire et vide, infiniment pure, désignant le ciel de son minaret. Aujourd'hui, la ville sainte est bétonnée, enguirlandée de néons et noyée sous les HLM. Mais l'Arabie séoudite, à cause du pétrole, est devenue l'un des États les plus riches du monde. Le royaume autocratique fondé par le wahhabite Ibn Séoud en 1932 possède le quart des réserves de pétrole prouvées de la Terre. Les habitants des villes saintes et les Bédouins du désert y sont devenus rentiers et font travailler pour eux, sans leur accorder aucun droit, des millions de salariés immigrés, aujourd'hui catholiques et philippins. La démocratie et le droit des femmes n'y ont pas cours.

Notons que les Séoudiens de souche sont divisés par le schisme ancien de l'islam entre sunnites et chiites, les chiites habitant près du golfe Persique où sont situées les zones pétrolières. Leur sécession, grande angoisse de la monarchie wahhabite, priverait le royaume de l'essentiel de ses ressources, à l'exception de celles qu'il tire des pèlerinages à La Mecque. La population du pays compte une vingtaine de millions de personnes, dont au moins un quart d'immigrés. Le secteur pétrolier reste entièrement sous le contrôle des sociétés nationales et américaines. Riyad, ville sans intérêt, est la capitale du royaume parce que son fondateur en est issu. La transformation, en cinquante ans, des compagnons de Lawrence d'Arabie, maigres et sobres, en propriétaires à embonpoint est saisissante...

Le **Koweït** est l'un de ces pays artificiels qu'on ne mentionne ici que pour mémoire. Créée jadis par les Anglais pour priver leur remuante colonie de Mésopotamie-Irak de son débouché sur la mer, cette enclave est devenue un émirat pétrolier de 2 millions d'habitants sur 17 000 kilomètres carrés. En fait, cet État se réduit à sa capitale, ville hollywoodienne pour laquelle la communauté internationale se mit en guerre en 1991 contre l'Irak qui l'avait envahie.

La **Mongolie** est située à l'autre extrémité du grand désert continental, à son extrême est, en pleine Asie. C'est un désert pauvre et froid, le Gobi. Avec ses 2 millions d'habitants sur 1,5 million de kilomètres carrés, la Mongolie constitue aujourd'hui, autour de la sinistre ville d'Oulan-Bator (poste d'exil pour les diplomates), une république présidentielle dont l'économie repose avant tout sur l'élevage – lequel dépend de conditions climatiques souvent ravageuses, même si le Gobi, moins sec que le Sahara, permet la fréquente poussée de prairies temporaires.

Les Mongols descendent des terribles cavaliers de Gengis Khan qui menèrent jadis leurs petits chevaux à Pékin et à Varsovie et firent trembler les empires. Leur grand campement de Karakorum fut, un moment, le centre de l'Ancien Monde. Les Mongols errent aujourd'hui dans leur steppe asiatique gelée une partie de l'année. Par endroits, leurs chevaux et leurs vaches y broutent un misérable gazon, quand leurs propriétaires ne s'entassent pas dans les immeubles staliniens d'Oulan-Bator – *Sic transit gloria mundi...* Les Mongols sont maintenant bouddhistes et enclavés entre la Russie et la Chine, qui ne leur veulent pas de bien. Pour ajouter à ses malheurs, l'immense Mongolie ne possède aucun accès à la mer.

Quand on observe sur un globe le tricontinent, on aperçoit que sa moitié occidentale est profondément échancrée par un chapelet de mers intérieures. De Gibraltar à la mer d'Oman, du Portugal au Pakistan, une succession d'étendues maritimes l'ouvre et le pénètre. Il s'agit là de l'artère jugulaire de l'Ancien Monde, mers étroites dont les hommes ont toujours pu suivre les rivages.

La Méditerranée, centre du Vieux Monde

Mer « entourée de terres », mer « au milieu des terres » : telle est la signification du mot Méditerranée, mer intérieure du tricontinent, comprimée entre l'Europe, l'Asie et l'Afrique. Elle s'allonge du détroit de Gibraltar au fond de la mer d'Azov sur 3 800 kilomètres, davantage si l'on considère la mer Rouge et le golfe Persique comme ses annexes, ce que nous estimons légitime. Longue, elle n'est pas large (740 kilomètres entre Alger et Marseille, 600 entre Athènes et l'Afrique), mais elle est profonde. On y trouve des fonds de plus de 4 000 mètres. Bien qu'elle reçoive beaucoup de fleuves, elle est très ensoleillée et son évaporation se révèle supérieure aux eaux qu'elle absorbe. L'océan Atlantique doit donc fournir chaque année à la mer intérieure une couche d'au moins un mètre d'épaisseur. Sa forme allongée y rend les marées faibles, sauf en certains endroits où le flux général peut se faire sentir, comme au fond de l'Adriatique et du golfe de Syrte. Elle couvre environ 3 millions de kilomètres carrés.

Le climat méditerranéen est très particulier. Il est la résultante du contact entre le Sahara, qui domine au sud, et les pluies venues de l'ouest. Il suffit de retourner une carte pour prendre conscience de l'immense quantité de

désert qui domine la Méditerranée et la côtoie directement, de la Tunisie à la Palestine. L'été, l'anticyclone
saharien, que l'on appelle anticyclone des Açores,
recouvre cette mer et il y fait sec et beau. L'hiver, il
recule, laissant entrer les perturbations atlantiques : il
pleut et, sur les montagnes, il neige. Il y a donc seulement
deux saisons, mais la mauvaise est courte et l'été long.

On y trouve aussi deux paysages : la lagune et la montagne. Lagunes au fond de l'Adriatique, du golfe de
Syrte, en Camargue, dans le Levant espagnol ou en
Macédoine, sur le delta du Nil ; montagne en Provence,
en Catalogne, en Algérie, en Ligurie, en Grèce, en Turquie, au Liban. La mer intérieure recouvre une fracture
tectonique, et donc une zone sismique importante. Les
tremblements de terre y sont dévastateurs et les volcans
nombreux : Vésuve, Stromboli, Etna. L'éruption du
Vésuve en l'an 79 détruisit et recouvrit de cendres les
villes romaines de Pompéi et d'Herculanum. L'explosion, plus ancienne encore (vers 1500 av. J.-C.), du
volcan de l'île de Santorin mit fin à la civilisation
minoenne et reste l'éruption la plus terrifiante dont les
hommes aient gardé le souvenir. Les Méditerranéens ont
appris à vivre avec les tremblements de terre et recherchent même le voisinage des volcans pour leur fertilité.

Le bassin méditerranéen est coupé du monde extérieur : au nord et à l'est, par la grande chaîne montagneuse transcontinentale (Pyrénées, Alpes, Balkans,
Taurus) ; au sud, par le Sahara. Il offre cependant deux
issues en sens inverse, deux fleuves au même tracé nord-
sud : le *Rhône* et le *Nil*.

Pour quiconque regarde la carte, la position symétri-
quement inversée de ces deux cours d'eau ne peut que
frapper. Ils sont d'ailleurs situés aux extrémités opposées

de cette mer : au nord-ouest le Rhône, au sud-est le Nil. Ils ont à peu près le même débit. Le Rhône vient du nord. Il se fraie un passage dans la barrière-montagne, unique fenêtre. Seul ce que les géographes appellent le sillon rhodanien ouvre la mer intérieure aux profondeurs de l'Europe, au vent froid des pays germaniques, mais aussi aux voies romaines et maintenant au TGV. Le Nil, venu du sud, s'ouvre un chemin à travers le grand Sahara, unique passage en vérité (nous avons dit que l'Atlas tellien coupe le Maghreb de son continent). Seuls le Nil et sa vallée heureuse ouvrent la mer intérieure aux profondeurs de l'Afrique, aux populations noires, aux vents chauds, aux bateaux qui descendent chargés d'ivoire. Comme la Méditerranée n'a en général pas de marées, le Rhône et le Nil ont poussé leurs alluvions dans la mer et créé des deltas qui découragent les marins. Marseille est éloignée du Rhône, et Alexandrie du Nil. C'est pourquoi ces deux grands chemins d'eau, barrés à leur contact avec la mer, sont fort loin d'avoir joué le rôle qu'ils auraient dû avoir. Ni européenne ni africaine, la Méditerranée, à cause de cela, est restée longtemps, comme la Chine, un « empire du milieu ».

La Méditerranée est traditionnellement divisée par les géographes entre un bassin occidental et un bassin oriental.

Le *bassin occidental* est le moins découpé. Entre les côtes d'Algérie, d'Espagne et de France, on remarque seulement l'archipel des **Baléares**, région espagnole. Majorque (la plus grande), Minorque, Formentera, Ibiza et autres îles n'atteignent pas ensemble 5 014 kilomètres carrés, mais ont toujours fourni d'utiles points d'appui à la navigation nord-sud.

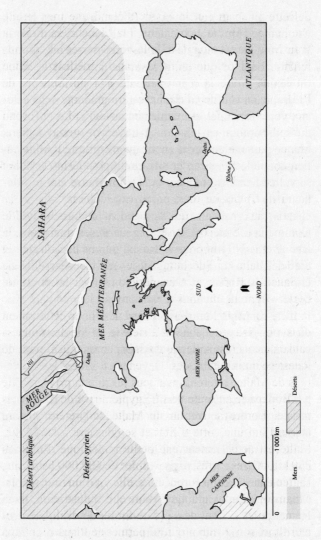

Carte 5. *La Méditerranée à l'envers*

Entre l'Espagne et le Maroc s'étend une mer étroite que Fernand Braudel comparait à la Manche, sauf que la vraie Manche est ouverte à l'ouest et resserrée à l'est dans le pas de Calais, alors que la Manche méditerranéenne est étroite à l'ouest et ouverte vers l'orient. Son pas de Calais, le détroit de Gibraltar, est moins large – 15 kilomètres contre 30 –, mais beaucoup plus profond (350 mètres contre 40) que le vrai. L'étroitesse de cette Manche du Midi a de tout temps permis des communications faciles entre les deux rives : Andalousie et Maroc sont donc aussi proches que l'Angleterre et la Normandie, et leurs histoires également mêlées.

La *Méditerranée orientale* constitue le bassin situé le plus à l'est. Elle commence par un désert maritime, la *mer Ionienne*, comprise entre la Libye, la Tunisie, la Sicile, l'Italie du Sud et la Grèce de l'Ouest, qui borde le Sahara sur toute sa rive méridionale par le rivage de Syrte. On ne la traverse qu'au nord.

L'île de **Malte**, située au centre, est pour cette raison quasiment inexpugnable. Elle a été le refuge des moines-soldats les « Hospitaliers » chassés par les musulmans de Palestine, puis de Rhodes. Devenus corsaires, les chevaliers de Malte restèrent invaincus jusqu'à la prise de l'île par Bonaparte en route vers l'Égypte. Privé de base territoriale, l'ordre souverain de Malte se prétend encore aujourd'hui une sorte d'État et se consacre à la charité. Malte est actuellement une petite république d'à peine 320 kilomètres carrés, mais peuplée de 400 000 habitants. Entrée dans l'Union européenne, elle vit d'un tourisme en expansion, d'un peu d'agriculture et d'industrie de transformation et surtout de sa plate-forme de déchargement maritime, son « Hub » qui lui permet de dispatcher dans toute la Méditerranée les conteneurs déposés là par les cargos qui y font escale. Malte vit aussi de la vente de son pavillon de complaisance à de nombreux armateurs. Les fortifications de sa capitale, La Valette, sont imposantes et, pendant la Seconde Guerre mondiale, l'île fut un bastion anglais. Catholiques fervents, les Maltais, curiosité historique, parlent une langue dérivée de l'arabe.

Sur les bords du Sahara, l'île tunisienne de Djerba, basse et sablonneuse, évoque les souvenirs d'Ulysse auxquels ses habitants, les Lotophages, offrirent des fruits assez savoureux pour lui faire oublier sa patrie.

Le reste de la Méditerranée orientale est fréquenté depuis toujours par la navigation, qui y naquit avec les Grecs et les Phéniciens. En son milieu, l'île de **Crète** appartient à la Grèce. Grande comme la Corse, elle a connu un destin infiniment plus important. Située entre l'Égypte et la Grèce, elle sut transmettre aux Hellènes les trésors de la civilisation pharaonique, créant sa propre culture, dite minoenne, qui ramena la formidable architecture des pharaons à la taille humaine. Derrière le palais de Knossos, on devine une civilisation extrêmement raffinée. La double hache, le Labrys, emblème des rois de Minos, figure encore sur nos passeports. La position stratégique de la Crète en fait la clef de la Méditerranée orientale. La république de Venise la posséda longtemps et la défendit avec acharnement contre les Turcs jusqu'à la fin du XVIIe siècle. Pendant la Seconde Guerre mondiale, les parachutistes allemands réussirent à s'en emparer, au grand dam de Churchill.

Chypre, île plus orientale, est loin d'avoir cette importance même si elle est aujourd'hui, contrairement à la Crète, un État indépendant – du moins pour la partie que n'occupe pas l'armée turque. On compte 770 000 Chypriotes sur une île morcelée, guère plus étendue que la

Crète. Leur dynamisme, leur activité industrieuse leur ont permis d'entrer dans l'Union européenne. En fait, les Chypriotes de l'État indépendant sont des Grecs que seule la rivalité gréco-turque a empêchés de se réunir à leur mère patrie (*Enôsis*). On admire, à Famagouste, une superbe cathédrale gothique abandonnée là par les Croisés.

Le véritable visage de la Méditerranée orientale a toujours été celui de son rivage, le Levant, lourd d'un immense passé historique. Sur cette côte rectiligne depuis la Turquie jusqu'à l'Égypte se jette le mont Liban. Dans ses calanques, les Phéniciens, ancêtres des actuels Libanais et pères de la langue arabe, partirent vers l'occident où, 2 000 kilomètres à l'ouest, ils fondèrent leur prospère colonie de Carthage en Afrique du Nord. Tyr et Sidon regorgeaient d'or et de pourpre. Ces commerçants, jugeant malcommode l'écriture dessinée des Égyptiens, inventèrent l'alphabet – trouvaille géniale qui permit, au moyen d'une vingtaine de signes conventionnels, de transcrire toutes les langues et de noter tous les trafics du monde.

Un peu en arrière, sur les monts de Judée, autour de la ville sainte de Jérusalem, les Hébreux sortirent de l'animisme pour inventer le monothéisme. Près du lac de Tibériade, dans la belle « Provence » de Galilée, un rabbi révolutionna le judaïsme en prononçant sur la colline les paroles inspirées des Béatitudes. Avant cela, les Phéniciens avaient fait le tour de l'Afrique pour le compte du pharaon Néchao. Ils étaient descendus par la mer Rouge, gardant toujours la côte à main droite et le soleil levant à gauche, poussant chaque soir leurs galères au rivage. Quand, ayant toujours la côte à main droite, ils virent le soleil se lever sur la terre et non plus sur la mer, ils comprirent qu'ils avaient doublé le cap sud du tricontinent ; passant par les colonnes d'Hercule (ainsi s'appelait le détroit de Gibraltar), ils rentrèrent à l'ouest en Méditerranée. Le Levant connut la gloire des empires : le perse, celui d'Alexandre, très longtemps le romain et le byzantin, puis les chevauchées des cavaliers d'Allah et de ceux de la Croisade.

Nul rivage n'est davantage empli de rêve que celui de la Méditerranée orientale. Nul non plus n'est autant stratégique. Aujourd'hui encore, pour dominer le monde, il convient de commander en ses calanques, même quand on habite très, très loin de là, comme les Américains. Longtemps, la région entière s'appela la Syrie. Jusqu'en 1918, celle-ci s'étendait de l'Anatolie au golfe d'Akaba ; le Liban et la Palestine en étaient des provinces. Puis Anglais et Français se partagèrent la région. Depuis 1948, plusieurs États s'en disputent le territoire.

La **Syrie** ne comprend plus que la moitié nord de l'ancienne région ottomane ; sur 185 000 kilomètres carrés, elle regroupe 17 millions d'habitants sous un pouvoir autoritaire, dernier témoin des partis socialistes arabes Baas. La structure physique du pays est simple et rappelle celle de l'Algérie : deux chaînes de montagnes parallèles à la mer, l'une côtière et l'autre, plus sèche, tournée vers l'intérieur. Mais ici les villes ne sont pas sur le rivage, mais au piémont de la chaîne intérieure, et elles regardent le désert, non la mer. Du nord au sud, on trouve Alep, la plus belle ville arabe du Proche-Orient, Homs, Hama et enfin Damas, la plus prestigieuse : jadis capitale des Ommeyades, elle reste aujourd'hui le centre du monde arabe, avec Le Caire.

Ce ne sont pas les paysages syriens, monotones et step-

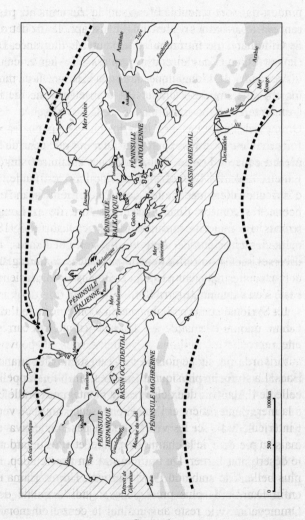

Carte 6.
La Méditerranée
Ses mers et bassins, ses dépendances et ses péninsules

piques, qui sont remarquables, mais les témoins qu'on y
rencontre partout d'une très longue histoire. On trouve en
Syrie les arcs de triomphe et les temples des Romains
(Palmyre), ceux des Byzantins. Au nord d'Alep, on peut
visiter, près de la basilique de Saint-Siméon, les villes
mortes de l'empire d'Orient. On y voit aussi de belles
architectures arabo-musulmanes, telle la mosquée des
Ommeyades à Damas, non loin des plus beaux châteaux
forts médiévaux francs (parce qu'ils n'ont été, contrairement à ceux de France, démantelés par aucun roi), tel le
fameux krak des Chevaliers (ceux de l'Hôpital, aujour-
d'hui chevaliers de Malte) dont les enceintes cyclopéennes racontent l'incroyable aventure des moines-
soldats. En majorité musulmane, la Syrie abrite également des chrétiens de toutes Églises et obédiences, et
diverses sectes qu'on ne rencontre que là, comme celle
des Alaouites dont fait partie la famille dirigeante. Agricole, assez dynamique, la Syrie aspire au rôle de puissance régionale. Elle n'a jamais admis l'indépendance du
Liban, quoiqu'elle garde à Lattaquié une fenêtre sur la
mer.

La **Jordanie**, située plus au sud, est en fait la continua-
tion de la Syrie jusqu'à la mer Rouge. Elle en fut détachée
par les Anglais qui y créèrent un petit royaume bédouin,
où se perpétue la dynastie hachémite chassée d'Arabie
par Ibn Séoud. Elle couvre 89 000 kilomètres carrés et
est peuplée de 5 millions d'habitants, dont beaucoup de
réfugiés palestiniens – ce qui inquiète la monarchie, dont
l'assise repose sur la fidélité des tribus du désert. On
retrouve en Jordanie, en plus sèches, toutes les caractéris-
tiques de la Syrie : ruines romaines de Jérash, imposant
château féodal de Renaud de Châtillon dominant la mer
Morte. La Jordanie a obtenu une ouverture sur la mer

Rouge avec la ville d'Akaba, que rendit célèbre Lawrence d'Arabie. Ce petit royaume abrite aussi l'un des sites archéologiques les plus étonnants du monde, celui de Pétra, avec ses temples taillés dans la falaise auxquels on accède en se faufilant à travers un étroit défilé.

Le **Liban** a été créé par la France mandataire. Ses monts sont couverts de neige en hiver (*laban* veut dire « blanc » en hébreu). Ils étaient plantés de cèdres, l'emblème du pays, dont il reste quelques milliers. Il s'agit en fait de la montagne des anciens Phéniciens. De leurs ancêtres les Libanais ont gardé un prodigieux sens du commerce qui les fait émigrer partout. Abrupt et verdoyant, le mont Liban évoque une espèce de Ligurie levantine (Gênes y eut longtemps des comptoirs prospères). Tyr et Sidon, premières fondations phéniciennes, ne sont plus que des bourgades, mais l'immense Beyrouth, la capitale, sans cesse détruite et sans cesse reconstruite, reste le plus grand port du Levant. La France mandataire avait voulu appuyer le nouvel État sur la forte communauté de chrétiens unis à Rome (les maronites) qui en constitue l'ossature. Les écoles françaises y sont encore nombreuses et le français y reste – malgré l'anglais – usuel, après l'arabe. Le petit Liban, à peine plus étendu que la Corse, nourrit 4 millions de travailleurs opiniâtres et commerçants. Ce petit pays est aussi un Moyen-Orient miniature où se côtoient et où s'affrontent toutes les communautés de la région. Chrétiens grecs et maronites, musulmans chiites et sunnites et Druzes qui ne sont ni fils de Mahomet ni fils de Jésus. Ce pourrait être un paradis. Son malheur est de se trouver coincé entre la Syrie et Israël. Sans véritable armée, que peut-il faire ? Pendant l'été 2006 encore, l'aviation israélienne a anéanti ports et ponts en riposte aux assauts du Hezbollah. Surtout, le Liban n'est pas une patrie homogène et cela se vit lors des manifestations monstres qui précédèrent le retrait militaire syrien, en 2005. Les chiites, encadrés par la formation paramilitaire du Hezbollah, se révélèrent hostiles à ce retrait – donc implicitement favorables à un rattachement à Damas. Le Liban n'est pas une patrie pour tous les Libanais. Outre les Maronites, le Liban est une véritable mosaïque de communautés religieuses, chrétiennes ou musulmanes où l'équilibre interconfessionnel reste précaire, les tensions aggravées par les interventions étrangères et la guerre civile menaçante.

La **Palestine**, remise en 1918 en mandat aux Anglais, une entité grande comme la Belgique, a un destin agité. La ville sainte de Jérusalem est dotée de superbes monuments juifs (le mur des Lamentations, l'esplanade du Temple), musulmans (la mosquée El-Aqsa, le dôme du Rocher) et chrétiens (Sainte-Anne, le Saint-Sépulcre...). Centre religieux des trois monothéismes, elle posait déjà aux Anglais des problèmes difficiles. Mais, bien avant la chute de l'Empire ottoman, la Palestine avait été choisie par le mouvement sioniste (Sion est l'un des noms de Jérusalem) comme l'endroit où il convenait de construire le « foyer national juif » voulu par Theodor Herzl afin de servir de refuge aux Juifs persécutés (il s'agissait à l'époque des pogroms en Russie et en Europe orientale). Beaucoup de colons d'origine russe ou polonaise acquirent ainsi des terres dans le pays, aidés par l'Agence juive, et y fondèrent les fameux kibboutz destinés à transformer les tailleurs et commerçants de la diaspora en paysans semblables à ceux de la Bible. Le problème vint de ce que ce territoire était occupé depuis vingt siècles par d'autres Sémites installés là par les empereurs Titus et Hadrien. Dès le début, la cohabitation fut difficile. Après la Seconde Guerre mondiale et la Shoah, l'ONU accepta en 1948 la création en Palestine d'un État juif, qu'agrandirent l'immigration (*Alyah*) et les guerres successives contre les voisins arabes. Cependant, malgré de nombreux exodes, tous les Arabes ne partirent pas du territoire mandataire.

Israël, extraordinaire démonstration de la force d'une idée sur les hommes (le « sionisme », le « retour » en Palestine), est un pays moderne de 6 millions d'habitants et à l'économie sophistiquée. Il couvre de ses « implantations » agricoles, de ses routes, de ses entreprises industrielles, plus des deux tiers de la Palestine mandataire et possède avec Tsahal (acronyme formé des initiales de Forces de défense d'Israël) la meilleure armée de l'ensemble du Proche-Orient. De plus, Israël, aidé jadis en cela par la France, dispose de l'arme nucléaire, à Dimona dans le Néguev, le bout du grand désert continental. Le Néguev est la zone pionnière de l'État hébreu et lui ouvre avec le port d'Eilat, en face d'Akaba, un accès à la mer Rouge. L'armée assure par un long service militaire (trois ans pour les garçons et deux pour les filles) une fonction d'intégration et d'assimilation essentielle à la cohésion d'une communauté nationale formée à partir de gens aussi différents que les Russes et les Éthiopiens (Falachas).

L'État hébreu est une sorte d'implantation au Levant de la modernité occidentale, mais d'une modernité patriotique, civique et quelque peu sociale. Israël, c'est Sparte, un peuple de guerriers au milieu de populations ennemies (les Palestiniens, nouveaux Hilotes). Après cinq ou six guerres (on renonce à compter), le pays a deux problèmes : se faire accepter de son environnement, maintenir son esprit pionnier. Beaucoup de jeunes Israéliens, fatigués de se battre, sont en effet tentés par l'individualisme de la société de consommation. On peut le constater en prenant un verre dans les cafés de Tel-Aviv, la capitale économique. Allongée sur sa plage méditerranéenne, Tel-Aviv est une espèce de Beyrouth plus paisible, plus active que l'autre et moins menacée. Jérusalem reste la ville symbole.

Les **territoires occupés** depuis 1967, c'est-à-dire le tiers de la Palestine mandataire, sont séparés entre la Judée-Samarie et la bande de Gaza. La plus grande partie des Palestiniens habitent les collines de Judée-Samarie. Mais celles-ci sont morcelées par des « implantations » juives abritant déjà 250 000 colons.

Malgré l'existence d'une « autorité autonome », les Palestiniens n'ont pas encore réussi à créer d'institutions viables. Ils se révoltent d'une manière de plus en plus violente, l'occupation israélienne étant rendue plus insupportable encore pour eux par la construction du fameux mur qui protège désormais Israël. Or ils sont 4 millions, sans compter les Arabes habitant toujours en Israël, au-delà de la « ligne verte [1] » (où ils demeurent des citoyens de second rang, dispensés du service militaire).

L'activité économique palestinienne, entre les attentats du Hamas et les ripostes israéliennes, est aujourd'hui au bord de la faillite, le territoire est morcelé, les déplacements difficiles.

Sur cette ancienne Palestine grande comme la Belgique (environ 30 000 kilomètres carrés) vivent ainsi, malgré les zones désertiques, davantage d'hommes que dans la prospère Flandre, soit plus de 11 millions : 6 de Juifs et 5 d'Arabes. Le fanatisme menace les deux adver-

---

1. Frontière officielle d'Israël reconnue internationalement avant 1967.

saires, celui des intégristes religieux : islamistes d'un
côté, juifs ultra-orthodoxes de l'autre. Deux artisans successifs du processus de paix, le président égyptien Sadate
et le Premier ministre israélien Yitzhak Rabin, assassinés
par des compatriotes, l'ont éprouvé à leurs dépens. Le
conflit israélo-palestinien est complexe : concentré des
plus hautes passions humaines – la patrie, la liberté –,
c'est une tragédie. Chaque camp a raison ou tort selon
son point de vue. Ce conflit pèse sur la région, et même
sur le monde. Il se poursuit au mont Liban.

La Palestine ne connaît que les montagnes côtières :
collines en Galilée, monts dénudés en Judée où siège
l'austère Jérusalem, à 1 000 mètres d'altitude, illuminée
d'or par le dôme d'Omar. Entre la ville et la Jordanie,
une profonde dépression abrite les eaux vives du lac de
Tibériade et les eaux saumâtres de la mer Morte (très en
dessous du niveau de la mer), reliées par le fleuve
Jourdain.

La Méditerranée est découpée non seulement en bassins, mais aussi en mers très différenciées.

La **mer Tyrrhénienne**, entre Corse, Sardaigne et
Sicile, est circonscrite par ces trois massifs montagneux
insulaires et par une côte accueillante et douce, celle de
Campanie. La **Corse** ne couvre que 8 000 kilomètres
carrés, la **Sardaigne** 24 000 et la **Sicile** presque 26 000.
Les populations de ces trois îles sont d'importance iné-
gale. Très peuplée, la Sicile dépasse les 5 millions d'habitants. Sur une étendue semblable, la Sardaigne n'en
compte qu'un. Quant à la Corse, vidée par l'émigration,
elle est presque déserte et n'aligne pas 300 000 personnes
sur son magnifique territoire, malgré l'immigration
récente de Maghrébins.

Ces trois îles ont beaucoup en commun. Ce sont des
espèces de petits continents tournant le dos à la « Grande
Bleue ». Là se sont conservés longtemps des modes de
vie et de pensée révolus ailleurs : libre pâture des moutons ou des chèvres (mortelle pour les arbres), enferme-
ment en clans opposés, ce qui est propice aux vendettas
et aux mafias. Les Corses, les Sardes et les Siciliens ne
sont pas des marins. C'est d'Italie (Amalfi, Pise, Gênes)
ou de Grèce (Athènes, archipels) que les navigateurs sont
venus. Toujours conquises de l'extérieur, ces îles n'ont
presque jamais connu l'indépendance : la Corse et la Sardaigne appartinrent longtemps à la république de Gênes ;
les Espagnols furent maîtres de la Sicile jusqu'au Risorgimento. Les populations insulaires furent difficiles à
soumettre pour leurs maîtres successifs. On se souvient
que Gênes, découragée, vendit la Corse à la France qui
finit par s'y établir militairement, après un court épisode
d'autonomie sous Pascal Paoli. Évoquant son enfance,
Bonaparte remarquait : « Je naquis quand la patrie péris-
sait » (c'est évidemment de la Corse qu'il parle).

La Sicile fut davantage disputée que les deux autres
îles. D'abord entre Grecs venus de l'est et Phéniciens de
Tunisie, puis entre Romains et Carthaginois, entre Arabes
et Normands, entre Bourbons et garibaldiens, lesquels
obtinrent le rattachement à l'Italie. Cette île triangulaire
n'est pas située à l'écart, comme le sont la Corse et la
Sardaigne. Elle occupe au contraire un point stratégique
entre le Maghreb et l'Italie, et sépare la Méditerranée en
deux parties : l'orientale et l'occidentale.

La Sicile est par conséquent un extraordinaire carrefour de civilisations et l'on y rencontre à la fois des
temples grecs et des palais arabes, des châteaux médiévaux et des églises baroques. Les villes bâties par les

conquérants sont sur la côte : Palerme, Syracuse... Mais on trouve dans les trois grandes îles de la Méditerranée occidentale des villes intérieures et secrètes : Caltanissetta et Enna en Sicile, Orgonsolo en Sardaigne, Corte en Corse. Ces petits continents étranges, fermés au large, emplis de souvenirs préhistoriques, restent des sortes d'énigmes que déchiffrent mal les États, Italie ou France. Sous la férule débonnaire des maîtres étrangers, les populations locales poursuivent leur vie secrète de clans, d'amitié ou de haine.

Ces trois îles sont aussi belles les unes que les autres, mais le grand volcan Etna, qui crache son feu au milieu des neiges à 3 000 mètres d'altitude et d'où l'on jouit d'une vue sublime sur la mer primordiale, donne à la Sicile un cachet particulier, renforcé par les théâtres grecs de Taormina qu'il protège de son flanc...

L'**Adriatique** est la plus caractérisée des mers méditerranéennes. Presque fermée, elle ne communique avec le bassin principal que par un détroit d'à peine 60 kilomètres entre la botte italienne et l'Albanie. Longue de plus de 800 kilomètres, elle sépare l'Italie de l'Europe centrale et balkanique, mais elle ne dépasse jamais une largeur de 200 kilomètres entre la péninsule et la Dalmatie.

Ce golfe, orienté du nord-ouest au sud-est, présente des côtes dissymétriques. La côte italienne, plate et monotone, ne compte qu'un seul vrai port, celui d'Ancône. En face, au contraire, la côte dalmate aligne un chapelet de montagnes orientées dans le sens de la mer. En partie immergées, elles donnent naissance à d'innombrables îles allongées, dominées par la muraille abrupte des

Alpes dinariques, au-delà desquelles commence un autre monde : celui de l'Europe danubienne.

Au nord de la mer se jette le fleuve Pô, court mais puissant, qui se protège, comme partout en Méditerranée, d'un delta impénétrable accompagné de paysages incertains dans lesquels la terre et les eaux se confondent, d'autant plus que, très à l'est du fleuve, l'effet de marée est sensible d'un ou deux mètres.

Dans une lagune éloignée du Pô, à trois kilomètres de la terre ferme, s'est construite la ville entièrement artificielle de Venise, qui repose sur des millions de pieux enfoncés dans la boue, sans murailles, la mer lui étant la plus forte des défenses. La modeste alternance des marées, impuissante à créer des estuaires, a cependant suffi à rendre habitables ces marais exempts, grâce aux *acqua alta*, de fièvres paludéennes. L'Adriatique est la tanière dans laquelle, pendant des siècles, s'est tapie la Sérénissime. La montagne, côté dalmate, propice au mouillage des galères, fut pour elle comme un bras jeté vers l'Orient, jusqu'à ce que Napoléon détruise en 1797 l'État maritime. Toutes les villes de Dalmatie ont été construites par elle. Ce sont des perles vénitiennes qu'aujourd'hui les touristes admirent sans comprendre leur origine, malgré les lions de Saint-Marc plantés par Venise à profusion. Sur les imposantes forteresses de Corfou, les Turcs se brisèrent les dents. Les Esclavons (Croates) furent les meilleurs soldats de la république aristocratique. Zara (Zadar), Spalato, construite autour du palais de l'empereur Dioclétien (Split), Sibenico (Sibenik), Trau (Trogir), Raguse (Dubrovnik) parlent encore de la grandeur de la république déchue. Venise elle-même, abandonnée par la vie, reste sublime. Quand on doute de l'humanité, il convient de descendre le Grand Canal en vaporetto, de palais en palais, jusqu'à Saint-Marc où

« seul, assis à la grève, le grand lion soulève, sur l'horizon serein, son pied d'airain » (Musset, *Venise*).

Du fond de son golfe, Venise, tapie comme une pieuvre, jetait ses tentacules depuis la Méditerranée orientale jusqu'en Chine (Marco Polo).

L'Adriatique a gardé d'elle son catholicisme surprenant en ces lieux orientaux, car dès qu'on s'élève en montagne surgissent l'islam ou l'orthodoxie. Toute cette gloire s'est dissipée. L'Italie n'a jamais vraiment aimé Venise, davantage levantine qu'italienne. Sur la côte dalmate, le projet yougoslave a tragiquement explosé en 1991. Du nord au sud du golfe, plusieurs États se succèdent aujourd'hui.

La **Slovénie**, république plus alpestre que méditerranéenne, touche à peine la mer, mais ses 2 millions de Slaves occidentalisés s'emploient à faire de leur petit État (20 000 kilomètres carrés autour de la capitale, Ljubljana) un pays prospère et pacifique.

La **Croatie** excipe des titres historiques plus sérieux. Il exista jadis un puissant royaume croate à Zagreb. La Croatie regroupe 4,5 millions d'habitants (catholiques) sur 56 000 kilomètres carrés. C'est un pays double : au-delà des monts, Zagreb, la capitale, est une ville d'Europe centrale, pleine du souvenir du défunt empire des Habsbourg. Mais le pays a hérité de Venise la longue Dalmatie maritime, qui tourne résolument le dos à la Croatie danubienne et étale les splendeurs touristiques de l'Istrie aux gorges de Cattaro (Kotor). La Croatie, aidée par les Américains et soutenue par les Allemands, bénie par Vatican, a gagné sa guerre de sécession contre la Serbie.

Le **Monténégro**[1], qu'on trouve ensuite sur le rivage,

---

1. « Monténégro » signifie « montagne noire ». À l'opposé, on trouve un Monterosso, « mont rouge », en Ligurie.

est aussi orthodoxe que la Croatie est catholique. Ce
fouillis de montagnes fut un royaume d'opérette au
XIXᵉ siècle, avant de s'unir à la Serbie à laquelle il resta
longtemps lié. Ses 600 000 habitants sont tout à fait
serbes. Le pays, grand comme la Corse, ne produit pas
davantage que l'île de Beauté. La mode aidant, le Monténégro a voulu devenir indépendant par un référendum en
mai 2006 pour profiter des subventions de l'Union européenne.

L'**Albanie** est, comme le Monténégro, un pays montagneux, plus sauvage encore et en majorité musulman.
Personne ne sait trop d'où provient la farouche population des Skipetars qui occupe ces montagnes depuis des
temps immémoriaux. Malgré l'héroïque résistance du
chef Skanderbeg, ils furent islamisés par les Ottomans
dont ils devinrent ensuite les serviteurs zélés. Méhémet
Ali, vice-roi d'Égypte au XIXᵉ siècle, était albanais, et
peut-être Mustapha Kemal, créateur de la Turquie
moderne, l'était-il aussi. Créée en 1918, puis protectorat
italien sous Mussolini, communiste pendant des décennies avec Enver Hodja, l'Albanie est un pays pauvre, au
rivage marécageux et malsain. Elle a bien du mal à faire
vivre ses 3 millions d'habitants sur un territoire désolé,
grand comme la Sicile mais sans les ressources de l'île
fortunée. Une intense émigration vers l'Italie s'ensuit. À
la chute du communisme, l'Albanie a failli sombrer dans
l'anarchie. Cependant, au cours des siècles, ce pays prolifique a submergé de ses Skipetars les pays serbes voisins.

Le **Kosovo** a beau être la province originelle de la
Serbie, ses 10 000 kilomètres carrés et ses 2 millions
d'habitants ont vocation à s'unir au territoire albanais :
82 % des Kossovars sont aujourd'hui musulmans et skipetars. De terribles bombardements américains ont, en

1999, contraint les Serbes au repli. Depuis, la province est en fait un protectorat de l'ONU, dont l'autorité repose seulement sur des soldats français et britanniques, ainsi que sur les subventions internationales. Sa réunion à l'Albanie paraît inéluctable, sous le masque d'une indépendance transitoire.

La **mer Égée** est la plus typée des mers particulières du monde méditerranéen. Limitée au sud par la Crète et pour le reste par les rivages de la Grèce et de la Turquie, c'est la mer hellénique par excellence. Sur ses 100 000 kilomètres carrés, le paysage est partout le même : montagnes, calanques, lagunes, caps, promontoires, centaines d'îles groupées en archipels (Cyclades, Sporades, Dodécanèse) ou assez vastes pour être reconnues comme des sortes de pays (Rhodes, Chio, Mytilène).

Les montagnes sont stériles, mais les ports naturels nombreux et le climat extraordinairement lumineux et doux, propice à un peuple de marins. Le seul défaut de l'Égée est la fréquence des tremblements de terre meurtriers (*seismos* en grec). C'est en son centre qu'explosa le volcan de Santorin, recouvrant la Crète et ses palais d'une cendre mortelle. Les Grecs ont appris à vivre avec : la lumière d'un côté et le destin de l'autre sont les deux pôles de leur univers mental.

Le monde égéen est à l'opposé de celui, quasi continental, des grandes îles de la Tyrrhénienne, avec une exception notable cependant : retirée dans son âpre Laconie au centre du Péloponnèse (presqu'île, en fait grande île depuis le percement du canal de Corinthe et tout à fait semblable à la Sicile), Sparte fut dans l'Antiquité une puissance continentale, ennemie d'Athènes la reine de la mer.

En Égée, voyager d'île en île est facile. Ulysse (pourtant roitelet d'une île ionienne) et son *Odyssée* sont foncièrement égéens – Homère vivait d'ailleurs sur le rivage anatolien de cette mer. Ces marins ont inventé l'humanisme. Avant eux le monde était effrayant, ils l'ont empli de lumière : « Vois que la lumière est belle » est une maxime égéenne. Dans cette mer, les hommes n'eurent plus peur et furent près de déchiffrer les mystères de l'univers : Pythagore, Euclide, Thalès, Socrate, Platon vécurent là.

Cependant, la mer Égée, divisée par son relief en multiples recoins, ne porte pas à l'unité que les Grecs célébraient tous les quatre ans dans les jeux Olympiques, mais qu'ils ne trouvèrent jamais. Rome la leur imposa, puis Byzance (il est vrai largement hellénisée), enfin l'Empire ottoman. La tragédie ne survint qu'en 1922.

Cette année-là, Mustapha Kemal (Atatürk), cherchant sur les débris de l'empire vaincu à construire une nation turque, écrasa l'armée des Grecs qui, de leur côté, rêvaient de reprendre Constantinople. Puis Atatürk entreprit de chasser les populations hellènes des parties de la mer Égée qu'elles occupaient depuis Homère. Il y réussit. Ce fut une grande « purification ethnique », l'exode hors d'Asie Mineure de millions de Grecs qui n'y retourneraient jamais.

La **Grèce** avait eu trois côtés : l'occidental, le septentrional et l'anatolien. Elle n'en avait plus que deux ! Cette terrible amputation ne fut pas réparée. Sur les 132 000 kilomètres carrés de la Grèce actuelle vivent 10 millions d'hommes et de femmes qui persistent à parler la belle langue de Socrate et à utiliser l'alphabet – l'alpha et l'oméga – des philosophes. Après avoir enfanté Alexandre le Grand, Rome et Byzance, la Grèce

n'est plus aujourd'hui qu'un petit pays de l'Union européenne. Du moins n'est-elle pas devenue une ombre,
comme Venise.

Athènes, la capitale, refondée à la fin du XIXe siècle,
est une grande ville de 4 millions d'habitants et son port,
le Pirée, l'un des plus puissants de la Méditerranée, où
se perpétue quelque chose de la grandeur navale attique :
souvent sous « pavillon de complaisance », les armateurs
grecs possèdent une partie substantielle de la flotte mondiale. Athènes n'est pas une belle ville, mais on oublie
son océan de béton gris quand on regarde, par-dessus,
l'Acropole et le Parthénon...

Thessalonique, au nord, un million d'habitants, port
naturel des Balkans, est parsemé de nombreuses églises
byzantines groupées auprès de sa tour blanche. Les autoroutes et divers équipements construits au moyen des
« fonds structurels » de l'Union européenne (dont la
Grèce a été, avec l'Irlande, le principal bénéficiaire)
n'ont pas tué l'âme du pays, ni non plus le tourisme de
masse. À deux kilomètres de la bretelle d'autoroute, on
peut encore trouver la plage où Nausicaa se baignait au
milieu des rires de ses suivantes (*Odyssée*). Il reste que
les plus belles ruines grecques – Éphèse, Aspendos (Troie
elle-même) – se trouvent sur la côte d'en face, chez les
Turcs.

La **mer Noire**, annexe de la Méditerranée située sur
le versant nord de la grande chaîne transcontinentale, est
bordée au sud par la chaîne Pontique, qui assure à ce
rivage – où se trouve la ville fameuse de Trébizonde –
un climat quasi tropical au ciel nuageux et gris. Mais, au
nord, l'ancien Pont-Euxin est largement ouvert aux
plaines russes et refroidi par les vents arctiques, à l'ex-

ception des côtes de la **Crimée** qui en sont protégées par
une montagne parallèle et jouissent d'un climat vraiment
méditerranéen. La Crimée est comme le négatif de la
Cyrénaïque. En Cyrénaïque (Libye), le Djebel Alkar
arrête le sirocco ; en Crimée, les monts font obstacle aux
vents glacés. Au nord règne l'hiver russe ; au sud, la Côte
d'Azur avec les mêmes stations balnéaires : Yalta ressemble à Nice. Les Grecs de l'Antiquité, puis les républiques maritimes italiennes (Gênes et Venise) y furent
présents.

La **Géorgie**, l'ancienne Colchide, située en son orient,
est baignée par la mer Noire. Indépendant depuis l'explosion de l'URSS, ce vieux pays chrétien (Staline était un
séminariste géorgien) rassemble 5 millions d'habitants,
bons vivants un peu rudes, sur 70 000 kilomètres carrés.
L'équipe dirigeante mise en place en novembre 2003
essaie de faire passer le pays à l'économie libérale. Sans
réserves pétrolières, montagneuse, la Géorgie n'en est
pas moins une zone stratégique, car c'est le passage
obligé des oléoducs et gazoducs entre les champs pétroli-
fères de l'Asie centrale et la Méditerranée. Sa capitale,
Tiflis, a été l'une des villes les plus douces et les plus
intéressantes du Caucase. Pour son malheur, le pays est
confronté à de nombreuses dissidences en Abkhazie, sur
les bords de la mer, et en Ossétie du Sud, dans le Caucase.
Ces mouvements indépendantistes, travaillés par l'islamisme, sont cependant encouragés par Moscou qui ne
veut pas entendre parler d'une mainmise américaine sur
son ancien satellite.

Plus calme, à l'exception de son conflit avec l'Azerbaïdjan à propos du Haut-Karabakh, l'**Arménie** est moins
favorisée que la Géorgie par la géographie. Elle ne touche
pas la mer Noire, enclavée qu'elle est dans ses montagnes

arides dominées par le mont Ararat, mais elle participe depuis toujours à la vie de la Méditerranée. Les trois quarts de son territoire, grand comme la Belgique, sont montagneux. Ses 3 millions d'habitants sont des chrétiens de l'Église grégorienne. Des centaines de milliers d'Arméniens furent massacrés par les Turcs durant la Première Guerre mondiale, les Arméniens ont émigré vers de nombreux pays méditerranéens (leur fameuse bibliothèque est à Venise), où ils forment des communautés vivantes et travailleuses. Aidés par les envois d'argent des membres de leur diaspora, les Arméniens groupés autour d'Erevan, leur capitale historique où réside le chef de leur Église, le catholicos, essaient de bâtir une économie viable à base de petites entreprises.

La **mer Rouge** n'est en général pas répertoriée parmi les mers méditerranéennes. De fait, entre le Sahara et le désert Arabique, elle n'est qu'un fossé d'effondrement envahi par les eaux. Son climat est même plus pénible encore que celui des déserts qui l'entourent. Dans la Tihama, sa côte orientale, s'il fait un peu moins chaud qu'à In Salah (seulement 48°), l'humidité rend la chaleur plus insupportable. Si elle n'était pas alimentée en eau par l'océan indien (elle perd 7 mètres par an en raison de l'évaporation), la mer Rouge mettrait à peine un siècle à se transformer en mine de sel. Les rivages de la mer Rouge sont inhospitaliers et l'on n'y voit pas de vrais ports. Djedda n'existait que pour desservir les pèlerinages de La Mecque et périclite depuis qu'ils se font en avion. Port-Soudan a bien du mal à desservir le Soudan. Moka, au Yémen, n'est plus qu'un village de pêcheurs de requins et l'on n'y cultive plus le café auquel il a donné son nom. **Djibouti** seul jouit aujourd'hui d'une indépendance factice, la présence de la Légion étrangère française et des marines américains maintenant une sorte de vie en ce point stratégique où la mer Rouge s'ouvre sur l'océan Indien.

Notons que les fonds de cette mer saharienne, fort beaux, attirent les sportifs qui pratiquent la plongée sous-marine.

Cependant, ce grand fossé de la mer Rouge, 2 000 kilomètres de long sur 300 de large, profond et – comme l'Adriatique – orienté du nord-ouest au sud-est, a toujours été le bras jeté vers l'orient par la Méditerranée. On le remontait vers l'occident par la mer elle--même ou par les pistes caravanières chargées d'épices de la côte Arabique, à l'exemple de la reine de Saba.

D'ailleurs, entre la mer Rouge et la Méditerranée, l'**isthme de Suez**, étroit et court, n'a jamais été un véritable obstacle. Les pharaons le contournaient par un canal aujourd'hui comblé qui reliait la mer Rouge au Nil, et Venise songea plusieurs fois à le percer. C'était un portage rapide (150 kilomètres), et facile, car parsemé de lacs (le lac Amer). L'idée du canal de Suez était néanmoins dans l'air depuis longtemps ; ce fut le mérite et cela restera la gloire de Ferdinand de Lesseps et des Français de l'avoir définitivement réalisée. Le canal, inauguré en 1869 par l'impératrice Eugénie, est maintenant l'une des artères vitales du monde. Nationalisé par Nasser en 1956, fermé des années durant après la guerre israélo-arabe de 1967, il assure à l'Égypte un rôle stratégique éminent. Des villes prospères, Port-Saïd, Ismaïlia, Suez, sont nées sur ses bords. Comme au détroit de Gibraltar, le courant porte l'océan (par la mer Rouge) à la Méditerranée.

Au-delà du canal, la presqu'île du **Sinaï** occupe la jointure du tricontinent.

Sur le mont Moïse (2 228 mètres d'altitude), les Dix Commandements auraient été révélés au patriarche. Un monastère célèbre s'y niche, Sainte-Catherine.

Les sables du Sinaï gardent la trace des chenilles des chars d'Israël qui ont occupé la péninsule, mais celle-ci est redevenue égyptienne.

Le **Yémen** domine de ses abrupts la sortie méridionale de la mer Rouge, côté péninsule Arabique. Étrange pays : il occupe le coin sud-ouest de l'Arabie, mais lui est parfaitement opposé. C'est, entourée de déserts, une île montagneuse élevée à plus de 3 000 mètres d'altitude et arrosée (les sommets arrêtent la mousson l'été). On ne saurait trouver dans le monde deux peuples aussi différents que les Séoudiens et les Yéménites. Les premiers, dont nous avons parlé plus haut, sont des nomades du désert devenus gras ; les seconds, des paysans montagnards restés agiles et maigres. Avant de déménager, pour cause de pétrole, dans des villas climatisées, les Séoudiens vivaient sous la tente ; les Yéménites vivaient et vivent dans de superbes maisons de brique ou de pierre. Absolument différente de la maison arabe traditionnelle, la maison yéménite, dépourvue de cour et de patio, développe ses étages autour d'un escalier central de pierre noire : au rez-de-chaussée, les bêtes ; au deuxième, les fourrages et provisions ; au troisième, les salles de service ; au quatrième, l'appartement des femmes ; au cinquième, celui des hommes ; au sixième, le grand salon ou *Moufraj* aux fenêtres ogivales largement ouvertes sur la montagne. Paysans, les Yéménites, comme beaucoup de villageois méditerranéens, sont des citadins qui travaillent aux champs. Chaque maison est un palais, chaque ville perchée évoque Sienne ou Montepulciano. Même s'ils restent à l'âge féodal et obéissent davantage à leur sei-

gneur local qu'au président installé à Sanaa, la capitale
(une Venise sèche à 2 000 mètres d'altitude), les
Yéménites constituent une véritable nation, ancienne,
inventive et joyeuse. Ils ont réussi (mieux que les Incas
ou les Javanais) à sculpter le relief en milliers de marches
d'escalier. Des dizaines de milliers de terrasses d'un
mètre de large, chacune surplombant la suivante de cinquante centimètres, ont transformé la totalité de la montagne en œuvre d'art. Le Yémen est certainement la plus
extraordinaire civilisation de montagne du monde, une
civilisation de chamois dont le spectacle rassure le
voyageur géographe sur les capacités de l'humanité. Cette
agriculture est toujours vivante, le problème étant qu'en
dehors des légumes ordinaires elle produit surtout du qat,
un arbuste pérenne dont on mâche la feuille.

Les Yéménites se lèvent tôt, travaillent durement,
mais, après un rapide déjeuner, passent de longues heures
à mastiquer le qat dans leurs salons perchés, chantant et
dansant, leurs Kalachnikov jetées en tas au milieu de la
pièce. Tout mâle adulte est en effet armé d'un pistolet
mitrailleur et de la *jambia*, long poignard recourbé. Ce
qui n'empêche pas le pays d'être assez sûr, les guerres
n'étant que tribales. Les enlèvements de touristes dont
parle la presse sont le fait des Bédouins des déserts bas.
Le qat rend joyeux, coupe le sommeil et la faim. Tard la
nuit, on se sépare heureux.

La feuille de qat doit être mastiquée fraîche d'où l'im-
possibilité d'un trafic à longue distance. Des avions de qat
arrivent cependant tous les jours à Djibouti. Les experts
de la F.A.O. voudraient remplacer sa culture par une autre.
Laquelle serait assez rentable ? Les paysans vivent en
vendant à midi le qat recolté le matin. Les riches se ruinent
à le leur payer. Ainsi se maintient une certaine égalité

sociale. Sans le qat, les terrasses ne seraient plus entretenues et la montagne s'éboulerait, détruisant ainsi une œuvre millénaire. Enfer des bonnes intentions ! Leur rude et joyeuse civilisation musulmane le matin, païenne l'après-midi, résisterait-elle à l'abolition du qat ? Le Yémen reste l'un des pays les plus surprenants du monde, épargné par le tourisme, ouvert aux randonneurs.

Personne n'a jamais réussi à le conquérir. Pendant des siècles, les soldats ottomans sont morts pour rien devant Sanaa (« Mourir au Yémen » est une complainte chantée en Anatolie). Gamal Abdel Nasser y a perdu une formidable armée dans les années 1960. Les Anglais réussirent à y prendre pied, mais seulement sur la côte, à Aden. Après leur départ, le Yémen du Sud fut annexé sans douleur par le vrai Yémen des montagnes. Sur une superficie semblable à celle de la France, dont la montagne verte constitue le tiers, le Yémen groupe 20 millions d'habitants. L'ONU le décrit comme l'un des pays les plus pauvres du monde. Mais les statistiques sont parfois trompeuses : ici, elles signifient simplement que la circulation monétaire est très faible. On y utilise encore des thalers de Marie-Thérèse (XVIIIe siècle) dans les souks au lieu des dollars.

Une réserve cependant : ce que nous estimons positif dans cette civilisation ne vaut que pour les hommes, les femmes y étant diversement traitées selon les clans (parfois bien, parfois mal). Évidemment, aujourd'hui, le pays n'échappe pas à l'instabilité du Proche-Orient. On a trouvé aussi du pétrole et Ben Laden est d'origine yéménite...

La **Somalie**, en face du Yémen, en Afrique orientale, a totalement régressé dans l'anarchie – et d'abord à Mogadiscio, la capitale. Ce pays sahélien, maître avec le cap Guardafui de la corne de l'Afrique, et formé de la réunion en 1960 des Somalie anglaise (au nord) et italienne (à l'est), possède une très longue façade maritime, mais basse, rectiligne et sèche, sauf au long des cours d'eau venus d'Éthiopie : Juba et Sherbele. Les Anglais et les Italiens avaient su faire régner la paix, surtout les seconds qui y sont restés jusqu'en 1960. Ensuite, ce fut le chaos, aggravé par une intervention militaire américaine (voir à ce sujet le beau film de Ridley Scott, *La Chute du faucon noir*). Les tribus somaliennes, dont les femmes sont, dit-on, les plus belles du monde, vivent dans un univers spécial, prédateur et cruel, auquel elles sont revenues, les Italiens partis. Grande comme la France mais désertique, la Somalie, qui compte pourtant 8 millions d'habitants, qui possède une langue particulière et une véritable unité ethnique, n'était plus dirigée que par des seigneurs de la guerre jusqu'aux événements de la fin de 2006 (intervention éthiopienne). Pour la comprendre, il est plus utile de lire Henry de Monfreid ou Hugo Pratt que les rapports des ONG.

L'**Érythrée** est tout autre : 4 millions d'habitants sur 100 000 kilomètres carrés. Il s'agit en fait de l'ancienne façade maritime de l'Éthiopie sur la mer Rouge. La malédiction de cette belle province, en partie chrétienne ou marxiste, est d'avoir pris conscience d'elle-même à la suite d'une longue colonisation italienne à laquelle échappa l'Éthiopie (sauf avec Mussolini pendant quatre ans). Elle ne cessa plus alors de mener de désastreuses guerres d'indépendance contre les Éthiopiens, qui leur sont pourtant exactement semblables (la touche italienne en moins). La capitale, Asmara, située sur les hauts, reste d'allure très italienne. La solution raisonnable serait une fédération avec l'Éthiopie, mais la passion patriotique érythréenne s'y oppose absolument, le Négus ayant jadis abusé de cette solution.

Le **golfe Persique** est une mer qu'il peut sembler absurde de compter parmi les annexes de la Méditerranée. C'est pourtant une constante historique. Depuis Palmyre, les légions romaines sont plusieurs fois descendues jusqu'à ses rives. Depuis la Syrie, les transports fluviaux (par l'Euphrate) faisaient du golfe une dépendance du commerce méditerranéen. Non loin, à Babylone, Alexandre voulut établir sa nouvelle capitale. Les galères de son amiral, Néarque, le remontèrent depuis l'Indus. Son orientation, nord-ouest/sud-est, est la même que celle de la mer Rouge et de l'Adriatique ; comme ces deux mers, il est fermé par un détroit, celui d'Ormuz. Le golfe prolonge la Méditerranée vers l'Inde. Aujourd'hui, c'est surtout une mer pétrolière. Autour de ses rives sont localisées la moitié des réserves pétrolières de la planète (Arabie, Irak, Iran, Koweït, etc.) et la guerre menace à chaque instant, tant les enjeux stratégiques sont grands – nous l'avons noté à propos de la guerre du Koweït en 1991.

Reste à citer les États qu'ont constitués des chefferies bédouines soudainement enrichies et bâtisseuses de villes artificielles aux bureaux de verre, à la finance active et à la richesse colossale. **Bahreïn**, au moins, a pour elle d'être une île (un archipel) aux vieilles traditions de piraterie, d'une superficie minuscule (650 kilomètres carrés), mais peuplée de 700 000 habitants venus de tout le Proche-Orient. Le **Qatar** est une presqu'île de 11 000 kilomètres carrés, habitée par 600 000 Qatari. Appelée autrefois « terre oubliée d'Allah » à cause de ses marécages, il est tellement imbibé de pétrole que son émir peut organiser des courses de polo et des parcours de golf sur gazon anglais non loin d'un centre d'affaires sophistiqué... Les **Émirats arabes** unis fédèrent sept seigneuries bédouines sur 83 000 kilomètres carrés et totalisent 4 millions d'habitants, dont une majorité d'étrangers et de travailleurs immigrés attirés par le pétrole, aux deux bouts de l'échelle sociale, comme en Arabie séoudite. Cependant, les Émirats ont rompu avec le rigorisme wahhabite des Séoudiens. Abou Dhabi, capitale de la fédération, met toute son énergie à ressembler à Las Vegas. Dans la ville de Dubaï se succèdent les projets les plus fous, depuis le Burj el-Arab, hôtel de luxe en forme de voile, jusqu'à la Burj Dubaï en construction qui devrait être la plus haute tour de la planète, le tout agrémenté de palmiers sous perfusion, de résidences et de piscines d'un luxe démesuré, et même d'une piste de ski en neige artificielle sous cloche, alors qu'il fait 40 degrés à l'extérieur. Tout cela est étourdissant, mais fragile.

Comme nous le disaient dernièrement des Yéménites traversant avec nous en voiture la Beauce, un champ dix mille fois large comme leurs terrasses : « Ces imbéciles de Bédouins du Golfe [en yéménite, le terme "Bédouin" est une injure], quand le pétrole sera épuisé, tout s'écroulera, mais la France, quelle richesse ! »

Les détroits mettent la mer intérieure en communication avec les océans et les immensités continentales. Ils sont cinq. Nous avons décrit plus haut le canal de **Suez**. Avec un trafic de 40 navires par jour, il rapporte 2 milliards de dollars l'an à l'Égypte. **Gibraltar** est un passage de 15 kilomètres de large et 350 mètres de fond par lequel l'océan Atlantique se déverse dans la mer intérieure, comblant ainsi chaque année le déficit liquide dû à l'éva-

poration de la Méditerranée. Cette entrée de la mer
primordiale, agitée de courants puissants, peuplée de dau-
phins, est le lieu d'un trafic maritime intense. Elle est
essentielle depuis que les hommes naviguent. Les Phéniciens y avaient fondé Cadix (en sémite *Gabes*) et elle
porte le nom d'un conquérant arabe, Tarik (Djebel el-
Tarik). L'Espagne la contrôla tant qu'elle fut puissante.
Pour contrer Louis XIV, les Anglais annexèrent le
célèbre rocher de Gibraltar, qu'ils possèdent encore. Les
50 000 citoyens britanniques qui y résident prétendent y
jouir d'une totale autonomie sur leurs 6 kilomètres carrés.

Les Détroits ce sont aussi l'appellation traditionnelle
des eaux qui mettent en rapport la Méditerranée et la mer
Noire. Ce sont d'abord les **Dardanelles**, longues de
70 kilomètres et larges de 1 à 7. En 1915, une expédition
anglo-française échoua à les forcer face aux Turcs
commandés par le général Mustapha Kemal. C'est
ensuite la **mer de Marmara**, l'ancienne Propontide, où
s'apaisent 11 500 kilomètres carrés de mer bleue entre la
Thrace et l'Anatolie, parsemés d'îles paradisiaques
comme les îles des Princes. Enfin, on arrive au **Bosphore**
par lequel la mer de Marmara s'ouvre sur la mer Noire.
Long de 30 kilomètres et large de 550 à 3 000 mètres,
aujourd'hui surplombé de ponts suspendus, ce passage
est vital pour la Russie. L'eau y coule de la mer Noire
vers la Méditerranée. Comme à Suez ou à Gibraltar, un
énorme trafic maritime l'emprunte.

Un traité, depuis Mustapha Kemal, le rend libre à la
circulation maritime internationale, même militaire (le
statut qui prévaut à Gibraltar et à Suez), qui défile sous
les murs d'Istanbul. Rebaptisée par Atatürk qui voulait
faire oublier son ancien nom, trop grec, de Constantinople (pas de chance : *Istanbul* est un mot grec qui

signifie « la ville »), la cité fut pendant des siècles la capitale du monde civilisé. Nous avons souligné plus haut sa ressemblance avec New York. Kemal, qui ne l'aimait pas, voulut la déchoir de son rang de capitale au profit d'Ankara, mais elle reste une immense cité, répandue sur les deux rives du Bosphore, définitivement turque malgré le dôme byzantin de Sainte-Sophie devenue musée.

Le **Bab el-Mandeb**, à l'opposé du canal de Suez, ouvre la mer Rouge sur l'immensité de l'océan Indien, entre la Somalie, l'Érythrée et le Yémen. Nous avons évoqué le rôle stratégique de la petite république de Djibouti, nouvelle patrie de la Légion étrangère française.

Le **détroit d'Ormuz**, enfin, entre l'Iran, les Émirats et l'Oman, qui met en relation le golfe Persique avec la mer d'Oman, est peut-être le plus important de tous aujourd'hui. Par lui transite le tiers du pétrole de la planète et les super-pétroliers s'y succèdent comme se suivent les avions sur un aérodrome international.

Les péninsules méditerranéennes

La Méditerranée n'est pas composée seulement de mers et d'archipels, elle contient aussi cinq péninsules (on en cite en général quatre situées sur la côte nord : l'ibérique, l'italienne, la balkanique et l'anatolienne, mais on oublie la maghrébine).

La péninsule maghrébine, sur le rivage méridional, est absolument semblable aux quatre autres. Son caractère péninsulaire échappe à l'œil, à cause de l'étendue du Sahara qui la rattache en apparence à l'Afrique. En réalité, le grand désert de cailloux l'isole du continent plus que ne sont séparées de lui les autres péninsules par les Pyrénées, les Alpes, les Balkans et le Caucase.

Ces péninsules sont caractérisées par leur massivité. De hauts plateaux ou de fortes sierras en occupent le milieu. Sur ces hauteurs, on oublie le climat méditerranéen des rivages. Le climat est torride l'été, souvent glacial et neigeux l'hiver, que l'on soit en Castille, dans l'Est algérien, dans les Abruzzes, dans les Balkans ou sur la meseta anatolienne.

La péninsule italienne a réussi, durant les cinq siècles de l'Empire romain, à unifier le monde méditerranéen autour d'elle ; *Mare nostrum*, disaient les Latins pour nommer la Méditerranée : « notre mère ». L'unité une

fois brisée, ces péninsules ont été unies deux à deux au
cours des siècles : la péninsule ibérique à la maghrébine ;
la péninsule balkanique à l'anatolienne. Ce furent, à
l'ouest, l'Andalousie almohade ; à l'est, les Empires
byzantin et ottoman autour de Constantinople.

La **péninsule ibérique** ferme la Méditerranée à l'occident, massive, carrée. Sa façade océane engendra un pays
différent dont nous parlerons plus loin, non pas méditerranéen mais atlantique. Le reste, les trois quarts de sa
superficie, constitue l'**Espagne**. Un chaînon abrupt du
massif transcontinental, celui des Pyrénées, l'isole tellement de l'Europe que des géographes ont pu dire :
« L'Afrique commence aux Pyrénées. » En réalité, la
véritable Afrique commence au sud du Sahara, mais il est
vrai qu'en passant les Pyrénées on change de monde.

Les cavaliers arabes ne se sentirent pas dépaysés dans
ce pays dont ils firent la conquête, à l'exception des petits
royaumes chrétiens qui résistèrent dans les montagnes
basques. Puis la vague de l'islam reflua sous les coups
de ces royaumes dont le Cid Campeador garde la légende.

L'Andalousie au contraire resta arabe plus longtemps,
unie au Maroc, d'où arrivaient par vagues les renforts
musulmans. Les juifs, nombreux dans le pays, et les chrétiens wisigoths leur étaient soumis. Les Arabes bâtirent à
Séville et à Cordoue de célèbres mosquées et à Grenade,
dans la sierra, le palais des mille et une nuits de
l'Alhambra. En 1469, Isabelle, reine de la continentale
Castille, épousa Ferdinand, roi du très maritime Aragon.
De leur union naquit l'Espagne. L'Espagne, c'est le
mariage de la Castille et de l'Aragon catalan. Ensemble,
ils purent achever la Reconquista. En 1492, les Espagnols
prirent d'assaut Grenade, d'où ils chassèrent les musulmans, et aussi les juifs qui se réfugièrent dans l'Empire

ottoman. Les Juifs d'Orient se nomment en effet « sépharades » ce qui, en hébreu, signifie « espagnols ». Le royaume arabe avait uni des siècles durant l'Andalousie et le Maghreb ; c'était en quelque sorte un « royaume des deux Marocs [1] ». Grenade prise, les Rois Catholiques méditaient un « royaume des deux Espagnes ». La formidable infanterie ibérique, aguerrie par la reconquête, s'apprêtait à envahir l'Afrique du Nord. Un événement imprévu détourna le cours des choses. L'année même de la prise de Grenade, le Génois Christophe Colomb, pour le compte d'Isabelle de Castille, abordait en Amérique.

Au lieu de se répandre au Maghreb, le torrent espagnol fut détourné vers le Nouveau Monde, qui devint très majoritairement espagnol – il le demeure au sud du rio Grande (excepté le Brésil). Au Mexique comme au Pérou, le catholicisme espagnol et la langue castillane règnent encore sans partage. L'espagnol est ainsi parlé par des centaines de millions de personnes. Mais il est contesté en Espagne. Le **Pays basque**, fortement conscient, comptant 3 millions d'individus, n'a jamais eu d'État à lui (le royaume de Navarre n'était pas uniquement basque, mais aussi castillan et même français, par-delà les montagnes). Les Basques ont donné à l'Empire espagnol moult *conquistadores* et à l'Église les jésuites, fondés par le Basque Ignace de Loyola. Ils parlent une langue très ancienne, antérieure aux migrations européennes et toujours vivace. Les rois d'Espagne avaient respecté leurs privilèges. Pendant la guerre d'Espagne, quoique fort catholiques, ils luttèrent contre Franco, puis, avec l'ETA,

---

1. Par un curieux hasard historique, le Maroc joua un rôle dans la guerre d'Espagne au XXᵉ siècle. De la zone d'occupation espagnole partit le général Franco révolté, et des Marocains formèrent le noyau dur de ses troupes.

contre le nouvel État espagnol. Aujourd'hui, ils ont presque les attributs de l'indépendance, vers laquelle ils se dirigent. De l'autre côté de la péninsule, la Catalogne domina longtemps – pour le compte de la Castille – la Sardaigne et le royaume de Naples. Comme les Basques, les Catalans furent républicains contre Franco. Aujourd'hui, ils revendiquent aussi une forte autonomie qui cache mal une réelle indépendance, parlent de nouveau le catalan et repoussent l'espagnol en ses plateaux : Isabelle de Castille et Ferdinand d'Aragon sont en train de divorcer... L'Union européenne, qui dévalorise les nations tout en exaltant les micronationalismes, ne s'y oppose pas. Sera-ce un bien ?

Alors qu'elle règne en Amérique latine, la langue castillane est menacée dans sa péninsule d'origine. Par ailleurs, la Movida (mouvement de libération culturelle et d'affranchissement des mœurs qui suivit le long sommeil du franquisme) a brutalement projeté la péninsule dans une modernité dynamique dont témoigne le cinéaste Pedro Almodovar.

La géographie physique du pays est simple : les montagnes autour (Pyrénées, sierras), les plateaux au milieu (coupés, il est vrai, de quelques reliefs) – plateaux secs, sauf quand ils sont traversés par des fleuves : l'Èbre qui se jette dans la Méditerranée, le Tage et le Guadalquivir dans l'océan. Hauts plateaux qui ressemblent à ceux du Constantinois ou de l'Anatolie. Par malheur, la magnifique côte méditerranéenne espagnole a été irréparablement bétonnée à cause du tourisme.

Les agglomérations maritimes sont divergentes : Barcelone, le plus grand port de la Méditerranée occidentale, Valence, Séville, Bilbao... Les villes de l'unité historique sont situées sur la Meseta, vieilles cités endormies où séjourna successivement la monarchie : Burgos, Tolède, Ségovie ; seule la belle Salamanque est sauvée par sa prestigieuse université.

Au centre géographique de la péninsule, la très grande agglomération de Madrid, ville capitale plantée là par la volonté centralisatrice de l'État, ne serait pas sans évoquer Ankara, située au centre de l'Anatolie pour les mêmes raisons, si elle ne s'en distinguait absolument par la vigueur de ses activités industrielles, intellectuelles et financières. L'avenir incertain de la péninsule se joue aujourd'hui entre Madrid, Bilbao et Barcelone.

La superficie de l'Espagne, 505 000 kilomètres carrés, est légèrement inférieure à celle de la France, mais sa population atteint à peine 43 millions d'habitants, dont 3 d'immigrés car la proximité avec le Maroc fait du pays un point de passage obligé de l'immigration africaine – problème nouveau pour lui. De sa séculaire tentation maghrébine, l'Espagne conserve au Maroc les enclaves de Ceuta et Melilla, portes de l'immigration, hérissées de clôtures électriques. En revanche, le rocher de Gibraltar est toujours anglais, au grand dépit des Espagnols. L'Espagne ne fait plus d'enfants (1,20 par femme), alors que le taux de remplacement des générations doit atteindre 2,10 (deux enfants pour deux parents). On peut expliquer ce phénomène inquiétant, dans un pays qui fut prolifique, par une inversion de son catholicisme (effet qui se retrouve en Italie). Pour une Castillane, une Catalane ou une Basque, il reste impensable d'avoir un enfant hors mariage. Or, depuis la Movida, les Espagnols ne se marient plus. Contre-épreuve : dans la France laïque où il est parfaitement admis d'être « fille mère » et où la majorité des naissances ont lieu hors mariage, le taux de fécondité des femmes est beaucoup plus élevé.

En économie, l'Espagne a profité à fond des subventions européennes (moins que la Grèce ou l'Irlande, mais elle est plus étendue...). D'une certaine manière, la France, l'Allemagne et l'Italie ont financé l'impressionnant essor industriel du pays. L'Espagne est aujourd'hui la huitième économie du monde et la coqueluche des économistes libéraux, qui ne voient pas à quel point ce développement reste fragile. L'élargissement de l'Union européenne va entraîner la fin d'une aisance économique menacée aussi par la dénatalité et la probabilité de l'éclatement du pays, la Catalogne et le pays Basque ne voulant plus payer pour la Vieille Castille.

De son empire, l'Espagne conserve, au large du Sahara marocain, l'**archipel des Canaries**, grand comme la Corse et peuplé comme la Sardaigne (1,6 million d'habitants). Le pic de Ténériffe, connu de tous les marins, est cité par Victor Hugo dans la tirade de *Ruy Blas*. Les Canaries, au climat agréable, vivent de la culture des agrumes et du tourisme de masse.

La **péninsule maghrébine** fait face à l'Espagne de l'autre côté de la « Manche méditerranéenne » chère à Braudel. Les Maghrébins ne sont nullement des Arabes. Ce sont des Berbères, ou plutôt – car les influences orientales y furent fortes (phéniciennes avec Carthage, turques avec l'Empire ottoman) – des Méditerranéens occidentaux (en arabe, *maghreb* signifie « occident ») islamisés par la conquête arabe et qui parlent (il existe des zones de survivance berbère, en Kabylie par exemple) une langue incompréhensible à Damas : l'arabe dialectal. Il est vrai qu'aujourd'hui, avec la télévision, l'arabe tend à s'unifier sur le modèle de celui du Caire. De la même façon que les Français sont des Celtes (et autres) latinisés, les

Maghrébins sont des Berbères mâtinés de Libanais et de Turcs, arabisés et quelque peu francisés. Aujourd'hui divisé en trois pays différents, le Maghreb a également subi une forte influence française.

Cependant, si l'Algérie et la Tunisie ont fait des siècles durant partie de l'Empire ottoman, le **Maroc** n'a jamais été occupé par les Turcs. À cause de cela et à cause de l'océan, il ne ressemble pas tout à fait aux deux autres. Également arabisé mais non turquisé, il est beaucoup plus atlantique que méditerranéen. La chaîne du Rif l'isole de la Méditerranée. L'Atlas au contraire, qui culmine au djebel Toubkal, à 4 165 mètres d'altitude, s'incurve en cuvette du nord et de l'est vers le sud-ouest et fait du Maroc un balcon sur le grand large. Les capitales royales – Fès, Meknès, Marrakech – sont des cités de piémont de l'Atlas. Fès est une merveille d'architecture arabe et une université musulmane renommée (la Karaouine de Fès le dispute à El-Azhar du Caire), inscrite au patrimoine mondial de l'humanité de l'Unesco. Mais Rabat, également capitale royale, est une ville atlantique tout comme Casablanca, fondée par les Français ; Casablanca est la plus grande agglomération du pays (3 millions d'habitants) et la capitale économique incontestée du Maroc moderne.

Le royaume du Maroc n'a jamais perdu son identité. De 1913 à 1956, le protectorat français lui a laissé sa dynastie, Lyautey se voyait comme une sorte de Richelieu de la monarchie chérifienne. Doté d'équipements modernes, le pays s'est libéré sans trop de remous et garde aujourd'hui beaucoup de liens avec la France, dont certains intellectuels en vogue et hommes d'affaires achètent et restaurent de vieux palais à Marrakech. En 1975, le royaume a annexé le Rio de Oro espagnol,

Sahara des rives de l'Atlantique, à la grande colère de l'Algérie pourtant pourvue, par la grâce de la colonisation, de davantage de désert que lui. De là l'aventure sans issue du Front Polisario, mouvement indépendantiste sahraoui.

Sur les 650 000 kilomètres carrés du Maroc actuel (avec l'ancien Rio de Oro, mais aussi la zone espagnole du Rif autour de Tétouan et de Tanger, récupérée en 1956) vivent 33 millions de personnes. De nombreuses entreprises industrielles se créent dans un pays qui reste cependant largement agricole, sensible aux variations du climat. Proche de l'Europe, le royaume s'est spécialisé dans la sous-traitance. Les tensions sociales y sont fortes, l'émigration vers la France et l'Espagne considérable, et, bien que le souverain soit « commandeur des croyants », la tentation intégriste est vive.

L'**Algérie** occupe la majeure partie de la côte méditerranéenne du Maghreb, son rivage offrant tous les types de paysages méditerranéens avec l'avantage d'être demeuré sauvage et presque intact, à l'opposé de la côte espagnole. Le relief algérien est simple : une chaîne côtière, l'Atlas tellien, dans laquelle s'enchâssent la plupart des grandes villes (de l'ouest à l'est, Oran, Alger, Béjaïa, Annaba), et une chaîne continentale, l'Atlas saharien, qui domine le désert des Ouled Naïl aux Aurès. Entre les deux, de hauts plateaux autour de Sétif et de Constantine, de Saïda. Sous les Ottomans, le dey d'Alger n'exerçait, au nom du sultan de Constantinople, qu'une autorité nominale.

Alger vivait de l'activité des corsaires « barbaresques », de la « course ». Depuis l'Antiquité, on distingue deux pays : à l'est, la Tunisie, Afrique romaine, dont le Constantinois (saint Augustin était évêque d'Annaba), devenue régence de Tunis ; à l'ouest, le Maroc, que les Turcs n'ont pu conquérir. Les armées françaises repoussèrent les Turcs en s'emparant de Constantine et les Marocains en annexant l'Oranie. L'Algérie était née. Cette nation artificielle devint indépendante en 1962 après une féroce guerre de huit années qui ne contribua pas peu à lui forger une identité.

À côté, ou plutôt au-dessus, de 9 millions de musulmans traités en sujets vivaient un million de citoyens français d'origine diverse (Espagnols, Maltais, Alsaciens et communards). De Gaulle, au moment de l'indépendance, avait espéré que les Européens pourraient demeurer dans leur pays de naissance et contribuer au développement du nouvel État. Le fanatisme des gens de l'OAS[1] et la courte vue de ceux du FLN[2] ne le permirent pas (la grandeur d'un Nelson Mandela est d'avoir réussi, au contraire, à conserver à l'Afrique du Sud ses Afrikaners).

Un million de « pieds-noirs » s'enfuirent donc vers cette métropole qu'ils n'avaient pour la plupart jamais vue et dans laquelle ils s'insérèrent plutôt bien. La France y a gagné, mais l'Algérie perdu. Dotée pourtant d'un remarquable équipement urbain, portuaire et routier, elle a eu du mal à se remettre de l'exode des Européens, malgré la mise en exploitation des richesses pétrolières et gazières. Et cela d'autant plus qu'une guerre civile entre l'armée algérienne et les intégristes fit rage, trente ans après la guerre d'indépendance, de 1992 à 2002. Les dirigeants du pays n'ont jamais véritablement assumé un

---

1. Organisation armée secrète : mouvement d'Européens opposés à l'indépendance.

2. Front de libération nationale : mouvement armé d'Algériens favorables à l'indépendance.

passé compliqué. En 1962, les Algériens étaient des
« Franco-Arabes » (comme les Gaulois après César furent
des Gallo-Romains). Aujourd'hui encore, depuis leur
capitale Alger, dont l'architecture évoque davantage le
baron Haussmann qu'Abd el-Kader, la France apparaît
comme la Terre vue depuis la Lune. L'ancienne métropole obsède les Algériens – même les dirigeants nationa-
listes, qui envoient leurs enfants dans les écoles françaises
et parlent le français entre eux tout en s'efforçant d'ara-
biser les pauvres. L'arabisation, trop précipitée, de l'enseignement a fait venir dans le pays des milliers de
professeurs intégristes dont le gouvernement du Caire
était heureux de se débarrasser ; elle explique en partie
la poussée intégriste. Proche de l'Europe, le pays subit
néanmoins de plein fouet son influence : 1 ou 2 millions
d'Algériens vivent actuellement en France.

L'Algérie, qui compte 35 millions d'habitants sur les
300 000 kilomètres carrés situés au nord de l'Atlas saharien, vient d'effectuer sa « transition démographique ».
Le taux de fécondité y est à présent semblable à celui de
l'ancienne métropole ; elle est en train de maîtriser son
expansion. Si ses dirigeants acceptaient sans complexe
d'être ce qu'ils sont et là où ils sont – presque en Europe
et non pas au Proche-Orient –, l'avenir de ce pays magnifique pourrait être grand.

Voici deux comportements à ne pas imiter : Alger est
beaucoup plus arrosée que Marseille, mais les canalisa-
tions n'y ont pas été refaites depuis l'indépendance, elles
fuient et l'eau est rationnée. Les Français de la RATP ont
achevé les tunnels du métro d'Alger depuis vingt ans ; il
ne fonctionne toujours pas, on l'annonce pour 2007...

L'Algérie a hérité de l'ancienne puissance coloniale la
plus grande (un million de kilomètres carrés) et la plus

belle partie du Sahara (le Hoggar et le Tassili), la plus productive aussi (le pétrole et le gaz). Elle a la population, l'espace, l'énergie.

La **Tunisie**, moins gâtée que sa voisine, n'a pas connu les guerres de l'indépendance et de l'intégrisme religieux. Ce petit État de 160 000 kilomètres carrés dans lequel l'Atlas maghrébin se termine en « dorsale » maintient au pays 9 millions d'habitants à la fécondité apaisée. Il ne dispose pas de richesses pétrolières, mais, protectorat français comme le Maroc, il n'a pas souffert d'une décolonisation sanglante, à part l'incident de Bizerte en 1961[1]. Admirablement situé au cœur stratégique de la Méditerranée, il en commande à la fois les bassins occidental et oriental, à l'emplacement de l'ancienne Carthage. Il vit de la sous-traitance industrielle, de la culture des olives et du tourisme de masse qui apprécie son climat présaharien. Marqué par les Ottomans et resté très proche de la France, à une encablure de l'Italie, la Tunisie parle l'arabe, mais se veut plus « occidentale » que ses voisins. Sa capitale, Tunis, est une grande ville arabo-européenne de 2 millions d'habitants, toujours belle même si son faubourg de Sidi Bou-Saïd est moins à la mode aujourd'hui chez les « bobos » que Marrakech.

La Tunisie comme l'Algérie sont des républiques autoritaires. La première n'a pas les complexes de la seconde, mais elle a beaucoup moins de possibilités économiques qu'elle.

---

1. En 1961, Bourguiba, président d'une Tunisie indépendante depuis 1956, essaya de bloquer la base navale française de Bizerte. De Gaulle la fit dégager par les parachutistes. Il y eut des centaines de morts tunisiens.

La **péninsule italienne** trône au centre de la Méditerranée comme elle a trôné au centre du monde. Elle a la forme caractéristique d'une botte qui divise en deux la mer intérieure. Pendant les cinq siècles romains, cette botte a unifié la Méditerranée, donné à l'hellénisme l'espace et le temps, et fait collaborer sous ses aigles Phéniciens et Grecs. À la Renaissance, ce fut encore mieux. Divisée en cités concurrentes, elle n'en subjugua pas moins le monde et inventa tout : la finance, la banque, la science, les arts. Tout venait d'Italie, les rois se disputaient ses génies, les Machiavel, Léonard de Vinci et autres Michel-Ange. Tous voulaient contrôler ce soleil de puissance et de gloire.

L'**Italie** moderne, unifiée à la fin du XIXe siècle seulement (le Risorgimento), se révèle, à l'usage, une construction plus solide que l'Espagne. Elle n'est pas menacée d'éclatement, la Ligue du Nord n'étant qu'un fantasme. Il y a *un* peuple italien. L'Italie reste le plus beau pays du monde par l'éclat de ses villes et de ses monuments. Elle compte parmi les dix principales puissances économiques de la planète, mais souffre pourtant d'une maladie de langueur. Patrie de multiples petites entreprises, elle peine en effet face aux géants modernes. Sa démographie est mauvaise, exactement comme celle de l'Espagne et pour la même raison d'inversion du catholicisme : l'Italienne ne peut guère concevoir hors mariage, or elle se marie peu et fort tard. De plus, la péninsule se trouve confrontée, pour la première fois de son histoire, à une forte immigration venue du sud. Elle ne sait comment l'intégrer, car elle a été plutôt un pays d'émigration. Riche en hommes, elle les exportait vers la France (Gambetta, Galiéni), l'Argentine, les États-Unis.

Sur leurs 300 000 kilomètres carrés, les Italiens sont 57 millions, mais vieillissants.

Unifiée par le Risorgimento dont les héros furent Cavour et Garibaldi, l'Italie n'a réussi à construire un État efficace que sous la dictature fasciste de Mussolini. Bien que très différent du nazisme (le Duce devait tenir compte de la monarchie, de la papauté, et était prosioniste), le fascisme s'écroula dans la honte de son alliance avec Hitler, et la maison de Savoie avec lui. Ensuite, avec la démocratie chrétienne, le pape fut quelque temps le véritable souverain du pays. Depuis que la DC a sombré dans la corruption, l'Italie a mal à son État. Ce qui n'empêche pas les Italiens de sacrifier à leur culture du bonheur individualiste, insouciants et joyeux.

Le pays est divisé en deux parties physiquement très distinctes. Au nord, la plaine du Pô, ceinturée par le puissant arc alpin. À l'origine malsaine, cette étendue fut bonifiée au cours des âges jusqu'à devenir, comme l'affirmait Bonaparte en la montrant depuis les hauts à ses soldats, « la plaine la plus riche du monde ». L'agriculture intensive et l'industrie du pays s'y concentrent. Milan, avec ses 4 millions d'habitants, ville presque germanique à l'exception de son *Duomo*, est la capitale économique de toute la péninsule. L'austère Turin, très savoyarde, reste une grande ville industrielle (Fiat). À l'est du delta du Pô, la « terre ferme » vénitienne, autour de la belle Vérone, fourmille de petites entreprises familiales inventives (les Romains ne considéraient pas cette région comme italienne et la nommaient Gaule cisalpine). De nombreuses petites villes historiques superbes, malheureusement entourées aujourd'hui de banlieues, assurent un réseau urbain dense : Brescia, Bergame, Plaisance, Parme, Padoue, Vicence, Trévise, etc., sans parler de Venise évoquée plus haut.

Au sud, la péninsule constitue l'Italie proprement dite. Étroite, allongée, elle est structurée par l'« interminable Apennin » dont parle Goethe, sur 1 200 kilomètres de longueur. Face à la mer Tyrrhénienne, bornée par la Corse, la Sardaigne et la Sicile (dont nous avons noté le caractère fermé sur elles-mêmes, italiennes certes mais différemment), les rivages sont variés, parfois sublimes auprès du Vésuve et de Capri. De l'autre côté, la côte Adriatique est monotone.

La botte s'est cassée en deux à la Renaissance. La moitié méridionale, fort riche dans l'Antiquité (les « délices de Capoue »...), a pris du retard à cause, probablement, de sa structure sociale clanique (Mafia, Camorra, Ndrangheta) que n'a pas réussi à briser la grande et grouillante cité de Naples (un million d'habitants). La moitié nord, façonnée par les cités-États de la Renaissance, est l'Italie par excellence où l'on peut contempler les plus beaux paysages dessinés par l'homme sur la planète, les cités les plus superbes. Le petit fleuve Arno, malgré ses crues dévastatrices, est dominé par la coupole conçue par Brunelleschi pour Sainte-Marie-aux-Fleurs. Au cœur de la cité, le *David* de Michel-Ange transfigure l'austère palais de la Seigneurie. Les collines de Toscane et d'Ombrie, modelées avec amour, sont parsemées de cités magnifiques, distantes d'à peine 10 ou 20 kilomètres les unes des autres – Volterra, San Geminiano, Pienza, Montepulciano, Todi, Pérouse, Assise, Orvieto –, aujourd'hui endormies, à l'exception de la plus belle, Sienne, rivale de Florence avec son *campo* en forme de conque, toujours animée par la maroquinerie. Dans le palais communal, une peinture murale illustre les vertus du

« bon gouvernement » et les inconvénients du mauvais. Si l'Italie moderne en réapprenait l'art, elle redeviendrait la « péninsule fortunée » de Pétrarque.

Et puis il y a le Latium et, sur le Tibre, Rome. Longtemps l'*Urbs*, la Ville, unifia le monde et elle doit son importance actuelle au fait d'être restée le centre du catholicisme, qu'elle rassemble symboliquement entre les deux bras ouverts de la colonnade du Bernin sous le dôme de Saint-Pierre, conçu par Michel-Ange. Il n'existe dans le monde aucune autre ville d'une aussi grande continuité historique : vingt-cinq siècles (Paris n'en a que dix). Les temples romains, parfois intacts, comme le Panthéon, les arcs de triomphe, les amphithéâtres s'y mêlent aux tours féodales, aux places Renaissance (Michel-Ange dessina celle du Capitole), aux églises baroques, aux fontaines papales. C'est aussi la seule ville sainte qui soit joyeuse (on ne saurait accoler cet adjectif à La Mecque, à Jérusalem, à Lhassa ou à Bénarès), peut-être parce que les papes de la Renaissance, en fait peu croyants, étaient avant tout des humanistes.

Presque enclose dans les murailles d'Aurélien, Rome n'est plus depuis longtemps la plus grande cité de la planète. Mais, avec ses 3 millions d'habitants, elle reste la plus belle et la capitale de l'Italie. De même, le Tibre, petit fleuve au cours bref (300 kilomètres), a beaucoup compté : sans lui, Rome n'eût pas été.

La **péninsule balkanique** succède, vers l'est, à l'italienne, seulement séparée d'elle par l'Adriatique. Nous avons déjà décrit la Grèce à propos de l'Égée. Né dans les pays allemands, le long Danube se termine en delta dans la mer Noire. Puissant et navigable, il est un chemin davantage qu'une frontière. Au-delà de ce fleuve, la Rou-

manie est tout à fait balkanique. La péninsule a été le
cœur de l'Empire byzantin. Elle a exactement – sans la
Roumanie – la superficie de la France. Cette terre, qui
possède autant d'atouts que l'Espagne ou l'Italie et
davantage que le Maghreb, a cependant beaucoup souffert de l'Histoire : invasions turques, croisades latines,
etc. Trois chaînes du grand massif transcontinental de
type alpin structurent le relief : les Alpes dinariques, pro-
longées au sud par la chaîne du Pinde ; les monts Balkans, qui lui ont donné son nom ; les montagnes des
Rhodopes.

La **Bulgarie** menaça jadis Byzance avant d'être christianisée et annexée par elle vers l'an mille par le grand
empereur Basile II (surnommé pour cela le Bulgaroctone,
« tueur de Bulgares »). Depuis lors, ce peuple de 8 millions de personnes sur 110 000 kilomètres carrés est resté
remarquablement stable entre Grèce et Danube. Libérés
des Turcs au xixe siècle, les Bulgares eurent au xxe le tort
de toujours choisir le mauvais parti – celui des empires
centraux en 1918, des nazis en 1940-1945 –, avant d'être
dominés par l'URSS jusqu'en 1990. Ce sont pourtant des
travailleurs paisibles. Leur république, qui se dégage difficilement de son économie soviétisée, est entrée dans
l'Union européenne. Sofia, la capitale (un million d'habitants), bien située au pied d'une montagne boisée, reste
le carrefour des routes de la péninsule balkanique.

La **Serbie**, à l'opposé de la Bulgarie, a su choisir le
bon côté, lors des Première et Seconde Guerres mondiales. Elle n'en a pas été récompensée. Fiers et batail-
leurs, imbus de leur grandeur passée, les Serbes, présents
dans plusieurs régions du pays, dominaient l'ex-Yougo-
slavie. C'est à Sarajevo, en 1914, qu'un étudiant nationaliste serbe assassina l'archiduc François-Ferdinand. Seuls

de tous les peuples de l'Est, ils se libérèrent du joug nazi et devinrent volontairement communistes sans occupation soviétique. Au moment de la chute de l'URSS et de l'éclatement de la Yougoslavie, ils ont fait la guerre trois fois : pour s'opposer à la sécession croate ; pour contrôler la Bosnie, où ils vivent nombreux ; pour le Kossovo, leur province originelle submergée par l'immigration albanaise. Ils ont mené ces guerres cruellement (Srebrenica), mais les ont perdues, car les puissants encourageaient la sécession. Les 9 millions de Serbes de Serbie occupent, cas unique en Europe, un territoire plus petit que celui qu'ils détenaient en 1913. Leur capitale Belgrade, qui domine le Danube, est la seule ville européenne qui ait été bombardée depuis la Seconde Guerre mondiale. Dévastée, humiliée, la Serbie a du mal à redémarrer économiquement. De surcroît, l'indépendance récente du Monténégro vient d'en faire un pays enclavé, privé d'accès à la mer.

La **Bosnie**, détachée de la Serbie après la première guerre yougoslave et placée sous le protectorat de l'ONU, est une confédération totalement artificielle dont le budget est pris en charge par la même ONU. Elle se compose d'une partie croato-musulmane et d'une entité serbe autour de Banja Luka : 2 millions d'habitants de chaque côté, les musulmans (environ 700 000) n'étant majoritaires que dans la capitale bosniaque, Sarajevo. La « purification ethnique » continue : les Croates ne songent qu'à rejoindre la Croatie indépendante, et les Serbes bosniaques qu'à se réunir à ceux de Belgrade. Quant aux musulmans, jadis plus « yougoslaves » que les autres, ils ne savent plus très bien aujourd'hui ni où ils sont ni ce qu'ils sont. La république pluriethnique de Bosnie ne subsistera, on peut le craindre, qu'aussi longtemps que les troupes étrangères y stationneront. D'ailleurs, comment refuser aux Serbes de Bosnie de se rattacher à la Serbie alors qu'on vient de permettre à ceux du Monténégro de s'en séparer ? Le droit des peuples à disposer d'eux-mêmes ne saurait être à sens unique.

La **Macédoine**, petit pays de 25 000 kilomètres carrés, n'est pas un protectorat de l'ONU, mais reste fragile. Ses 2 millions d'habitants sont fort mélangés (d'où l'expression culinaire « macédoine » de légumes) : Bulgares, Serbes, Albanais, lesquels représentent la Macédoine ? La Grèce refuse même d'en accepter le nom. Pour elle, il n'y a de Macédoine que grecque – Alexandre était macédonien. Cette ancienne république fédérée yougoslave, jadis symbole de toutes les contradictions balkaniques (et les Balkans sont aussi compliqués que le Caucase), n'est pas encore sortie d'affaire.

La **Roumanie** jouit au contraire d'une forte unité nationale et, depuis le départ de l'Armée rouge, a été moins mêlée que les autres États de la région aux querelles balkaniques. Elle recouvre un territoire compact, mi-montagneux (la Transylvanie, le pays de Dracula), mi-alluvionnaire, au nord du Danube, et c'est en plaine qu'est située Bucarest, la capitale. Les Roumains sont un peuple nombreux (22 millions d'habitants) et occupent un territoire assez vaste : 238 000 kilomètres carrés. Si l'on met de côté la minorité magyare et protestante – 7 % de la population – concentrée en Transylvanie, leur langue, d'origine latine et non slave, leur donne une réelle identité. Ce sont des Slaves latinisés. Une importante émigration leur envoie des devises. La Roumanie a souffert d'une dictature communiste particulièrement corrompue et incompétente (Ceausescu), mais, à l'instar des Polonais, les Roumains sont un peuple vivace. Leur économie se développe. Nul doute que les subventions européennes leur seront bénéfiques (comme elles le furent en Espagne). Cependant, les aléas de l'Histoire ont laissé subsister à leur frontière un pays artificiel.

La **Moldavie**, coincée entre la Roumanie et l'Ukraine, n'a aucun avenir économique. Il faut souligner que cet État est une séquelle de la guerre froide (la Moldavie avait été annexée par l'URSS). Le pays est roumain de langue et le serait de cœur si la domination soviétique n'y avait laissé une enclave russe, la **Transnistrie**, non reconnue internationalement, mais où stationne toujours une armée moscovite qui étouffe la Moldavie et rend difficile l'union avec la Roumanie. La Moldavie compte 4 millions d'habitants, dont les deux tiers sont roumains, sur un territoire grand comme la Belgique.

Tous ces peuples de la péninsule balkanique (à l'exception des Albanais musulmans) ont de fortes ressemblances : Grecs, Bulgares, Serbes, Monténégrins et Roumains sont en fait des chrétiens de religion orthodoxe et de culture byzantine. Ils sont les témoins, une fois la vague turque retirée, de ce qui subsiste du vieil et glorieux empire d'Orient. Pour cette raison, l'Europe occidentale et latine les comprend mal. On peut penser que Belgrade n'aurait jamais été bombardée si elle avait été une ville catholique...

La **péninsule anatolienne** est la plus orientale des péninsules méditerranéennes. Elle a été unie pendant des siècles à la péninsule balkanique sous les Empires byzantin puis ottoman, en fait jusqu'en 1918, avec, comme ville capitale des deux péninsules, Constantinople à l'endroit où le Bosphore les sépare.

La **Turquie** actuelle est née en 1922. Sur les

décombres de l'Empire ottoman, Mustapha Kemal (le général victorieux des Alliés aux Dardanelles), lui-même originaire de Thessalonique, mais turc de cœur, voulut fonder une nation moderne. Nous avons dit comment il chassa les Grecs d'Asie Mineure. Les paysans musulmans d'Anatolie préférèrent sauver la patrie avec un militaire notoirement athée et porté sur l'alcool plutôt que de conserver le califat. Kemal mit le commandeur des croyants sur un bateau en route vers l'Angleterre, il supprima la *charia*, remplaça les caractères arabes par l'écriture latine et transporta la capitale de l'État au centre des hauts plateaux, à Ankara. Cela explique la localisation excentrée de la grande cité portuaire du Bosphore, rebaptisée Istanbul, le New York turc, aujourd'hui le véritable centre économique et industriel de la Turquie, avec ses 7 millions de citadins, même si elle n'en est plus la capitale.

Malgré la laïcité kémaliste, l'islam est revenu en force. Mais les Turcs sont patriotes avant d'être musulmans (« Turcs avant tout », proclame un slogan affiché sur les routes), ils estiment peu les Arabes, leurs anciens sujets, et soutiennent Israël.

La péninsule anatolienne est la plus étendue des péninsules méditerranéennes après la maghrébine, avec ses 750 000 kilomètres carrés, auxquels il convient d'ajouter les 25 000 que les Turcs ont gardés dans les Balkans jusqu'à Andrinople-Édirne, dont la fameuse mosquée indique aux rares voyageurs qui se rendent encore en Turquie par la route ou le train le commencement de l'Orient. Cette péninsule ressemble incroyablement à la plus occidentale des péninsules méditerranéennes, la péninsule ibérique : la Turquie est une Ibérie orientée de l'est à l'ouest au lieu de l'être du nord au sud. Comme l'Espagne, la Turquie se termine par un détroit vital, le Bosphore (au lieu de Gibraltar). Comme ceux de Castille, les hauts plateaux d'Anatolie sont isolés de la mer par des montagnes, la chaîne Pontique, le Taurus (au lieu de la Sierra Nevada). Comme l'Espagne, la Turquie touche à son continent par un massif montagneux puissant, le Caucase (auquel les Pyrénées ressemblent furieusement). Les plateaux d'Anatolie évoquent à s'y méprendre les mesetas monotones d'Ibérie. Pour ajouter à la similitude, le pouvoir politique a, dans les deux cas, voulu installer sa capitale au centre stérile de chaque péninsule : Ankara, Madrid. On pourrait aussi dire que le PKK (parti indépendantiste kurde) fait songer par plus d'un trait à l'ETA basque : tous deux sont les acteurs d'une rébellion sanglante et les victimes de répressions féroces. Le **Kurdistan**, pays sans État, comme le pays basque, déborde les frontières sur l'Iran, l'Irak, et la Syrie. La république autoritaire fondée par Kemal, dont le tombeau évoque celui de Lénine, est actuellement gouvernée par un parti musulman, mais l'armée veille au maintien de la tradition kémaliste. Les 70 millions de Turcs, aujourd'hui rassemblés, ont des liens anciens avec l'Allemagne où plusieurs millions des leurs sont installés. Le pays, puissance régionale, possède une industrie en plein développement (textile, automobile), mais demeure relativement pauvre et, surtout, les disparités régionales y sont fortes. Le revenu moyen de l'Ouest est ainsi cinq fois plus élevé que celui de l'Est, d'où des projets pharaoniques de construction de barrages sur le haut Euphrate. Les plus magnifiques ruines helléniques, Éphèse, Aspendos, Héliopolis, Aphrodisias, Pergame, se trouvent aujourd'hui en Turquie.

Après ce survol de la Méditerranée, nous ne pouvons que constater l'extraordinaire unité de la mer intérieure, et l'on comprend que les navigateurs de l'Antiquité, grecs et phéniciens, n'éprouvaient pas, où qu'ils y abordassent, le sentiment de changer de pays. Mais il y a des événements historiques qui transforment la géographie. L'unité de la Méditerranée fut brisée par les invasions arabes. Les conquérants, dotés d'une religion forte (les termes « faible » ou « fort » n'impliquent ici aucun jugement de valeur ; il faut plutôt penser à leur emploi en physique nucléaire, où l'on parle d'attraction « faible » ou « forte »), n'avaient aucun désir de devenir des Gréco-Latins (contrairement à ceux venus du nord, aux religions faibles : Francs, Germains, Slaves). Certes les nomades conquérants assimilèrent vite les techniques et les sciences des sédentaires qu'ils soumettaient (et même parfois les perfectionnèrent : algèbre, chiffres arabes). Mais ils voulaient surtout créer un monde nouveau, celui de l'islam, et se souciaient peu de conserver le passé. Par exemple, les magnifiques villes romaines, Leptis Magna, Palmyre et bien d'autres, furent abandonnées, tout comme l'architecture pharaonique d'Égypte, à Thèbes ou à Assouan, restée comme neuve jusque-là (les empereurs romains faisaient construire des temples égyptiens), fut ensevelie sous les sables d'où les savants de Bonaparte la dégagèrent. Ce n'est pas que les nouveaux venus fussent indifférents à l'art – ils firent édifier de beaux palais, de magnifiques mosquées, nous l'avons dit –, mais ils n'avaient en général[1] que mépris pour ce qui s'était fait avant Mahomet. L'œuvre de destruction fut achevée par les tribus hilaliennes que les califes fatimides du Caire lâchèrent sur le Maghreb au XIᵉ siècle et qui dévastèrent

---

1. Le célèbre Avicenne (980-1037) était un citadin persan.

tout. Le monde méditerranéen se cassa en deux, et le demeure aujourd'hui.

Lui qui était un sein maternel devint une frontière qui court en diagonale de Gibraltar au Bosphore – Henri Pirenne l'a souligné dans sa magistrale thèse *Mahomet et Charlemagne* (1937). Aujourd'hui, la mer primordiale, mer d'unité, est devenue mer d'affrontement. On change de monde en passant de la rive sud à la rive nord. Cette frontière a fluctué – l'Espagne a été perdue par l'islam, l'Anatolie a été gagnée –, mais elle demeure. Par contrecoup, cette cassure engendra le concept d'Europe, qui n'était jusque-là qu'une idée floue. Après l'islam, elle devint une civilisation particulière, celle de la chrétienté latine. On peut être parfaitement laïc et le reconnaître ; le nier serait une sorte d'aveuglement (cette confusion entre la chrétienté latine et l'Europe eut d'ailleurs des conséquences collatérales malheureuses pour les chrétientés byzantines). Mais les faits sont les faits. Et ces faits, par exemple, rendent faciles à comprendre aujourd'hui les difficultés d'intégration de la Turquie dans l'Europe. Les frontières sont des cicatrices dont on doit tenir compte pour les guérir, et celles de l'Europe sont culturelles. Chypre, située en Asie, est européenne. À cette aune-là, la Russie est indubitablement européenne ; Tolstoï, Dostoïevski sont européens.

Les Turcs sont un grand peuple, fier, fort, courageux, moderne, comme les Japonais. Ils ne sont nullement européens, pas plus que les Japonais.

L'unité méditerranéenne n'en subsiste pas moins par en dessous. Unité des mœurs patriarcales, du clanisme, de l'élevage des caprins, de la culture de l'olivier.

Unité ravivée aujourd'hui par des flux migratoires puissants qui portent Maghrébins et Turcs vers la rive nord : Marseille et Alger sont de plus en plus sœurs et Istanbul se prolonge à Berlin. L'intégration de ces populations du Sud, la naissance d'un islam à l'intérieur d'une culture européenne acceptée par lui (de la même façon que le catholicisme fait des efforts pour devenir indien en Inde ou africain en Afrique), le rétablissement d'une entente méditerranéenne, laquelle passe forcément par un règlement équitable du conflit israélo-palestinien, sont les clefs d'un avenir fécond et heureux de la mer primordiale.

Si l'Europe est née en contrecoup de la chevauchée des cavaliers d'Allah, plusieurs civilisations européennes, universelles et communicantes, l'incarnent : la française avec Voltaire, l'anglaise avec Shakespeare, l'allemande avec Goethe, l'espagnole avec Cervantès, l'italienne avec Dante, la russe avec Tolstoï. Existent aussi de grandes nations historiques. L'**Union européenne** elle-même serait incompréhensible sans cela.

Les États européens, longtemps concurrents ou ennemis, se sont engagés depuis le traité de Rome en 1957 dans la construction d'une union d'abord économique, puis institutionnelle, dotée aujourd'hui de plusieurs structures : la Commission européenne, qui siège à Bruxelles, gère les fonds communs et émet directives et règlements (un droit communautaire a vu le jour, conforté par la Cour de justice de Luxembourg) ; le Conseil des ministres, créé en 1974, véritable centre de décision, qui rassemble les ministres concernés ou les chefs d'État ou de gouvernement ; et le Parlement de Strasbourg, élu au suffrage universel depuis 1977 – cette assemblée siège d'ailleurs en général à Bruxelles.

Il y a deux manières de concevoir l'union : la pragmatique et l'idéologique. La pragmatique veut faciliter la coopération des nations : quand les Européens travaillent ensemble, ils accèdent à l'excellence – Airbus ou Ariane le prouvent (on pourrait objecter à cela que ces deux projets sont le fruit de coopérations intergouvernementales et non de la Commission, et qu'ils n'auraient jamais vu le jour sans la forte volonté d'un État-nation, la France).

Mais les Européens pourraient faire beaucoup de choses ensemble si l'idéologie ne les conduisait souvent à mettre la charrue avant les bœufs. Par exemple, imaginer une armée européenne. Pour risquer sa vie, il faut de solides raisons affectives, incarnées par les armées et les drapeaux. Construire des armes ensemble est plus facile, mais c'est justement ce que les Européens ne font pas, fabriquant deux types d'avion de chasse concurrents, l'Eurofighter et le Rafale, ou se fournissant pour la plupart en Amérique plutôt qu'en France ou en Angleterre. Autre exemple de charrue mise avant les bœufs : la monnaie unique, l'euro, entrée en vigueur le 1er janvier 2002 et dont la banque centrale siège à Francfort. Or personne ne commande à cette banque centrale : les États adhérant à l'euro sont privés de toute possibilité d'agir sur la monnaie. Le principal souci de cette institution est d'assurer la stabilité de la devise. Il en résulte un euro surévalué qui pénalise les exportations des pays de la zone et les entraîne dans la déflation. Cas unique au monde d'une banque centrale échappant à quelque autorité que ce soit : la Réserve fédérale américaine elle-même obéit de fait au président des États-Unis.

L'idéologie rêve de construire un super-État fédéral. Elle a eu son utilité pour réinsérer dans la démocratie l'Allemagne nazie, l'Italie fasciste, l'Espagne franquiste et la Grèce des colonels, mais ces temps-là sont révolus. L'Europe ne ressemble pas aux États-Unis d'Amérique, qui constituent en fait une seule nation. Victor Hugo, par ailleurs ardent patriote français, se trompait quand il évoquait les futurs « États-Unis d'Europe ».

Riche de ses cultures et de ses vieilles nations, l'Europe ne gagnerait rien à devenir la sous-Amérique de langue anglaise dont rêvent les bureaucrates bruxellois. Les Romains avaient compris que tout pouvoir reposait sur le consentement du peuple, sur l'*affectio societatis* – une règle qui ne souffre qu'une seule exception : l'occupation par une armée étrangère (la France pendant la Seconde Guerre mondiale, les pays de l'Est jusqu'à la chute du Mur...). Davantage encore que les régimes autoritaires, la démocratie, pour fonctionner, suppose l'existence de fortes communautés affectives qu'on trouve certes en France ou en Angleterre, mais pas au niveau européen. Il n'existe pas d'*affectio societatis* européenne. Il existe un espace européen et cet espace a des limites comme tout territoire.

Il y a *des* peuples européens, et non pas *un* peuple européen. On peut le déplorer, mais c'est un fait. Pour cette raison, les députés au Parlement de Strasbourg jouissent d'une moindre légitimité psychologique que leurs confrères des Parlements nationaux, alors que c'est le contraire en Amérique où le Congrès fédéral possède une plus forte légitimité que les parlements des États parce que les États-Unis sont une seule nation, un seul peuple – *We the people* sont d'ailleurs les premiers mots de la Constitution américaine : « Nous, le peuple ». Ce déni des réalités menace la féconde idée d'une coopération européenne institutionnelle. Il contribue aussi au désamour des peuples pour les politiques, puisque les citoyens ont parfaitement conscience que la plupart des règlements qu'ils subissent sont concoctés par la lointaine eurocratie bruxelloise sur laquelle ils ne peuvent rien.

Seuls les nouveaux adhérents se montrent enthousiastes pendant un certain temps, car ils attendent de l'Union les subventions massives dont ont bénéficié naguère l'Espagne, l'Irlande, le Portugal et la Grèce. Mais ces subventions, en raison même de l'élargissement trop rapide, ne pourront leur être accordées aussi abondamment.

Charrue avant les bœufs aussi : l'idée d'une diplomatie commune. On a pu le constater au moment de la deuxième guerre d'Irak, celle de 2003, qui vit les grandes nations européennes prendre des partis résolument différents. Quant aux petites, elles préfèrent pour l'instant le protectorat américain.

Mais il y a plus dangereux encore : en diffusant, pour affirmer le pouvoir de Bruxelles, une idéologie a-nationale (en réalité antinationale), les idéologues de l'Europe ont favorisé la naissance de micronationalismes destructeurs. Les vieux nationalismes ont perdu leur venin ; les temps impériaux de la France, de l'Angleterre, de l'Allemagne sont révolus. Les micronationalistes sont agressifs, et l'utopie d'une « Europe des régions » dans laquelle, sous la bienveillante autorité de Bruxelles (en fait, des États-Unis et de leur courroie de transmission militaire, l'OTAN), une Catalogne indépendante dialoguerait avec une Corse indépendante, fait frémir.

La propagande soutient que les institutions européennes ont apporté la paix au continent. C'est faux. La paix résulta simplement du fait que la politique du monde ne se faisait plus à Paris, Berlin ou Londres, mais à Moscou et Washington. Elle serait advenue de toute façon – si toutefois la « guerre froide » fut une paix.

En revanche, après la mort du maréchal Tito en 1980, nous avons pu constater que l'utopie régionaliste a détruit la Yougoslavie dans la guerre et le sang. Pourtant, le projet d'une fédération des Slaves du Sud qui parlent la même langue aurait pu réussir. L'Union européenne n'a pas empêché le suicide yougoslave, elle l'a précipité. Les géographes sont d'ailleurs obligés de le reconnaître : les nations les plus conscientes d'elles-mêmes, si elles acceptent la coopération, ont clairement refusé de disparaître dans le grand tout européen. La France et les Pays-Bas ont dit non aux référendums sur la Constitution, le Danemark aussi, sans parler de la Suisse – qui refuse d'adhérer et dont nous avons souligné l'esprit d'indépendance – et de la Norvège. La Suède et le Royaume-Uni ont refusé d'entrer dans l'euro (et leurs économies s'en portent plutôt mieux). Jamais les Anglais n'accepteront que leurs lois soient votées ailleurs qu'aux Communes. Il faut saluer l'exploit accompli par le Royaume-Uni : coloniser les institutions européennes, imposer à Bruxelles sa langue, tout en restant le plus possible à l'écart de l'Union et en payant le moins possible.

Pour sauver le projet européen, projet très utile, il est absolument nécessaire d'abandonner toute idéologie. Car il n'y a pas que la négation des peuples. Bruxelles souffre d'un « marxisme inversé ». Depuis les pharaons, il y a l'« État » et le « marché ». Tout ceux qui disent que l'État peut tout faire se trompent, la chute de l'URSS l'a prouvé. Tout ceux qui soutiennent que le marché suffit à tout se trompent aussi, la crise de 1929 l'a démontré. Aujourd'hui, les États-Unis ne sont plus un pays libéral. L'État y est fort, contrôle la banque, intervient dans l'industrie. Croire que l'économie suffit à tout est simpliste. L'homme est un *homo œconomicus*, certes, mais c'est aussi un être de passions. Et parmi celles-là figure la passion territoriale, qui lui vient de loin. On peut l'éduquer, l'ouvrir, non la refouler.

Le finistère européen
Les nations fondatrices

Après Gibraltar (les colonnes d'Hercule), les galères de la Méditerranée remontaient, par-delà l'Ibérie, les côtes de Gaule, de Bretagne (Angleterre), des Pays-Bas et allaient jusqu'à pénétrer, toujours suivant le rivage, au fond de la Baltique. Ainsi se trouvait circonscrit un nouvel espace. En cet espace se transporta la chrétienté, refoulée un moment hors de la mer primordiale par les invasions arabes et turques. C'est dans ce finistère européen que, vers l'an mille, naquirent les nations d'une Europe identifiée alors à la chrétienté latine. Les deux nations fondatrices furent la France et l'Angleterre.

La **France** occupe le centre de l'isthme européen, et elle constitue le chemin le plus court entre le nord et le midi. On peut, depuis la Méditerranée, accéder à l'océan par le profond sillon de la vallée du Rhône. À partir de Lyon (où les Romains avaient installé la capitale des trois Gaules), le voyageur a le choix entre la route du Bassin parisien par la Seine et la route, plus à l'est, du Rhin.

Assis sur le Bassin parisien, les rois capétiens mirent toute leur énergie à contrôler la route du Rhône, ce qu'ils réussirent à faire dès le XIIe siècle. La France était née. Elle peut se définir comme l'union de la mer du Nord et de la Méditerranée. Nous l'avons souligné, cette union

n'allait pas de soi. Elle fut le résultat d'une action poli-
tique séculaire de la monarchie, puis des républiques. La
France est donc une nation artificielle et « politique ».
D'autres pays d'Europe sont des pays « ethniques ».

L'Allemagne rassemble en effet des ethnies germaniques (tudesques, comme disent les Italiens). La
Grande-Bretagne unit sous la même couronne les nations
anglaise, galloise, écossaise (avec les Irlandais, cela n'a
pas marché). On trouve des nations monoethniques
comme la Hollande, ou pluriethniques comme la Suisse.
La Pologne est une ethnie d'autant plus compacte que
Staline et Hitler en ont chassé et massacré les non-Polo-
nais. Hors d'Europe, les pays qui réussissent sont souvent
d'ethnie homogène, tels le Japon ou la Corée.

Rien de tel en France. Il y a davantage de différence
entre un Alsacien (ethnie germanique), un Breton (ethnie
celte), un Dunkerquois (ethnie flamande) et un Marseil-
lais (Méditerranéen métissé) qu'entre, par exemple, un
Serbe et un Croate. Mais une volonté politique séculaire
a tissé des liens affectifs forts (dont on constate la pré-
gnance dès le XVᵉ siècle chez une paysanne comme
Jeanne d'Arc). Une langue commune, imposée par Paris
(édit de Villers-Cotterêts pour les actes administratifs en
1539), est parlée par tous. Ce n'est pas original, la langue
commune étant toujours celle du pouvoir. L'espagnol
aussi a été l'idiome des rois de Castille. Surtout, une mentalité commune a surgi qui paraît aujourd'hui étrange aux
étrangers. Même si le patriotisme n'est plus à la mode, il
suffisait en 2006 de regarder à la télévision les manifestations anti-CPE [1] pour être frappé par l'extraordinaire ressemblance des foules de jeunes gens qui défilaient dans

---

1. Contrat de première embauche.

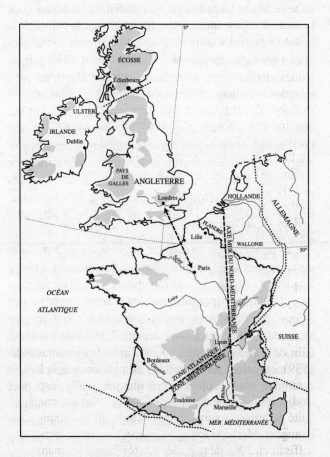

Carte 7. Les nations fondatrices
La France et l'Angleterre

les rues de Lille, de Paris, de Lyon, de Toulouse, de Rennes ou de Marseille (la manifestation de masse dans la rue est d'ailleurs une spécificité française). Jamais le peuple français n'a été plus réel. Et pourtant il a génétiquement beaucoup changé. La guerre de 14-18 l'a saigné, l'immigration a été abondante, issue d'abord de pays proches – Italiens, Espagnols, Polonais et Portugais –, puis de pays éloignés. L'immigration depuis les Antilles françaises a été encouragée par les gouvernements afin de résoudre le problème démographique de ces îles surpeuplées : il a été résolu et le million d'Antillais de métropole en témoigne. Après 1962, ce furent des masses de travailleurs d'Afrique du Nord. Avec le « regroupement familial » de 1974 arrivèrent les enfants d'Afrique de l'Ouest.

Ces derniers flux expliquent la présence de 5 millions de personnes d'origine musulmane. Encouragée après la Seconde Guerre mondiale (création d'un Office national de l'immigration), jamais maîtrisée depuis (quelles que soient les déclarations gouvernementales), et l'on peut estimer le solde migratoire annuel à 300 000 individus (dont 200 000 cartes de séjour), l'immigration a considérablement métissé les ethnies françaises originelles. Il suffit de regarder la sortie de n'importe quelle école pour s'en rendre compte. Le plus inattendu, c'est que l'intégration des nouveaux arrivants finit par se faire quand même. La France, ce pays politique, est aussi un creuset puissant, un dissolvant efficace qui efface avec sa laïcité les différences trop marquées. Cette laïcité, autre spécificité nationale, ne date d'ailleurs pas seulement de 1905 (loi de séparation des Églises et de l'État), mais remonte au moins à Henri IV. Depuis 1598 et l'édit de Nantes, la citoyenneté en France n'est plus liée à la religion (malgré une régression sous Louis XIV).

Parce qu'elle est un pays artificiel, la France est aussi depuis longtemps un pays exogame où l'on n'hésite pas à prendre femme hors communauté. Le Français peut tenir des propos racistes à l'occasion, mais quand une femme lui plaît, il ne craint pas de la prendre pour compagne quelle que soit la couleur de sa peau. C'est la vraie raison de l'hostilité des Français au « foulard islamique ». Symboliquement, le « tchador » dit aux non-musulmans : « Ne touchez pas à nos femmes. » Cette interdiction est intolérable au Français exogame. À l'inverse, elle ne gêne en rien l'Anglo-Saxon endogame, qui ne songe absolument pas à se mettre en ménage avec la Pakistanaise – ce qui n'empêche pas certains intellectuels français de confondre son indifférence au « voile » avec de la tolérance. En réalité, elle est de nature raciste : ne songeant pas à épouser la femme voilée, l'Anglais et l'Américain se moquent pas mal de la manière dont elle est habillée ! Comme quoi les géographes doivent s'efforcer de décoder les apparences pour atteindre, comme le conseillait Rabelais, la « substantifique moelle » de la réalité.

Il est encore une autre exception française : les femmes des classes moyennes ont deux ou trois enfants chacune, au lieu d'un seul pour les autres Européennes. Les démographes distinguent la fécondité naturelle (beaucoup de naissances et beaucoup de mortalité infantile) de la fécondité moderne (peu de naissances, mais quasi-disparition de la mortalité infantile). Ils appellent le passage de l'une à l'autre la « transition démographique ». Nos voisins européens subissent depuis 1970 les effets d'une transition démographique qui menace leur avenir. La France, elle, l'a effectuée il y a plus de deux siècles, sous la Révolution qui fut aussi une formidable transformation des mœurs. Les Français restreignirent leur progéniture (le contrôle des naissances était déjà pratiqué par certaines Romaines). Cette transition démographique précoce aurait pu tuer le pays : le plus peuplé d'Europe au moment d'Austerlitz, celui-ci se retrouva, cent ans plus tard, à la veille de la bataille de la Marne, la moins nombreuse des grandes puissances. Mais, comme si elles avaient été « vaccinées », les femmes françaises ont aujourd'hui le même nombre d'enfants qu'en 1900, alors que leurs sœurs européennes en ont moins. (Nous avons déjà expliqué ce comportement, à propos de l'Espagne et de l'Italie, par l'inversion des effets du catholicisme – comportement dont sa laïcité préserve la France, où la majorité des naissances ont lieu hors mariage).

Autre conséquence importante de la révolution des mentalités : en Allemagne, une « bonne mère » ne travaille pas hors du foyer et doit donc choisir entre vie professionnelle et maternité ; une mère française, au contraire, dans l'imaginaire social, peut et même doit mener de front métier et maternité. Aussi le taux de fécondité des Françaises (2 enfants par femme) est-il très supérieur à la moyenne européenne (1,32) et inférieur de très peu au taux de remplacement des générations (2,07), ce léger déficit étant comblé, et au-delà, par un solde migratoire positif. La France est le seul pays d'Europe dont la population augmente de 500 000 personnes par an. Aujourd'hui, 62 millions d'habitants vivent en France métropolitaine. Dans une génération, le pays sera à nouveau le plus peuplé d'Europe, devant une Allemagne qui ne cesse de décroître.

Avec un territoire de 550 000 kilomètres carrés, la

France est déjà le pays le plus étendu du sous-continent (presque deux fois l'Italie ou le Royaume-Uni) et certainement le plus varié. On y remarque des morceaux d'Angleterre (Normandie), d'Irlande (Bretagne), de Pays-Bas (Flandre), d'Espagne (Languedoc), d'Italie (Provence), d'Europe centrale (Lorraine et Franche-Comté), d'Allemagne (Alsace), de massif alpin (Savoie et Dauphiné), de Catalogne (Roussillon). Ajoutons, pour faire bonne mesure, un bout de pays Basque et une île méditerranéenne (la Corse).

La France se présente comme une espèce de résumé d'Europe. Entre Atlantique et Méditerranée, elle occupe un isthme où se superposent les grands ensembles structuraux du continent. À la frontière avec l'Espagne, depuis l'océan jusqu'à la mer intérieure, s'allonge la barrière des Pyrénées (dont nous avons noté la parenté avec le Caucase) sur 410 kilomètres de long, avec des sommets dépassant 3 000 mètres. À la frontière de l'Italie, les Alpes françaises constituent le versant occidental de l'arc alpin. Elles sont le domaine des plus hauts reliefs (mont Blanc : 4 807 mètres) et des neiges éternelles (en recul actuellement), entaillées de profondes vallées d'origine glaciaire (Maurienne, Tarentaise) qui sont des passages et non des barrières. Les Alpes sont précédées de Préalpes calcaires (Chablais, Bauges, Chartreuse, Vercors, Diois, Ventoux, Dévoluy) et, au nord, par les monts du Jura qui séparent la France de la Suisse. Plus au nord encore, on trouve les Vosges, massif ancien aux altitudes modestes mais abruptes sur le versant qui tombe sur la plaine d'Alsace. La France est ainsi, au midi et à l'est, bordée de montagnes. Faciles à franchir, elles n'ont constitué une limite que récemment.

Au centre-sud du territoire, le Massif central est une

montagne usée, redressée sur les bordures et qui occupe
le huitième du territoire. Il s'agit d'un plateau aux hori-
zons calmes, entaillé de larges vallées, relevé vers le sud-
est dans les Causses, les Cévennes et la Montagne Noire.
Des volcans éteints s'alignent au long de cette cassure :
le puy de Sancy (1 886 mètres) et le puy de Dôme dominent la capitale de l'Auvergne, Clermont-Ferrand, en
Limagne, centre mondial des pneumatiques (Michelin).
Vers l'ouest, le Limousin, pourtant verdoyant, est assez
dépeuplé à l'exception de Limoges.

L'ensemble du territoire français est marqué par deux
géologies opposées : l'hercynienne (d'époque primaire),
génératrice de bocages, et la tertiaire, souvent sédimen-
taire, aux vastes plaines ouvertes dans lesquelles
s'achève la grande « prairie » nord-européenne (Bassins
parisien et aquitain).

Bordée par quatre mers (mer du Nord, Manche, Atlantique, Méditerranée), la France a des rivages aussi longs
que ses frontières terrestres, ce qui la fait balancer entre
deux destins, maritime et continental. En Méditerranée,
les côtes présentent tous les paysages de cette mer :
calanques provençales, lagune camarguaise, delta du
Rhône, cordons littoraux languedociens, etc. Les côtes
océanes voient se succéder les falaises de Normandie et
les dunes des Landes, séparées par les rivages découpés
et rocheux de la Bretagne.

La Bretagne, qu'on pourrait appeler le « pays de
Galles » de la France, est une province granitique aux
rives superbes et à la population d'agriculteurs et de
marins-pêcheurs, vieille région de Gaule celtique au flanc
de la douce France. À son finistère, Brest demeure le
grand port de la Royale (la marine nationale), les sous-
marins nucléaires de la force stratégique mouillant à l'île

Longue. Aux confins du monde celte et du Bassin parisien, la capitale, Rennes, ancienne « ville à parlement », reste frondeuse (il est amusant de voir certains édiles affubler les rues de Rennes de noms bretons, alors que cette métropole a toujours parlé le français). Car, si la Bretagne garde une forte identité, celle-ci a toujours été double : bretonne et gallo (française). Elle avait aussi deux capitales, Rennes et Nantes, mais cette dernière, jadis cité des ducs, lui a échappé pour devenir un grand port de Loire.

Les fleuves de l'Ouest, à cause des fortes marées en Manche et dans l'Atlantique, se terminent par de profonds estuaires propices à l'entrée des navires et aux activités portuaires : estuaires de la Seine, de la Loire et de la Garonne.

« Naturelle » au sud et à l'est (l'expression « frontière naturelle » est tout idéologique : nous avons souligné que les montagnes et les fleuves pouvaient être des portes autant que des limites), la frontière nord de la France est seulement « artificielle », c'est-à-dire politique. Elle marque la zone d'équilibre entre le pouvoir parisien et les pouvoirs antagonistes. D'un seul coup d'œil sur une carte, on constate que le pouvoir parisien a pu s'étendre beaucoup plus loin vers le sud (800 kilomètres) que vers le nord (moins de 200), où il s'est heurté aux puissances espagnole, autrichienne et anglaise. Dans cette direction-là, il n'a réussi à annexer toutes les populations de langue française (Wallons) et à border le Rhin jusqu'à l'embouchure que durant une vingtaine d'années, entre la victoire de Valmy et la défaite de Waterloo (il y avait alors des départements de « Sambre-et-Meuse » et de « Rhin-et-Moselle »). Avec la Restauration, le pouvoir central fut obligé de reculer aux limites traditionnelles du royaume.

Lille, aujourd'hui agglomération de plus d'un million
d'habitants, capitale des Flandres françaises depuis
Louis XIV, domina longtemps la région la plus industrielle du pays. Centre du bassin houiller où les terrils
desaffectés se transforment en collines vertes. L'Artois
fut lui aussi disputé et Arras est autant que Besançon
« vieille ville espagnole ». Maubeuge, Valenciennes
essaient de se reconvertir. Calais profite du tunnel sous
la Manche et Boulogne reste un grand port de pêche. Vers
l'est, la Meuse et la Moselle, qui coulent vers le Rhin,
constituent des marches frontières au patriotisme vif
(Jeanne d'Arc était « meusienne »). Nancy resta pourtant
jusqu'à Louis XV la capitale d'un prince du Saint
Empire, qui la dota de la superbe place Stanislas. Metz,
fortifiée par Vauban, était le boulevard de la France.

En 1682, Louis XIV avait annexé Strasbourg et fixé
solidement la France au Rhin, qu'elle borde toujours.
L'annexion, entre 1870 et 1918, de l'Alsace et de la
Moselle à l'Empire allemand fut une grande erreur de
Bismarck : sans cela, les Français se fussent réconciliés
très vite avec les Allemands. Elle entraîna la terrible
guerre de 1914-1918. L'Alsace est un excellent exemple
des vertus du métissage culturel. Elle a conservé le
sérieux germanique en acquérant le savoir-vivre français.
À Strasbourg, superbe ville rhénane, sauvée en raison de
son appartenance à la France de la destruction totale
infligée par les Alliés à d'autres cités du Rhin comme
Cologne, la gastronomie est réputée, alors qu'il suffit de
franchir le Rhin pour, dans un paysage exactement semblable, manger horriblement mal. L'Alsace illustre deux
conceptions de la nation : la française, nation choisie
(100 000 Alsaciens sur un million quittèrent leur pays en

1871 pour rester français), et l'allemande, nation ethnique, celle du *Volk*.

Le Bassin parisien, immense cuvette concentrique, a
été le berceau d'un pouvoir qui depuis sa capitale, Paris,
édifia la France comme un paysan agrandit son champ.
À l'est, la cathédrale de Reims, en Champagne, en était
l'âme. La Somme, longue de 245 kilomètres, le borne au
nord. Longtemps frontière militaire, ce fleuve arrose les
villes de Saint-Quentin et d'Abbeville. Il coule auprès de
la superbe cathédrale d'Amiens, clef de la Picardie.

La Seine (776 kilomètres de long) est l'artère vitale.
Paisible et navigable, elle prend sa source sur le plateau
de Langres à seulement 471 mètres d'altitude. Elle arrose
Paris, puis se jette dans la Manche par un large estuaire
qui baigne Le Havre et Honfleur. De part et d'autre du
fleuve, la verte Normandie n'oublie pas qu'elle a créé
l'Angleterre depuis ses capitales, Rouen, dans la vallée
(où fut brûlée Jeanne d'Arc) et dans sa campagne, Caen
et Bayeux d'où partit Guillaume le Conquérant, aujour-
d'hui villes industrielles à l'exception de Bayeux. Caen,
rasée par les bombardements du débarquement, reconstruite, a réussi à restaurer ses superbes églises. Les
affluents de la Seine convergent : Oise, Marne, Yonne. À
leurs débuts, les rois de Paris eurent bien du mal à garder
ouverte la grande route qui mène jusqu'à Orléans et la
Loire, « voie sacrée » du royaume : ils durent, pour y parvenir, démanteler maints donjons, dont celui de Montlhéry.

La Loire ferme le Bassin parisien au sud. Plus long
fleuve français (1 012 kilomètres), elle draine le cinquième du territoire national. Surgie de terre à
1 373 mètres d'altitude, au mont Gerbier-de-Jonc, elle
reste une rivière de montagne très irrégulière, inconvé-

nient qu'aggravent encore ses affluents (Cher, Indre, Vienne...) venus également du Massif central. Sur la rive nord, dans le Maine, confluent de paisibles rivières : Loir, Sarthe et Mayenne. La forme de la Loire rappelle à s'y méprendre celle du Niger, qui coule très loin au sud et en sens inverse, mais présente comme elle une boucle, caractéristique d'un cours ancien (Orléans occupant à peu près la place de Tombouctou). La ressemblance de la Loire avec le grand fleuve africain concerne aussi les paysages (bancs de sable, roseaux), à tel point que les oiseaux migrateurs vont chaque année d'un fleuve à l'autre... L'Anjou et le Maine, centrés sur les cités d'Angers (université catholique) et du Mans (industrie mécanique) sont des zones de transition entre le bassin parisien à la géologie tertiaire et le massif Armoricain hercynien et bocager.

Au coude de Val de Loire, Orléans est une ville austère, presque « du Nord », industrielle. L'active Tours, aussi joyeuse que sa rivale est sévère, fut cependant en 1870 la capitale de la « défense nationale » avec Gambetta. D'innombrables châteaux ornent les pays de Loire, que les rois et les grands aimaient pour leur climat doux et ensoleillé ; c'était, en quelque sorte, leur Côte d'Azur.

Le Bassin aquitain reproduit, au midi et en moins vaste, le Bassin parisien. La Garonne, longue de 650 kilomètres, ressemble davantage à la Loire qu'à la Seine par l'irrégularité de son cours montagnard, aggravé par celui de ses affluents (Tarn, Lot, Dordogne, etc.). Elle se termine par le vaste estuaire de la Gironde où trône, souveraine, vinicole et légèrement *british*, la ville classique de Bordeaux.

Entre Loire et Garonne sont situés, dans les terres – « seuil du Poitou » –, la ville universitaire de Poitiers, et sur l'Atlantique le port fortifié de La Rochelle, jadis citadelle protestante.

Au coude de la Garonne, à l'intérieur des terres, à l'aplomb sud de Paris, Toulouse eût pu, sans les rois capétiens, devenir la capitale d'une Occitanie qui ne vit jamais le jour. Si la France est l'union de la mer du Nord et de la Méditerranée, elle est encore davantage celle de Paris et de Toulouse. Union qui se fit dans le sang des « albigeois », mais qui, dès l'époque de la guerre de Cent Ans, était assez solide pour que le parlement de Paris occupé par les Anglais pût trouver refuge à Toulouse. Charles VII fut un roi du Midi qui reconquit le Nord. Toulouse, avec son Capitole, sa basilique romane, ses hôtels Renaissance, est presque aussi belle que Florence – ce que fait oublier sa puissante activité industrielle et aéronautique actuelle. Entre Toulouse et les Pyrénées, on trouve le Béarn blotti au pied de la montagne avec sa capitale Pau d'où partit Henri IV à la conquête de Paris.

À l'est de cette heureuse succession de bassins, le sillon rhodanien creuse du nord au sud un axe étroit mais vital, ouverture vers le nord de la Méditerranée. Des sources de la Saône à la Camargue, on compte 800 kilomètres. Cet axe est commandé par Lyon, qui dès son annexion devint la deuxième ville et comme la clef du royaume – ce qu'elle reste aujourd'hui. Lyon est le Milan de la France, grosse comme elle de 4 millions d'habitants. Cependant, le pouvoir parisien a eu du mal à enlever la rive gauche du Rhône au Saint Empire (longtemps les bateliers descendant le fleuve ont dit le « Royaume » pour désigner la rive droite et l'« Empire » pour la rive gauche), d'autant que la papauté vécut un siècle à Avignon, repliée sur le Comtat Venaissin. Avignon, la plus italienne des villes françaises, ne rejoignit la France qu'avec la Révolution qui prononça son annexion.

À l'est du Comtat, la belle Provence, malgré la base militaire de Toulon, annonce l'Italie et encore plus Nice, patrie de Garibaldi, annexée seulement en 1860.

Au sud du sillon rhodanien, mais à l'abri des ensablements de la Camargue, Marseille, la plus ancienne cité du pays, fondée il y a vingt-six siècles par des marins grecs d'Asie Mineure (la « cité phocéenne », du nom de sa ville mère Phocée), est la plus cosmopolite des agglomérations et le plus grand port du territoire.

Presque aussi haussmannienne que Paris avec ses avenues et palais Second Empire, mais également classique (la Vieille Charité), cette métropole atteint aujourd'hui les 2 millions d'habitants. Elle ne peut rivaliser avec Lyon quant au dynamisme industriel, mais elle montre à la France le chemin d'une intégration réussie de ses populations : les petits banlieusards du « neuf-trois » prennent un accent supposé arabe, mais les petits Arabes de Marseille parlent comme Charles Pasqua ! Marseille a aussi été une cité rebelle (Louis XIV ne voulut pas y entrer par la porte, mais fit démolir le mur d'enceinte pour y pénétrer à cheval). Pour cette raison, le pouvoir royal établit ses institutions dans la très belle Aix-en-Provence.

De l'autre côté de la Camargue, mais un peu à l'intérieur des terres, en Languedoc, Montpellier, qui s'est étendu jusqu'à la mer, fut une cité de juristes et d'universitaires, ce qu'elle reste ; Nîmes, elle, est endormie à l'ombre de ses arènes romaines. Non loin de la rive gauche du Rhône et la surplombant, Savoie et Dauphiné sont une Suisse française avec cimes, glaciers et lacs. Grenoble, capitale du Dauphiné, ville de piémont, est devenue une active cité industrielle, comme en Savoie, Annecy et Chambéry.

Au nord du sillon rhodanien et débouchant sur l'Alsace, la Bourgogne et la Franche-Comté donnèrent des soucis au pouvoir parisien. Dijon la magnifique lui contesta un temps la prééminence avec Charles le Téméraire, et le Roi-Soleil eut du mal à pacifier Besançon, « vieille ville Espagnole » (Hugo). Aujourd'hui, ces deux provinces sont des régions de transition où les fleuves hésitent entre l'océan et la Méditerranée.

Au cœur de la France, quoique décalé vers le nord, trône Paris. Sa cathédrale, Notre-Dame, est entourée d'une extraordinaire couronne d'autres cathédrales gothiques : Amiens, Reims, Troyes, Chartres, Rouen, sans oublier Bourges, centre géographique du territoire français... À Paris, les bâtiments de la puissance se déplacent vers l'ouest depuis des siècles : du palais de l'île de la Cité, avec sa Sainte-Chapelle, au Louvre de François Ier, aux Tuileries de Napoléon, à l'Élysée et maintenant à la Défense (moins à l'ouest que le Versailles du Roi-Soleil cependant). L'agglomération dépasse 13 millions d'habitants, desservis par des transports en commun efficaces (métro, RER). Le Paris des vingt arrondissements, redessiné par la main impérieuse du baron Haussmann, est la plus belle des très grandes cités du monde et bénéficie d'une convergence unique. Il est le centre du pouvoir politique, intellectuel, universitaire, industriel et commercial. Aucune ville au monde ne cumule toutes ces fonctions à la fois. New York n'a pas le pouvoir politique, qui réside à Washington. À Londres, les universités sont loin (Oxford, Cambridge...), et Rome jalouse le pouvoir économique détenu par Milan. Certes, les villes de province françaises sont aujourd'hui sorties de leur torpeur : Lyon, Toulouse, Bordeaux et quelques autres sont de vraies capitales intellectuelles ou industrielles. Mais Paris tend à devenir en fait la capitale de l'Europe, grâce au train à grande vitesse qui met Amsterdam, Cologne et bientôt Turin à trois heures, et aussi Londres avec un tunnel sous la Manche que même Jules Verne n'a pas imaginé. Paris et Londres sont les deux mégapoles du sous-continent européen, mais la seconde est excentrée, réduite à sa place financière, et il n'existe pas sur le continent de ville de la taille de Paris. Les deux vraies capitales du monde sont New York et Paris qui présentent chacune un visage différent de modernité.

Agrégat d'une vingtaine d'anciennes provinces et découpée en quatre-vingt-seize départements [1], la France métropolitaine est en fait composée de plusieurs centaines de petits pays aux limites inchangées depuis la Gaule antique. Prenons en exemple le Vendômois. Ce pays de 200 kilomètres carrés, peuplé de 75 000 habitants, a gardé les mêmes frontières depuis vingt siècles : l'arrondissement de Vendôme est exactement inscrit dans le territoire du *pagus* de jadis. Au temps de la paix romaine, son centre s'étalait au milieu de la plaine alluviale du Loir, avec temple civique et arènes. Un village a gardé le site et le nom (orthographié Areines) et les arènes sont toujours là, invisibles sous les alluvions depuis le sol, mais très visibles en photographie aérienne. Puis il y eut les âges obscurs des temps mérovingiens. Aux alentours de l'an mille surgit une nouvelle civilisation, cette fois au pied du château féodal (démantelé plus tard par Henri IV), dont le donjon, juché sur sa « mon-

---

1. Vingt et une régions modernes auxquelles il faut ajouter la Corse et quatre régions d'outre-mer.

tagne » – falaise calcaire creusée par la rivière –, domine le site. Un comté était né.

Sous la protection du château, dans une île du Loir percée de plusieurs bras, le comte Geoffroy fit édifier une grande abbaye qui donna naissance à la ville de Vendôme. Le clocher roman de l'abbatiale, l'un des plus remarquables qu'on puisse voir, est une tour de pierre.

À la base, un carré de 13 mètres de côté qui se transforme, trois étages plus haut, en octogone, le passage du carré à l'octogone étant masqué par quatre clochetons. La tour s'achève ensuite par une flèche de pierre à 83 mètres de haut – exactement la hauteur additionnée du donjon (30 mètres) et de la falaise qui le porte (53 mètres). Ce clocher qui domine une ville sagement horizontale a quelque chose de pharaonique, de vertical et de massif. Il impressionne d'autant plus que sa force fait contraste avec la façade flamboyante de l'église abbatiale, dont les flammes de pierre ajourée ont été conçues par Jean de Beauce. Le Moyen Âge a aussi laissé en ville de nombreux témoins : maisons, tours de défense, moulins, lavoirs et portes d'eau pour le passage des bras du Loir. Le comté était puissant, défendu en amont et en aval par des forteresses redoutables (Fréteval, Montoire, Lavardin), mais cela n'empêcha pas Vendôme d'être pillée par les Grandes Compagnies pendant la guerre de Cent Ans. Le beffroi sonne toujours, à chaque heure, la célèbre comptine : « Mes amis, que reste-t-il à ce dauphin si gentil [il s'agit du futur Charles VII et "gentil" a le sens de "gentilhomme"] ? Orléans, Beaugency, Notre-Dame-de-Cléry, Vendôme, Vendôme ! »

La Renaissance fit renaître la cité, dont le comté était passé à la famille royale (d'où la « place Vendôme » à Paris). Elle y a laissé une porte de ville célèbre, qui fut le premier hôtel des échevins, et de nombreux hôtels particuliers aux toits d'ardoise fine, très inclinés, ornés de hautes cheminées – dont celui, toujours debout, de la famille Du Bellay. Les poètes de la Pléiade, Ronsard, Du Bellay, étaient vendômois : « Quand je suis vingt ou trente mois sans retourner en Vendômois... », chante Ronsard.

L'époque classique y édifia un admirable collège (où enseigna plus tard Fouché et où étudia Balzac) dont la cour évoque la place des Vosges et dont le parc s'appelle justement le « Paradis ». La Ire République fit guillotiner Babeuf sous le clocher roman, la IIIe y érigea les bâtiments nécessaires à son rôle de sous-préfecture : caisse d'épargne, gare, hôpital. En juin 1940, Vendôme fut inutilement bombardée et en partie incendiée par l'aviation de Mussolini, opérant depuis la Somme. Le XXe siècle installa des industries de pointe qui remplacèrent les célèbres ganteries d'antan et une gare du TGV qui met la ville à quarante-deux minutes de Paris (pourtant distante de 175 kilomètres). Vendôme et les Vendômois illustrent le rapport traditionnel « ville-campagne » qu'on observe dans la cité grecque : une cité et sa *chôra* (en grec), son *pagus* (en latin), son *contado* (en italien). C'est la seule vraie ville de l'arrondissement, et l'on y vient encore chaque vendredi pour le marché. Située en un lieu stratégique (Chanzy y eut son PC en 1870), c'est déjà une cité tourangelle qui dispose des services nécessaires à son pays et de quatre lycées (classique, technique, agricole et privé). On ne sait trop pourquoi une immigration turque, fort paisible, s'y est installée. Sans banlieue démesurée, cette agglomération de 30 000 habitants et sa campagne sont une sorte de modèle réduit de la France : beauté des monuments, « douceur angevine » (Du Bellay), agriculture moderne, petits vins, industries de pointe, immigration intégrée, qualité de vie. Cette parenthèse de micro-géographie nous renvoie à la géographie générale puisque, ne pouvant décrire tous les pays de France, nous avons fait ce choix signifiant.

La France a conservé de son passé colonial des poussières d'empire dans les Caraïbes, l'océan Indien, le Pacifique, les mers australes et l'Atlantique, et il en sera question à leur place géographique – nous avons évoqué plus haut le rôle des Antillais dans la démographie française. Il arrive que l'on considère ces îles disséminées de par le monde comme les « danseuses » de la République, qui a fait de certaines des départements, tandis que d'autres sont restées des territoires d'outre-mer. Mais c'est grâce à l'immensité de l'Océanie française que la France a pu tester à Mururoa ses bombes nucléaires. C'est grâce à un morceau de continent sud-américain transformé en département qu'elle peut développer sa puissance spatiale. La Guyane, vaste comme douze fois la Corse avec ses 91 000 kilomètres carrés, assure en effet à la France et à l'Union européenne le seul pas de tir pour fusées qui soit situé sur l'équateur face à l'océan vers l'est. Il permet sans risque (la mer) des lancements moins coûteux qu'à Baïkonour ou à Cap Canaveral, situés plus au nord, car il bénéficie au maximum de l'effet de rotation de la Terre. Les départements et territoires d'outre-mer (dom-tom) comptent au total 2,5 millions d'habitants, citoyens français que l'on doit ajouter à ceux de métropole. La persistance de ces liens est originale.

La France, moyenne par sa taille et sa population, a dominé le monde à deux reprises : au Moyen Âge (XIIe-XIIIe siècle) et aux temps classiques (XVIIe-XVIIIe siècle). Elle a manqué disparaître plusieurs fois. En 1914-1918,

elle a perdu presque 2 millions de jeunes gens au combat,
un homme jeune sur trois. Jamais dans l'Histoire aucun
peuple, même Sparte, n'avait accepté de tels sacrifices.
En 1940, une foudroyante défaite militaire, comparable
seulement à celle de la Prusse à Iéna, a failli l'engloutir.
Elle a resurgi. D'ailleurs, elle peut regarder son passé
sans frémir : elle a connu une période impériale et
conquérante, mais elle a mis les cendres de son César
sous le dôme des Invalides (les Allemands ne sauraient
ainsi exalter la mémoire de Hitler). Napoléon était un
homme des Lumières que même ses ennemis ont admiré.

Comme il y a un siècle, la France reste aujourd'hui
parmi les cinq ou six puissances qui comptent dans le
monde. En valeur absolue, elle est même beaucoup plus
puissante qu'en 1907, car elle contrôle le dixième du
commerce international au lieu de 4 % avant la Première
Guerre mondiale. Elle dispose de nombreux atouts : la
beauté de ses sites, un climat agréable, suffisamment
d'espace, une agriculture modernisée et puissante, une
industrie parmi les premières (aviation, spatial, automobile, pharmacie), des entreprises de services perfor-
mantes (assurances, grande distribution, bâtiment...). Elle
demeure, avec les États-Unis et la Russie, l'une des trois
puissances militaires dotées d'une force de dissuasion
nucléaire complète, c'est-à-dire de sous-marins nucléaires
lance-engins (la Chine, l'Inde, le Pakistan, Israël ont
certes la bombe, mais pas de vecteurs sous-marins, et
ceux de la Grande-Bretagne sont sous contrôle américain). Ajoutons qu'elle est la première puissance atomique civile du monde avec ses cinquante-huit réacteurs
et l'usine de retraitement de La Hague, ce qui la rend
moins vulnérable aux problèmes pétroliers et moins pol-
luante (quoi que prétendent les écologistes). Elle dispose

aussi d'un siège permanent au Conseil de sécurité de l'ONU. Sa démographie, nous l'avons vu, est la moins mauvaise d'Europe – Europe qui de toute façon ne saurait se faire sans elle, puisqu'elle en est le centre géographique. Elle a pourtant des problèmes d'adaptation, des rigidités, des langueurs. Le principal nous semble être que beaucoup de ses dirigeants ne croient plus en elle. Quand ils en parlent à la radio ou à la télévision, ils disent d'ailleurs « ce pays », et non « notre pays », comme s'ils n'en faisaient pas partie. Ils ont honte d'être français. Ainsi, quand le Français qui préside la banque centrale européenne a prononcé son discours d'intronisation, il a déclaré, *en anglais* : « *I am not a Frenchman.* » Il se croyait habile, mais il n'était que pitoyable.

Cet état d'esprit explique en partie les difficultés de l'intégration. Comment un jeune venu d'ailleurs pourrait-il être fier d'une nation dont des dirigeants – politiques, entrepreneuriaux, médiatiques (ils sont sortis du même moule) – lui répètent à satiété qu'elle est « frileuse », « dépassée », « trop petite » ?

Le complexe d'infériorité des dirigeants français, qui n'est nullement justifié, est dangereux pour notre langue. Le français est une belle langue, littéraire et diplomatique, mathématique et scientifique, vivace et parlée par plus de 100 millions de personnes en Europe, au Proche-Orient, en Afrique, en Amérique. Avec autant de locuteurs, une langue ne devrait pas être menacée. Elle ne le serait d'ailleurs pas sans l'incroyable snobisme anglomane de la classe dirigeante qui met un point d'honneur, même sur le territoire national, à s'exprimer en américain (car on ne peut plus appeler anglais cette novlangue que Churchill ne reconnaîtrait pas). Il y a quinze ans, le français était la langue de l'Union européenne ; c'est aujourd'hui l'américain. Plus grave encore, la mode se répand d'enseigner dans les écoles françaises en anglais. Certes, il faut connaître l'américain, nouvelle *koinè* – et aussi, ce serait souhaitable, l'espagnol, l'allemand, l'italien, l'arabe, le chinois et le japonais. Mais le géographe doit souligner qu'un système qui oblige ses élites à écrire ou à enseigner dans une autre langue que la sienne est un système en danger de mort : « Ma patrie, c'est la langue française », écrivait Camus. Le Japon est la deuxième puissance du monde, et l'enseignement supérieur y est dispensé en japonais. Ce pays a poussé le vice jusqu'à conserver les idéogrammes, alors qu'il eût pu (l'exemple du Vietnam le prouve) adopter l'alphabet latin.

La France montre de la modernité un visage plus aimable que celui que nous présente la puissante Amérique. « Heureusement que la France existe ! » s'exclame Woody Allen dans l'un de ses films. La France fut et pourrait être encore l'Athènes des nations.

Le peuple français, engendré *in vitro* (mais cet artifice a réussi) par l'État, accorde à cet État un rôle important, contrairement à ce que voudrait la vulgate libérale anglo-saxonne. Mais l'Amérique et l'Angleterre sont des îles, pas la France ! Les gens de « ce pays » ne sont plus accordés à leurs dirigeants (dont certains aimeraient « changer de peuple », selon les mots de Brecht). Les Français ont compris l'importance du marché, mais ils tiennent beaucoup à leur État. Lors de l'achat d'Arcelor par Mittal (2006), on n'a rien eu à reprocher aux action-naires, mais aucun commentateur ou presque n'a rappelé que les contribuables français avaient payé des milliards pour faire des vieilles aciéries de Lorraine une sidérurgie de pointe. L'OPA a complètement occulté le fait que le milliardaire indien a profité des impôts des contribuables français pour s'approprier une entreprise rendue performante par l'argent public.

L'**Angleterre** est l'autre nation fondatrice. Née française en 1066 par la grâce de Guillaume le Conquérant qui créa à Londres un État centralisé à la place des principautés saxonnes, elle a cru jusqu'à la fin de la guerre de Cent Ans qu'elle avait un destin français – sa devise officielle, « Dieu et mon Droit » (en français dans le texte), en témoigne.

Puis, après la Renaissance et le schisme anglican, elle comprit que son avenir était sur les mers et elle les domina (*Rule Britannia...*) de 1805 (Trafalgar) à 1941 (Pearl Harbor), la Navy surveillant une thalassocratie mondiale, le British Empire, dont le plus beau fleuron était le sous-continent indien. Quelques dizaines de milliers de *gentlemen*, de militaires et de commerçants exploitaient les immenses richesses de l'Inde, dont la reine Victoria avait été proclamée l'impératrice.

Société de *landlords* (propriétaires terriens) qui ne connut pas de révolution au XVIIIe siècle, l'Angleterre s'industrialisa rapidement en faisant travailler très durement les salariés pauvres. Elle put aussi, tout au long du XIXe siècle, en envoyer d'autres peupler des continents presque vides comme l'Océanie, relâchant ainsi une pression sociale qui autrement eût tout emporté : en Australie et en Nouvelle-Zélande, d'anciens condamnés créèrent de nouvelles nations. Après avoir participé à la victoire contre les empires centraux en 1918, la Grande-Bretagne se montra longtemps accommodante avec Hitler. Ce n'est qu'en mai 1940 qu'elle porta au pouvoir Winston Churchill et se décida à faire face, seule, au nazisme. Ce furent, selon les mots de Churchill, « les plus belles heures ». Victorieuse mais épuisée et ravagée, son empire disloqué (indépendance de l'Inde le 15 août 1947), la nation impériale se plaça sous l'aile protectrice de l'Amérique.

L'Angleterre est située sur la grande île britannique (220 000 kilomètres carrés), dont elle occupe moins des deux tiers. Le Sud est la réplique, par-delà la Manche, du Bassin parisien ; les fleuves y sont plus courts, mais les estuaires aussi larges. Au nord-ouest, celui de la Mersey abrita avec Liverpool le port impérial par excellence. Aujourd'hui déchue, la patrie des Beatles a du mal à retrouver un nouveau souffle. Il en est de même de l'ancienne zone industrielle anglaise des Midlands dont la puissance au XIXe siècle avec Manchester et Birmingham dépassait celle de la Ruhr. Pour sa part, la campagne anglaise, au climat doux et pluvieux, renommée pour sa couleur verte, ses gazons drus et ses manoirs victoriens, est une espèce de grande Normandie.

Londres résume l'Angleterre plus encore que Paris la France – surtout aujourd'hui, car, contrairement à ce qui se passe de ce côté-ci de la Manche, les villes de province périclitent. L'estuaire de la Tamise a longtemps été le premier port de la planète. Agglomération radioconcentrique, comme Paris, mais en moins monumental, Londres est une puissante ville cosmopolite qui a tout misé sur l'énorme place financière de la City et le contrôle absolu des assurances maritimes. Aujourd'hui reliée à Paris par le tunnel sous la Manche, elle reste l'une des capitales du monde, bien qu'excentrée par rapport au continent. Tout le sud de l'île, de Bristol au Sussex profite du développement de Londres : Oxford et Cambridge en sont en quelque sorte les universités et Canterbury le centre spirituel.

Mais l'Angleterre n'occupe pas seule la grande île de l'archipel, où subsista longtemps une nation ennemie. L'**Écosse** était le traditionnel allié de revers de la France contre l'Angleterre (Jeanne d'Arc eut des gardes écossais). Très différente du reste de l'île, c'est un massif montagneux ancien (le Ben Nevis culmine à 1 343 mètres), au climat pluvieux mais frais et rude à cause de sa latitude élevée, découpé de fjords et empli de lacs (lochs). Jamais colonisée par les Romains, qui firent bâtir entre leur province de Bretagne (Angleterre) et elle une véritable muraille de Chine qu'on peut encore admirer (le mur d'Hadrien), l'Écosse est par cela même différente de l'Angleterre. Édimbourg, ville universitaire, brillante malgré les brumes, en est la capitale historique. La ville naguère industrielle de Glasgow, désindustrialisée, a du mal à redémarrer même si elle progresse davantage que l'anglaise Liverpool. Le reste du pays offre au tourisme de vastes espaces montagneux, brumeux, couverts de bruyère et quasi déserts : les Highlands. Sur le tiers du territoire de la grande île, l'Écosse compte seulement 5 millions d'habitants. Après l'acte d'union de 1707 – deux nations, une seule monarchie (d'où l'expression Royaume-Uni ; la reine Élisabeth est Élisabeth II en Angleterre et Élisabeth Ire en Écosse) –, le pays a participé activement à l'aventure coloniale anglaise. Toujours unie à l'Angleterre, l'Écosse a retrouvé un Parlement et un gouvernement autonomes à Édimbourg. L'exploitation du pétrole de la mer du Nord l'a enrichie. L'Écosse se dirige doucement et sans rancœur vers l'indépendance et la dissolution de l'acte d'union.

Le **pays de Galles**, montagneux et gaélique comme l'Écosse, est un massif enclavé dans la campagne

anglaise. Il a toujours fait partie de la Couronne britannique, dont l'héritier est traditionnellement prince de
Galles. Ce pays a recouvré quelque autonomie, mais son
destin est anglais : c'est en quelque sorte la Bretagne de
l'Angleterre. Sa capitale est Cardiff, ville active en pleine
reconversion économique.

Avec l'Écosse, le pays de Galles (et l'Irlande du Nord
dont nous allons parler), le Royaume-Uni compte 59 millions d'habitants, parmi lesquels de fortes communautés
venues de l'ex-empire : pakistanaise, indienne, jamaï-
caine... Sa démographie, sans être catastrophique, est
atone.

Le Royaume-Uni reste une puissance figurant parmi
les dix plus importantes de la planète – avant ou après la
France, c'est selon. Mais si cette dernière a gardé le rang
qu'elle avait il y a un siècle, il n'en est pas de même de
l'Angleterre, encore première puissance mondiale en
1940. Mais elle s'est bien gardée d'intégrer la zone euro
et demeure en fait une république souveraine, répugnant
à se voir dicter ses lois par l'étranger.

Sa relation privilégiée avec les États-Unis ne contredit
pas cette tendance. Elle y trouve l'avantage de la langue
(même américanisée). Brillant second, elle tire de ces
liens des éclats de puissance. Elle en subit aussi les inconvénients, comme le montre la malheureuse expédition
d'Irak depuis 2003.

On présente l'économie britannique comme florissante. C'est exact pour Londres et le sud du pays, la
Bourse, les banques, les services, mais la nation jadis première puissance industrielle de la planète, pratiquement
désindustrialisé, ne produit plus un clou. Contrairement à
ce qui se passe en France, les jeunes gens y trouvent certes
facilement des emplois, mais ceux-ci sont stressants et

toujours mal assurés. D'ailleurs, le « plein emploi » partout vanté dissimule en fait des millions de chômeurs camouflés dans la catégorie des handicapés et bénéficiant de faibles indemnités d'incapacité. En vérité, le pétrole et le gaz, le tunnel sous la Manche, les activités financières de la City et les activités de service font du Sud-Est une zone florissante en paupérisant le reste de l'île (voir les films de Ken Loach).

L'Angleterre reste cependant une grande nation qui n'a pas fini de nous étonner.

Les îles Anglo-Normandes (Jersey et Guernesey), situées dans la Manche au large du Cotentin, organe témoin de l'origine normande de la monarchie, magnifiées par l'exil de Victor Hugo, dépendent directement de la Couronne ; l'île de Man, en mer d'Irlande, jouit du même statut médiéval.

De son empire, l'Angleterre n'a conservé que des miettes. L'îlot de Diego Garcia, vidé de sa population et loué aux Américains, est une base stratégique au milieu de l'océan Indien ; il sert de porte-avions aux États-Unis. Trois autres parcelles d'empire gardent une importance symbolique : le rocher de Gibraltar, à l'entrée de la Méditerranée ; l'île de Sainte-Hélène, rocher tropical au large de l'Afrique, où mourut Napoléon ; l'archipel des Falklands (Malouines), aux abords de l'Argentine, dans l'Atlantique Sud. D'une superficie comparable à celle de la Corse, mais de climat rude et venteux, les Malouines nourrissent quelques milliers d'éleveurs de moutons (alors que les Kerguelen françaises, dans l'océan Indien, de même taille et à la même latitude, ne donnent asile qu'à des missions scientifiques). Pourtant, c'est à propos de ces terres australes désolées, revendiquées et envahies par l'Argentine, que le lion britannique donna son dernier coup de griffe. La guerre des Malouines, d'avril à juin 1982, fit plusieurs milliers de morts argentins, quelques centaines de morts britanniques (Anglais ou Gurkas). Au prix de la perte de plusieurs frégates de Sa Gracieuse Majesté, le dernier mot resta à la reine.

L'**Irlande** est l'autre île de l'archipel. Moins étendue que la Grande-Bretagne, assez vaste quand même puisqu'elle couvre 84 000 kilomètres carrés, c'est une île sans grand relief, déprimée en son centre par une plaine bordée de collines, au climat doux favorable aux pâturages – la « verte Érin ». Vieille nation celte, non romanisée mais fortement catholicisée (les moines irlandais jouèrent un rôle important dans l'évangélisation de l'Europe), assez anarchique, elle fut conquise brutalement en 1649 par Cromwell et ses « têtes rondes » protestantes. Dès lors, les Anglais exproprièrent les propriétaires indigènes, réduisant la population de l'île en quasi-servage.

Les Anglais furent souvent de « bons maîtres » (en particulier en Inde), mais en Irlande ils furent détestables. De multiples famines ravagèrent l'île. Alors que celle-ci, au début du XIXe siècle, était deux fois plus peuplée qu'aujourd'hui, des millions d'Irlandais furent obligés d'émigrer – notamment vers les États-Unis, où ils forment actuellement une nombreuse communauté dont sortit, entre autres, le président Kennedy. En pleine Première Guerre mondiale, à Pâques 1916, la haine anti-anglaise suscita une insurrection. L'Irlande finit par acquérir son indépendance le 6 décembre 1921. Mais les comtés du Nord, ceux de l'**Ulster**, où les colons anglais étaient majoritaires, obtinrent de demeurer sous l'autorité de la Couronne et refusèrent d'entrer dans la nouvelle République. Aujourd'hui, ils restent rattachés à l'Angleterre, leurs 14 000 kilomètres carrés n'en laissant que 70 000 à l'Irlande indépendante. Par malheur pour eux, les colons n'étaient pas seuls dans leurs comtés, d'où ils ne purent chasser une forte minorité irlandaise, soit 750 000 catholiques sur 1,6 million d'Ulstériens, les dénominations « catholiques » et « protestants » masquant ici les réalités : « catholique » veut dire irlandais, « protestant » signifie descendant des colons venus d'Angleterre. Cette minorité ne renonça pas à son rattachement à l'Irlande (4 millions d'habitants), et l'IRA (Armée républicaine irlandaise) poursuivit un sanglant combat qui vient à peine de se terminer par un cessez-le-feu. Le ressentiment contre l'Angleterre fut longtemps tel que l'Irlande voulut rester neutre pendant la Seconde Guerre mondiale, hébergeant à l'occasion des sous-marins allemands. Depuis l'entrée dans l'Union européenne, les choses paraissent se calmer. Mais il semble que l'Ulster soit inéluctablement promis à s'insérer dans la République. Les orangistes, descendants des « têtes rondes », ayant le choix entre s'y intégrer et retourner dans le pays de leurs ancêtres. Belfast (capitale de l'Ulster) est à l'heure du choix. Malgré ce ressentiment, les Irlandais parlent aujourd'hui l'anglais – le gaélique, langue nationale, étant cantonné au statut de langue folklorique.

L'Irlande est le pays qui a le plus profité des subventions de l'Union européenne, en particulier Dublin, sa capitale active et joyeuse qui concentre, avec le tiers de la population, la moitié de la richesse économique. La démographie de l'île est satisfaisante, comparable à celle de la France. De nombreuses entreprises continentales s'y sont délocalisées pour profiter d'une fiscalité favorable.

Coincés entre les deux nations fondatrices et les impérialismes continentaux, les États des Flandres ont connu
des destins différents.

Les **Pays-Bas** constituent l'exutoire du Rhin et de la
Meuse. On y retrouve, en mer du Nord, le paysage lagunaire qui vit naître Venise, mais en plus désolé, car le
Rhin est plus puissant que le Pô, les marées océanes infiniment plus dévastatrices que celles de l'Adriatique. Une
partie importante du pays, séparée du large par des lidos
sablonneux, est située au-dessous du niveau de la mer.
Le travail acharné des Hollandais édifiant des digues,
asséchant les polders, a littéralement créé le sol sur lequel
ils vivent à l'instar des Vénitiens, suscitant pour cela un
État fort et une nation opiniâtre. Amsterdam a été arra-
chée à la mer comme le fut Venise. Remarquons au passage que, quand on prétend la Sérénissime menacée
d'engloutissement, on souligne seulement qu'elle n'a
plus, depuis 1797, d'État pour se soucier de son sort,
l'Italie ne s'étant jamais vraiment intéressée à cette ville
trop levantine. Personne ne s'alarme au sujet de la Hollande, pourtant plus menacée par les flots que la Lagune,
car on sait l'État néerlandais capable de faire le nécessaire : chargez les Hollandais de la gestion des eaux de
la Lagune, et il n'y aura plus de problèmes pour la survie
de Venise ! Aux XVIe et XVIIe siècles, les Hollandais succé-
dèrent aux Vénitiens et précédèrent les Britanniques dans
le commerce maritime mondial. Ils se créèrent aussi un
vaste empire colonial et dominèrent par exemple l'Indonésie, dont ils ne furent chassés qu'en 1947.

En Afrique du Sud, les Afrikaners parlent encore le
néerlandais.

Rotterdam (2 millions d'habitants) est devenu, devant
Londres, le plus grand port d'Europe, l'un des plus

importants du monde. Rasée par les bombardements nazis, cette ville dynamique n'est guère séduisante. Amsterdam, au contraire (un million d'habitants), est une belle ville historique parcourue de canaux – la « Venise du Nord ». La Haye, capitale politique et administrative, a moins d'attraits. Les Pays-Bas sont aujourd'hui un petit pays (41 000 kilomètres carrés) densément peuplé (16 millions de Hollandais), doté d'une agriculture hyper-performante et d'une remarquable industrie de pointe. Ses paysages plats, mais typiques (les moulins à vent, les champs de tulipes), peuvent plaire. Même si des craquements se font entendre, non dans les digues mais dans le modèle social, la Hollande reste une véritable nation, compacte, déterminée, et qui ne veut pas disparaître.

La **Belgique**, coincée entre les Pays-Bas et la France, est au contraire une construction de circonstance inventée par les adversaires de la France pour empêcher le royaume puis la république de s'étendre vers le nord. Ce fut l'idée directrice des Espagnols, des Autrichiens, enfin des Anglais. À trois reprises, ces derniers firent la guerre à Napoléon, à Guillaume II d'Allemagne et à Hitler pour empêcher une puissance continentale de s'assurer la possession du port d'Anvers – « pistolet braqué au cœur de l'Angleterre », disait le duc de Wellington. En 1830, les puissances finirent par faire de la Belgique un royaume neutre, avec comme capitale la ville centrale de Bruxelles. Être un pays « fabriqué » n'empêche nullement de devenir un pays véritable, l'exemple de la France le démontre. Mais, en Belgique, l'artifice n'a pas fonctionné : deux peuples s'y heurtent sur les 30 000 kilomètres carrés de ce petit et riche royaume. Les 6 millions de Flamands sont des Hollandais que leur catholicisme ardent a transformés en nation originale. Les 4 millions de Wallons sont des Français qui ont rarement pu être rattachés à la France. Leur capitale, Liège, est une ville ultra-française dont le point central s'appelle « place de la République française ». Anvers et Gand sont de grandes villes flamandes d'où la langue française est bannie. Bruxelles, flamande mais francisée, fait problème : elle est aujourd'hui capitale des institutions européennes – Commission, Parlement (davantage que Strasbourg) –, dans lesquelles l'on ne s'exprime d'ailleurs maintenant qu'en anglais, et de l'OTAN. Le royaume s'est fortement décentralisé, multipliant les institutions à l'extrême sans pouvoir apaiser les tensions : Flandre, Wallonie, Région autonome de Bruxelles, Communauté de langue française, gouvernements divers.

Située au centre de l'Ouest européen, la Belgique est un pays riche, une grande plaine agricole favorable aux communications – à l'exception du massif boisé des Ardennes. Reposant sur des entreprises privées modernes, son économie bénéficie d'une industrie et d'un commerce diversifiés ainsi que d'un réseau de transport fluvial performant. Mais la Belgique n'a pas réussi à devenir une communauté d'affection. La Flandre, plus riche et plus active que la Wallonie, forme un territoire compact ouvert sur la mer du Nord ; dotée d'un grand port (Anvers), elle veut son indépendance et l'on ne voit pas ce qui s'opposerait à ce projet, la monarchie n'ayant ici, contrairement à l'Angleterre, aucune base populaire. De plus, la mode de l'« Europe des régions » y pousse.

Quand la Flandre sera indépendante, la Wallonie enclavée demandera probablement à faire partie de la France ; le « rattachisme » refoulé des Wallons se libérera. Mais aucun gouvernement français (à l'exception de celui du général de Gaulle) n'a jamais envisagé cette éventualité, et il ne doit exister aucune note à ce sujet dans aucun ministère. Pour Bruxelles, on pourrait en faire une espèce de district européen, à condition que le statut de la langue française y soit préservé.

Le grand-duché de **Luxembourg**, lui, n'est pas un pays artificiel : c'est un *no man's land* entre les puissances, un bout d'Ardennes, un morceau de bassin lorrain. La ville de Luxembourg a été fortifiée par Vauban et revendiquée par Napoléon III. En s'y opposant, Bismarck a fait exister la petite principauté comme État souverain, grand comme le Vendômois et peuplé de 400 000 habitants de langue allemande ou française – ce *pagus* gallo-romain n'en demandait pas tant... Aujourd'hui, ce petit État est surtout connu pour la discrétion de ses banques et les opérations financiaires qui s'y déroulent. Privilégiés, les Luxembourgeois ne sont pas désireux de renoncer à leur statut, que d'aucuns jugent anachronique.

LE MONDE BALTIQUE

La mer Baltique, dix fois plus petite que la Méditerranée, couvre 372 000 kilomètres carrés. Beaucoup moins profonde, elle est aussi une mer intérieure qui permet l'échange commercial et la pénétration culturelle. Elle communique avec le large par les détroits danois, aujourd'hui franchis par des ponts, comme le Bosphore. Elle monte très au nord par le golfe de Botnie qui sépare la Suède de la Finlande, et s'enfonce très à l'est, jusqu'à Pétersbourg, par celui de Finlande. L'Oder, la Vistule, le Niémen et la Dvina, qui s'y jettent, lui apportent beaucoup d'eau douce. Peu salée, elle gèle souvent. De la même façon qu'il existe un monde méditerranéen, il y a un monde baltique, illustré par la fameuse ligue des cités maritimes connue dans l'Histoire sous le nom de Ligue hanséatique ou plus simplement de Hanse. Hambourg, Lübeck, Dantzig et Königsberg en furent les principaux ports, ainsi que l'île suédoise de Gotland. Ce monde baltique n'inclut toutefois pas la Norvège, tournée vers le grand large, et dont nous parlerons plus loin.

Le **Danemark**, qui en tient les détroits, est la clef de la Baltique. Ce petit pays de 43 000 kilomètres carrés et de 6 millions d'habitants ressemble physiquement à l'Irlande, dont il a les paysages et le climat. Mais il a joué un rôle plus important. À la fin du premier millénaire de notre ère, ses habitants descendirent sur leurs drakkars vers les îles Britanniques, la Gaule et jusqu'en Europe du Sud. On les nommait les « hommes du Nord », Northmen, Normands. Ils obtinrent en fief d'un souverain carolingien une province, la future Normandie, dont ils firent un Danemark francisé. De là ils partirent ensuite, avec Guillaume le Conquérant, à l'assaut de l'Angleterre. Toute la toponymie de la Normandie française est ainsi danoise : le cap de la Hague évoque Copenhague, Honfleur cache le mot *floor*, Caudebec le vocable *beck*.

Le territoire du Danemark comprend aujourd'hui une longue presqu'île sablonneuse, le Jutland, et des îles vertes et riches, Fionie, Sjaëlland. La capitale, Copenhague, ville principale de la Baltique, commande le détroit majeur de cette mer comme Istanbul commande le Bosphore. C'est une belle agglomération de 2 millions d'habitants (le tiers de la population), animée et aussi joyeuse qu'on peut l'être sous le ciel nuageux du Nord. L'économie du Danemark est prospère. Cette petite patrie bien dans sa peau est assez rétive aux directives de Bruxelles. Du Danemark dépendent les îles **Féroé**, où quelques dizaines de milliers de pêcheurs luttent contre une mer hostile (et aussi le Groenland, dont nous parlerons plus loin).

La **Suède**, comparée au Danemark, est un pays immense. Dix fois plus étendue, elle couvre 450 000 kilomètres carrés pour 9 millions d'habitants. La cordillère norvégienne l'isolant des vents atlantiques, le territoire est continental, froid et brumeux l'hiver, chaud et ensoleillé l'été. Jadis, la Suède réussit à dominer un moment l'ensemble de la Baltique, puis elle y renonça. Dotée d'une dynastie issue d'un maréchal de Napoléon (Bernadotte), c'est aujourd'hui une nation paisible et industrieuse, célèbre par le confort de ses logis (Ikea). Orienté du nord au sud, le pays est assez plat, mais couvert de forêts et de lacs.

La population est concentrée dans la moitié méridionale, le nord étant presque désert autour des célèbres mines de fer de Kiruna. Stockholm, la capitale (un million d'habitants), bâtie sur un chapelet d'îles face à la mer, montre une belle architecture classique. Animée, elle reste austère, comme l'est la Suède que décrit assez le cinéma de Bergman.

Neutre pendant les guerres du XXe siècle, la Suède a su bâtir une économie compétitive et un État-providence renommé. Elle fait partie de l'Union européenne, mais pas de la zone euro.

La **Finlande** lui fait face au-delà du golfe de Botnie. Elle lui a appartenu avant de devenir une province de l'empire des tsars ; elle est indépendante après 1918. Presque aussi grande que la Suède (338 000 kilomètres carrés), elle est, comme elle, orientée nord-sud, mais plus

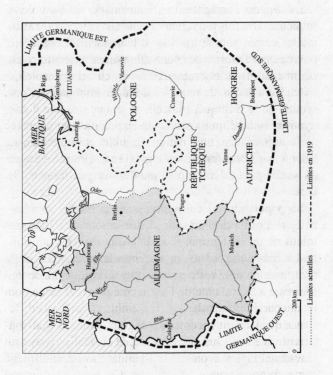

Carte 8. L'Europe baltique et germanique

continentale encore. Si les étés y sont chauds, elle connaît les hivers les plus rigoureux d'Europe.

Les 7 millions de Finlandais ne sont pas des Scandinaves. Ils parlent une langue ouralo-altaïque qui ressemble au hongrois, amené là – comme en Hongrie – par des cavaliers asiatiques. Leur patriotisme et leur volonté d'indépendance sont puissants. En 1940, leur armée vainquit l'Armée rouge. En 1945, Staline, qui respectait la force, en tira la conclusion qu'il valait mieux laisser ces indomptables se gouverner eux-mêmes, bien qu'ils aient été les alliés des Allemands. C'est ainsi que la Finlande, pour avoir tenu tête à l'URSS, ne devint pas une démocratie populaire, mais resta une démocratie tout court (ce qu'elle était demeurée malgré l'alliance hitlérienne). Le mot « finlandisation » n'en fut pas moins utilisé pendant la guerre froide comme synonyme de soumission. Vu l'attitude des Finlandais, le terme aurait plutôt dû signifier « courage »...

Sur le golfe de Finlande, Helsinki est la capitale très moderne de ce pays froid, mais chaleureux.

Les **pays baltes**, qui occupent la côte orientale de la Baltique, ont une histoire mouvementée. L'**Estonie**, qui fait face à la Finlande de l'autre côté du golfe de ce nom et qui parle le finlandais, lui ressemble en tout, à la différence que les influences russes et germaniques s'y affrontèrent vivement. Jusqu'à la chute de l'URSS, le pays fut soviétique après avoir été indépendant avant 1940. Une forte minorité russe y subsiste. Ce petit État, grand comme la Hollande mais peuplé seulement d'un million d'habitants, semble assez fragile malgré son entrée dans l'Union européenne en 2004. Tallinn en est la capitale.

La **Lettonie**, un peu plus étendue (64 000 kilomètres carrés) et plus peuplée (2 millions d'habitants), fut colonisée au Moyen Âge par les chevaliers Teutoniques, qui firent de Riga leur capitale (on l'appelait alors Courlande ou Livonie). Pro-allemands, les Lettons ont beaucoup souffert de l'oppression soviétique. Ils sont aujourd'hui entrés dans l'Union européenne et même dans l'Alliance atlantique, à la grande colère des Russes qui composent encore le tiers de la population. Riga concentre l'essentiel des quelques richesses de ce pays dévasté par l'Histoire et la lutte séculaire des Germains et des Slaves. Ce fut le point extrême de la poussée germanique vers l'est, le *Drang nach Osten*.

La **Lituanie** a pour elle d'être le plus grand (75 000 kilomètres carrés) et le plus peuplé (3 millions d'habitants) des pays baltes, le moins mélangé aussi. On y trouve très peu de Russes. Il est différent des deux autres non pas par le paysage, plaine basse semée de lacs, mais par la religion. Lettons et Estoniens sont des protestants luthériens marqués par l'influence de la Suède et de la Prusse, alors que les Lituaniens sont, à l'image des Irlandais, de fervents catholiques. Ce qui leur permit longtemps de dominer les Polonais, catholiques comme eux, et de faire de leur pays une puissance.

De 1410 (Ladislas Jagellon) à 1686, il y eut un royaume lituano-polonais : Jean Sobieski, qui secourut Vienne en 1683, était encore roi de Pologne et de Lituanie. Vilnius était une grande capitale.

En abandonnant à la Russie des tsars sa province lituanienne, la Pologne commença le processus de rétrécissement qui la conduisit, au XVIIIe siècle, à sa disparition en tant qu'État. Indépendante et libérée des Soviets, la Lituanie est entrée dans l'Union européenne. La sagesse voudrait qu'elle reconstitue, au moins sous forme fédérale, avec sa sœur polonaise l'union qui fit sa force.

La **Pologne**, catholique comme la Lituanie, peut, quoique slave, être considérée comme un pays balte. C'est de la Baltique que lui est venue sa grandeur, avec les Jagellons. Son territoire est balte par la succession de plaines basses et sablonneuses et de lacs, bien qu'il s'appuie au sud sur le grand massif continental, les Carpates. Cependant, sa superficie et sa population sont sans commune mesure avec celles des petits États baltes. Avec 323 000 kilomètres carrés, elle peut se comparer à l'Italie, au Royaume-Uni et à l'Allemagne ; avec ses 39 millions d'habitants, à l'Espagne.

L'histoire de la Pologne, coincée entre les impérialismes allemand et russe, n'a pas été simple. Aussi ancienne que la France et l'Angleterre (Boleslas, premier roi de Pologne, régnait en 1025), mais affligée pour son malheur d'une noblesse ingouvernable, le pays fut partagé entre ses puissants voisins russe, prussien et autrichien, et cessa d'exister en tant qu'État en 1793 (à l'exception d'une courte et incomplète résurrection par Napoléon sous la forme du grand-duché de Varsovie). Recréé en 1918, le pays avait une forme bizarre et incluait de nombreuses minorités. De 1939 à 1945, il subit le terrible joug des nazis, qui y concentrèrent la plupart de leurs camps de la mort. Sur son territoire furent exterminés 6 millions de Juifs (dont beaucoup de Polonais). Les révoltes successives du ghetto (1943) et de la ville de Varsovie (1944) furent écrasées dans le sang par les Allemands. Ensuite, Staline maintint le pays sous le joug communiste et déplaça la frontière vers l'ouest d'une centaine de kilomètres, au prix d'un exode forcé des populations allemandes. L'élection d'un pape polonais, puis l'effondrement du mur de Berlin en 1989 marquèrent sa libération, préparée par les grèves du syndicat Solidarnosc.

Hitler, ayant massacré les Juifs et Staline, déporté les Allemands, la Pologne, aujourd'hui homogène, est centrée sur son fleuve originel, la Vistule (1 092 kilomètres de long).

Prenant sa source dans les Carpates, la Vistule se jette dans la Baltique par une vaste embouchure dont l'un des bras relie Gdansk (Dantzig) à la mer. Elle est navigable sur la plus grande partie de son cours et arrose les capitales historiques de la Pologne : au sud, Cracovie, avec son vieux palais royal du Wawel, qui a échappé aux destructions et qui est aujourd'hui le centre d'une active région industrielle ; au centre, Varsovie, à la courbe du fleuve, détruite mais reconstruite à l'identique, actuelle capitale politique (plusieurs millions d'habitants) ; au nord, Gdansk, longtemps disputée à l'influence allemande et naguère centre de Solidarnosc.

Aujourd'hui que la brûlure des horreurs et des massacres recule dans le temps, d'aucuns estiment que Staline, en déplaçant autoritairement le pays vers l'ouest, lui a donné, pour la première fois de son histoire, un territoire compact et viable, doté d'une façade maritime de 649 kilomètres et appuyé à l'occident sur l'Oder.

La Pologne a tout pour redevenir une grande nation : une vieille industrie à reconvertir, mais qui existe ; une agriculture à moderniser, seule d'Europe à pouvoir concurrencer l'agriculture française ; un patriotisme très vif (confinant parfois à la xénophobie). Toutefois l'Église catholique, qui assura pendant les siècles obscurs la survie de la nation (comme en Irlande ou au Québec, ou en Grèce pour l'orthodoxie – Jean-Paul II peut être considéré comme un « ethnarque », titre grec des évêques protecteurs du peuple), connaît en accéléré la même crise que ses sœurs occidentales : pour les mêmes raisons qu'en Espagne ou en Italie, la natalité polonaise vient de s'effondrer. La « Movida » polonaise est d'ailleurs moins joyeuse que ne le fut l'espagnole, l'Europe « élargie » moins prodigue de subventions. D'un autre côté, le pays ne connaît pas comme l'Espagne de mouvements séparatistes et possède une *affectio societatis* forte, qu'ignore l'Italie.

Le **territoire de Kaliningrad**, port militaire sur la Baltique, est resté russe, quoique enclavé entre Pologne et Lituanie. On ne peut y parvenir qu'en traversant ces pays. Des traités assurent aux Russes le libre passage vers leur enclave.

La ville s'est appelée Königsberg jusqu'en 1944 ; c'était la capitale de la Prusse-Orientale, la base arrière de la poussée germanique vers l'est. En 1701 encore, Frédéric II s'y faisait couronner roi de Prusse. Emmanuel Kant, le plus grand philosophe allemand, enseignait à son université. Les nobles du pays, les *junkers*, fournirent les cadres des armées des trois Reich, et nourrirent l'âme du militarisme prussien. Il ne reste rien de tout cela, ni chevaliers Teutoniques ni Prusse militaire. Par millions, les populations allemandes ont été chassées au-delà du fleuve Oder, remplacées par des Russes qui rebaptisèrent la ville Kaliningrad. Aujourd'hui, avec l'effondrement de l'URSS, ces Russes eux-mêmes sont une population cernée de catholiques et coupée de la mère patrie. Industriellement déclassée, l'enclave est un sujet de litige permanent entre l'Union européenne et la nouvelle Russie. *Sic transit* gloire prussienne et grandeur de l'Union soviétique...

En l'an 843, l'empire rudimentaire de Charlemagne était partagé à Verdun (il est des villes marquées par le destin). À l'ouest naquit ce qui devait devenir le royaume de France, à l'est l'allemand. Mais, au lieu de se soucier de leur pré carré comme les rois français, les souverains allemands prétendirent hériter de la couronne impériale, qu'Otton Ier obtint du pape en 962, fondant ainsi le Saint Empire romain germanique. Ce titre impérial fut néfaste à l'Italie, durablement divisée entre Gibelins (partisans du souverain allemand) et Guelfes (opposés pour leur part à cette espèce d'Axe médiéval). Davantage encore, l'idéologie du Saint Empire a constitué un facteur de faiblesse pour les Allemands. À cause de ce mythe « impérial », leurs souverains dispersèrent leurs forces en ambitions excessives au lieu de les consacrer au pays. Il faut dire que le territoire s'y prêtait.

Dans le sens des parallèles, du sud au nord, la Germanie est d'autant plus influencée par la civilisation italienne qu'elle en est proche. Il existe ainsi une Germanie catholique, correspondant à celle qui appartint à Rome – extraordinaire illustration de la permanence des frontières, ces cicatrices que laisse l'Histoire dans la mentalité des peuples. Au moment de la Réforme, les Allemands qui avaient jadis obéi à la Rome impériale se soumirent naturellement au Saint-Siège ; les autres, au-delà de l'ancien *limes* romain, devinrent luthériens. Aujourd'hui encore, la frontière entre Germains catholiques et Germains protestants suit en général celle qui séparait, dans l'Antiquité, l'Empire romain du monde extérieur. Cette Germanie-là est alpine ou préalpine, de la Forêt-Noire (qui fait face aux Vosges) au Tyrol, à la

Carinthie et à la Styrie autrichiennes, et, plus au nord, du massif schisteux rhénan aux monts de Bohême en passant par les collines de Thuringe. Elle est aussi traversée par les deux plus grands fleuves européens : le Rhin, né dans les Alpes suisses et qui se jette dans la mer du Nord (1 320 kilomètres de cours) ; le Danube, le plus long cours d'eau du continent (2 850 kilomètres), issu de la Forêt-Noire et qui se jette dans la mer Noire. Mais de ces deux fleuves puissants, qui coulent en sens inverse et constituent ensemble le grand chemin ouest-est de l'Europe (ils furent tous deux frontières de l'Empire romain), les pays germaniques ne contrôlent qu'un petit tiers. Le Rhin fait frontière avec la France, et assure la richesse des Pays-Bas. Le Danube, au-delà de Vienne, traverse et borde six pays avant de rejoindre la mer.

Dans le sens des méridiens, la Germanie se confond au contraire avec les plaines illimitées de l'Europe septentrionale. Des fleuves traversent en direction du nord cette étendue monotone – la Weser, l'Elbe, l'Oder, la Vistule, le Niémen –, sans qu'aucun d'eux ait jamais marqué la frontière précise du monde allemand, qui poussa avec la Prusse au-delà du Niémen, pour être ramené aujourd'hui à l'Oder. Le Rhin lui-même fut une limite contestée, la Germanie revendiquant parfois l'Alsace, la Lorraine et la Belgique, sous la forme ancienne du Saint Empire ou celle plus récente du pangermanisme.

Ainsi, le monde allemand a toujours hésité entre deux destins qu'incarnent Vienne et Berlin. Dominée long-temps par Vienne (en fait jusqu'à la victoire en 1866, à Sadowa, des Prussiens sur les Autrichiens), la civilisation allemande était universaliste et pacifique. Dominée par Berlin, la Prusse l'entraîna dans trois guerres d'agression aux conséquences de plus en plus dévastatrices : 1870, 1914 et 1940.

L'**Allemagne** est aujourd'hui un pays paisible et fédéral qui ne couvre plus que la moitié de ce qui fut un temps son territoire, rejeté à l'ouest de l'Oder et en partie à l'est du Rhin, soit 350 000 kilomètres carrés occupés par 80 millions d'habitants. Ce pays est encore la troisième puissance économique et industrielle de la planète. Longtemps le complexe sidérurgique de la Ruhr en fut le cœur d'acier, immense conurbation aux villes emmêlées (Düsseldorf, Essen, Dortmund, etc.), avec, sur la mer du Nord, le port actif de Hambourg sur le large estuaire de l'Elbe. De nos jours, les industries de pointe et la modernité sont descendues vers le sud : Bade-Wurtemberg et Bavière. Ces *Länder* de chacun 10 millions d'habitants et leurs capitales en plein essor (Stuttgart pour le premier, Munich pour le second) portent l'avenir de l'Allemagne fédérale. La réinstallation de la capitale à Berlin n'a pas réussi à contrecarrer cette tendance. Même si elle est redevenue la ville « branchée » qu'elle était avant l'arrivée des nazis, elle est à présent trop excentrée. La multiplicité des pôles urbains et industriels témoigne de la multiplicité des Allemagnes. Berlin, Stuttgart, Munich, Hambourg rassemblent chacune de 2 à 3 millions de citadins ou plus. N'oublions pas Francfort, qui n'est pas belle mais qui est devenue le siège de la Banque centrale européenne, et aussi de la finance. La foire du livre de Francfort est le rendez-vous obligé de l'édition mondiale. Toutes ces villes, à l'exception de Munich, avaient été détruites au ras du sol par les bombardements alliés. Sans parler de la superbe Dresde, capitale de la Saxe, incendiée au cours d'un véritable Hiroshima non nucléaire en 1945 et qui vient d'être patiemment reconstruite à l'identique, ou de Cologne avec sa célèbre cathédrale ; elles sont aujourd'hui prospères. On trouve aussi partout en Allemagne de prestigieuses petites cités médiévales épargnées par la guerre, souvent universitaires comme Tübingen.

La structure fédérale de l'Allemagne correspond à la réalité d'un pays unifié seulement en 1871 (la Bavière, par exemple, n'a pas oublié la dynastie des Wittelsbach et se conçoit presque comme une nation). Mais les Allemands ont trop souffert pour se lancer dans des rêveries séparatistes. Ils essaient de faire évoluer une économie trop industrielle et aussi de « digérer » la réunification, l'Allemagne de l'Est sous contrôle soviétique ayant été constituée en État séparé entre 1945 et 1990. Les Allemands de l'Est, malgré la réinstallation de la capitale fédérale à Berlin, ont gardé beaucoup des habitudes socialistes de l'État-providence : on pourrait dire que les entreprises sont à l'Ouest, les chômeurs à l'Est. Avec l'échange paritaire du mark de l'Est, qui ne valait rien, avec celui de l'Ouest, ancêtre de l'euro, ce sont les gens de l'Ouest qui ont payé la réunification. Le pays est également confronté pour la première fois à une forte immigration d'origine turque qu'il ne sait trop comment assimiler, la conception allemande de la nation étant, jusqu'à très récemment, fondée sur l'hérédité davantage que sur le territoire.

Enfin, ce pays prospère et paisible n'en a pas encore fini avec l'épisode nazi. L'Angleterre peut regarder en face ce qui fut l'Empire britannique ; la France a connu son heure impérialiste, mais son conquérant est enterré sous le dôme des Invalides. Dans ces deux pays, on célèbre les soldats morts pour la patrie. La République fédérale, elle, ne peut célébrer les défunts de la Seconde

Guerre mondiale, l'horreur de la cause rendant leur héroïsme indécent. Les soldats allemands sont morts deux fois : à la guerre et dans la mémoire de leurs descendants. C'est peut-être de là que vient l'effondrement démographique qui pénalise le pays, les Allemandes ayant encore moins d'enfants que les Italiennes, cette fois pour des raisons de mal-être national (Hitler était nataliste), et aussi parce qu'une femme qui travaille hors de son foyer ne saurait être considérée – contrairement à ce qui se passe en France – comme une bonne mère : les « trois K » (*Kinder*, *Kirche*, *Küche* – l'enfant, l'église, la cuisine) inhibent encore l'opinion allemande.

Ce pays est en déflation démographique structurelle, et celle-ci l'entraîne vers le bas – ce que ne voient pas les économistes libéraux, congénitalement malthusiens. Car ce sont les jeunes qui ont besoin de logements, de voitures, d'électroménager, d'écoles, et non pas les touristes allemands âgés des Baléares. Avec leur aveuglement habituel, les eurocrates et les gouvernements ont attribué à l'Allemagne davantage de sièges au Parlement européen qu'à la France, alors même que les jeunes Français sont déjà plus nombreux que les jeunes Allemands ! Le géographe ne peut que souhaiter à la patrie de Goethe et de Beethoven un avenir plus souriant que celui qui s'inscrit dans les chiffres. Car la germanité manquerait à l'Europe. L'élection, en 2005, d'un théologien allemand au siège pontifical est peut-être le symbole d'un nouveau départ...

L'**Autriche** est aujourd'hui un petit État de 83 000 kilomètres carrés et de 8 millions d'habitants. Or elle fut pendant des siècles le cœur du monde germanique : on pourrait ne voir en elle qu'un pays comme la Suisse, la montagne couvrant, comme chez sa voisine, 70 % du territoire avec de hauts sommets (3 796 mètres au Grossglockner) et marquant le climat du signe de l'altitude. Quoi de plus représentatif des Alpes que le Tyrol autrichien (dont le sud, au-delà du col du Brenner, peuplé d'Allemands, est aujourd'hui italien) ! Ce serait oublier les deux réalités majeures de l'Autriche : le Danube et Vienne. Le grand fleuve européen la traverse en effet de son cours moyen, y ouvrant une large trouée agricole. Et surtout Vienne, excentrée à l'est sur le fleuve, a été pendant plusieurs siècles la capitale du monde germanique. Jusqu'à la défaite des Autrichiens devant les Prussiens en 1866, elle fut la cité maîtresse de toutes les Allemagnes. Très belle, épargnée par la guerre, elle servit de résidence à l'empereur et de bastion à l'Europe contre les Turcs, lesquels l'assiégèrent encore en 1683. À Vienne s'incarnait l'une des puissances majeures du monde. C'est cette puissance que Napoléon vainquit à Austerlitz (avec celle des Russes). La montée de la Prusse l'écarta progressivement et ce fut chose faite à Versailles où, en 1871, fut proclamé l'Empire allemand avec Berlin comme capitale.

À l'est, l'Autriche avait conquis sur les Turcs la Hongrie, les pays slaves du Sud et la Transylvanie : le Habsbourg était roi à Budapest et, en Bohême, l'empire d'Autriche restait la puissance majeure de l'Europe centrale, et Vienne une capitale intellectuelle et artistique allemande de Mozart à Freud.

En 1918, Clemenceau commit la terrible erreur de rayer l'Autriche-Hongrie de la carte. Certes, elle avait perdu la guerre aux côtés de l'Allemagne, mais il eût été plus avisé de pousser ses peuples à demeurer ensemble ; ils s'étaient battus loyalement pour l'empereur-roi. Il

suffit de visiter aujourd'hui Vienne, Prague et Budapest
pour s'apercevoir que leur héritage commun est habs-
bourgeois. Qu'ont gagné les Tchèques, les Slovaques, les
Croates et les Hongrois à se séparer ? La domination
nazie puis, quarante années durant, la domination soviétique.

Après 1918, l'Autriche, pour conserver sa germanité,
succomba en 1938 à la tentation de l'Anschluss
(absorption dans le Grand Reich). Depuis 1945, elle est
vaccinée contre cette tentation. Mais Vienne, endormie,
fait penser à ce que serait Paris réduit au gouvernement
de l'Île-de-France. Aujourd'hui, l'Autriche est un opu-
lent pays modeste qui semble avoir oublié que sa devise
fut longtemps AEIOU (*Austria Est Imperare Orbis Uni-
verso* : l'Autriche est faite pour dominer le monde).

La **République tchèque**, grande comme l'Autriche,
mais plus peuplée qu'elle (10 millions d'habitants au lieu
de 8), s'est longtemps appelée la Bohême. Prague, sa
capitale, qui demeure l'une des plus belles villes
baroques d'Europe, occupe le centre d'une vaste et fertile
plaine, entourée du quadrilatère des monts de Bohême,
jadis peuplés d'Allemands sudètes qui donnèrent à Hitler
prétexte à les annexer – sans ces montagnes, la République tchèque ne serait plus qu'une tortue sans carapace.
Aujourd'hui, les Sudètes ayant été expulsés par Staline,
la Bohême est peuplée d'une population homogène de
Slaves. Elle n'a pu empêcher la sécession de la Slovaquie. La République est dotée d'un patrimoine industriel
en pleine restructuration (Skoda, etc.).

La **Slovaquie** (5 millions d'habitants sur 49 000 kilomètres carrés) est née de la vogue actuelle des fausses
indépendances et des micro-États. Montagneuse, sans
grandes ressources ni passé particulier (à l'exception de

celui, peu recommandable, de son alliance avec les nazis sous l'évêque Tiso), elle a pour capitale Bratislava qui, sous les Hasbourg, s'appelait Presbourg et n'était en quelque sorte qu'un faubourg de Vienne. Le géographe ne peut que souhaiter un avenir heureux à ce peuple industrieux.

La **Hongrie**, deux fois plus étendue que la Slovaquie (presque 100 000 kilomètres carrés) et deux fois plus peuplée (10 millions d'habitants), est au contraire une vénérable et ancienne patrie au passé glorieux de lutte contre les Turcs, dotée d'une monarchie depuis l'an mille. Le Habsbourg qui ceignit la couronne de saint Étienne au XVIe siècle fut obligé de reconnaître à la Hongrie une sorte de parité dans son empire. Budapest, sur les deux rives du Danube (Buda d'un côté, Pest de l'autre), était avec Vienne et Prague l'une des trois capitales impériales. Mieux située que les deux autres au coude du Danube, elle reste la ville dominante de l'Europe centrale. Indépendante depuis 1918, mais rapetissée (il existe des minorités hongroises en Serbie et dans les montagnes de Transylvanie, en Roumanie), elle s'allia à l'Allemagne hitlérienne par dépit d'avoir perdu son rang. Elle a expié cette erreur par ses révoltes contre les Soviets (celle de 1956 fut sanglante).

La Hongrie est une immense et riche plaine agricole (la Puszta). Singulier et fier (les Hongrois sont, dit-on, les Castillans de l'Europe centrale), le peuple parle le magyar, langue ouralo-altaïque proche du finnois.

L'espace eurasiatique

Le géographe qui regarde l'Eurasie sur une carte ne peut éviter de remarquer l'immense espace qui sépare l'Occident de l'Asie, la Méditerranée et la Baltique de la mer d'Okhotsk et du Pacifique, l'Europe de l'Inde et de la Chine. Au centre de cet espace trône la mer Caspienne ; au nord se situent **Russie** et Sibérie, et, à son midi, le monde iranien.

L'univers russe est formé de plaines et de plateaux bas, au nord du massif montagneux continental qu'ils ne font que frôler dans le Caucase et l'Altaï. L'Oural, limite orientale conventionnelle de l'Europe, chaîne de collines aux pentes douces et aux cols peu élevés, rompt à peine la monotonie de cette plaine, qui se déroule de l'ouest à l'est sur environ 10 000 kilomètres de long, soit onze fuseaux horaires. Ce n'est pas un hasard si la complainte « Plaine, ô ma plaine » est un chant russe. Nulle part le Vieux Continent n'est aussi plat et allongé, aussi ouvert sur le pôle boréal, dont absolument rien ne sépare son interminable rivage septentrional. L'hiver, la banquise ferme entièrement cette côte, sauf à l'extrême ouest dans la presqu'île de Kola, d'où l'importance du port de Mourmansk. Péninsules et archipels sont bloqués par les glaces que rompent difficilement, au printemps, les brise-glace russes. L'été, les plages sont libres, mais marécageuses et envahies de nuées de moustiques, car le sol, qui ne dégèle jamais en profondeur, retient les eaux stagnantes.

De grands et puissants fleuves se perdent en lacis inextricables : la Dvina septentrionale, qui rejoint la mer Blanche à Arkhangelsk ; l'Ob (4 345 kilomètres) ; le tumultueux Iénisseï, dont les 3 394 kilomètres font tourner de grandes centrales hydro-électriques ; la Léna, le cours d'eau le plus long et le plus oriental, qui gagne l'océan Glacial Arctique après 4 270 kilomètres de méandres. Gelés la moitié de l'année, ces fleuves ne sont ni navigables ni utiles, si ce n'est pour produire de l'électricité. L'ouverture de cette étendue sur le pôle, sa latitude élevée en rendent la plus grande partie impropre à l'agriculture. La forêt elle-même, la taïga, ne commence qu'assez au sud d'une zone désolée de toundra. Cette ouverture explique la dureté du climat, ses hivers glacials et prolongés. Avant de connaître le continent Antarctique, les géographes ont longtemps situé le pôle du froid à Verkhoïansk, en Sibérie orientale, où les températures de – 70° ne sont pas rares.

La Russie, même depuis l'écroulement de l'URSS, demeure le plus grand pays du monde par la superficie (17 millions de kilomètres carrés) et le plus allongé d'ouest en est. Sur ces immensités, longtemps dominées par les cavaliers turco-mongols, les Russes, peuple slave, ont progressivement réussi, dans les clairières de la taïga puis dans les plaines plus méridionales, à installer les villages aux isbas de bois de leurs patients moujiks. La Russie est née d'une volonté politique constamment reprise, celle de relier la mer Baltique à la mer Noire. Elle est née en même temps à Novgorod, près du monde balte et germanique, et à Kiev, près du monde grec. Elle est

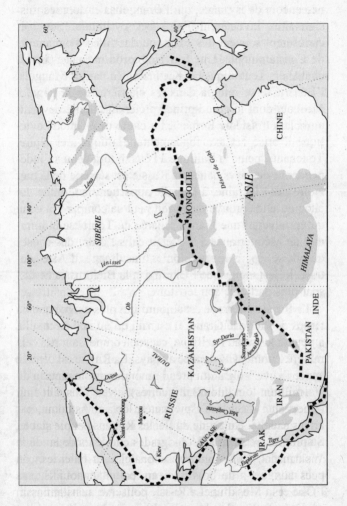

Carte 9. L'espace eurasiatique

née encore de Byzance, qui l'évangélisa et dont les missionnaires inventèrent l'alphabet cyrillique. Ses rois épousèrent souvent des sœurs ou des filles d'empereurs de Constantinople. Une fois Novgorod menacée par les chevaliers Teutoniques et Kiev ravagée par les Mongols, l'État russe se réfugia dans les clairières de la taïga, à Moscou, dont le grand-prince prétendit qu'elle devenait ainsi la « troisième Rome ». La chute de l'Union soviétique a brisé cet axe fondamental Baltique-mer Noire. Touchant à peine la Baltique à Pétersbourg depuis l'indépendance des pays baltes, la Russie est séparée de la mer Noire par l'Ukraine, à laquelle appartient la Crimée. Le choc qu'elle éprouve de ce fait peut se comparer à celui qu'éprouverait une France séparée de Toulouse et interdite de Méditerranée... S'il était dans l'ordre des choses qu'elle se sépare de ses colonies musulmanes d'Asie centrale, il l'est moins que l'Ukraine et la Biélorussie ne fassent plus partie de son territoire.

La Russie d'Europe est aujourd'hui plus exiguë que du temps de Pierre le Grand. Il est vrai qu'au XIXᵉ siècle elle a poussé jusqu'au Pacifique, ceci ne compensant pas cela malgré l'immensité donnée au pays. La Russie est centrée sur le fleuve Volga, qui prend sa source sur le plateau du Valdaï, non loin de la Baltique, coule vers le sud et finit par se jeter dans la Caspienne, au-delà d'Astrakan, par un large delta. Au coude du fleuve immense et navigable, Stalingrad (rebaptisée Volgograd) a été le tombeau de la Wehrmacht. La Volga arrose des plaines fertiles et on peut naviguer jusqu'à Moscou en remontant ses affluents l'Oka et la Moskova. La Russie conserve aussi le bassin du Don, son seul accès véritable vers la mer Noire, et encore par l'intermédiaire de la mer d'Azov, golfe difficile à franchir, fermé qu'il est par la Crimée et souvent gelé l'hiver. Chassée de la mer Noire et de l'Asie centrale, la Russie contrôle toujours l'immensité sibérienne jusqu'à la mer d'Okhotsk, la Kolyma (où se trouvaient la plupart des camps du goulag) et Vladivostok, unique grand port russe situé sur une mer toujours libre, face au Japon. À l'extrémité de la Sibérie, la presqu'île de **Kamtchatcka** demeure la région la plus sauvage de la Terre. Montagneuse (4 750 mètres), couverte de neige, trouée de 120 volcans (dont 28 actifs), c'est une espèce d'Islande russe, mais trois fois plus grande, couverte de forêt et très peu peuplée.

Dans l'étendue sibérienne, le lac Baïkal est une exception : allongé sur 600 kilomètres, grand comme la Belgique, profond et pur, gelé en hiver, il constitue une immense réserve d'eau douce. Non loin de lui s'était construite sous les tsars la capitale de la Sibérie, Irkoutsk, ville industrielle d'un million d'habitants.

Dans la désolante Sibérie, la Russie a trouvé des compensations : les champs gaziers de l'Arctique, proches de la presqu'île inhospitalière de Iamal, Medvejie, Lambourg, Ourengoi, assurent à l'entreprise géante Gazprom les premières réserves de gaz naturel de la planète. Elles sont cependant consommées aux trois quarts, à l'exception de celles, *off shore*, de Ioujnorousskoe dans la mer de Barents ; à l'exception aussi de celles de la grande île orientale de **Sakhaline**. Splendide et sauvage montagne de 950 kilomètres, allongée du nord au sud à l'extrémité de la Sibérie, Sakhaline a appartenu jusqu'en 1945 pour moitié au Japon. Depuis l'arrivée en force des pétroliers, l'île russe est devenue une espèce de Far West (ou plutôt de Far East) où affluent expatriés et travailleurs slaves, bien qu'elle n'ait encore que 600 000 habitants sur 76 000 kilomètres carrés. Les oléoducs modernes y défoncent sans précaution les forêts enneigées.

En vérité, la Russie est victime de l'immensité de son espace froid, difficile à contrôler, à desservir, tout en longueur. Cet espace est un atout en cas de guerre ; comme l'a remarqué Clausewitz dans *De la guerre*, c'est un pays « inconquérable ». En s'avançant toujours plus loin, l'armée conquérante en vient à s'éloigner de ses bases arrière, et à ne plus pouvoir contrôler sa logistique. Napoléon n'a pas dépassé Moscou et Hitler s'est arrêté sur la Volga. En temps de paix, l'immense espace russe devient une faiblesse. L'idée selon laquelle « plus un État est grand, plus il est puissant » est fausse : certes, il faut un minimum de place pour construire un État viable, mais l'espace a un coût. Dans le cas russe, celui-ci est élevé.

Mutilée, la Russie n'en reste pas moins une grande puissance par sa population de 145 millions d'habitants et par ses ressources (bois de la taïga, métaux, blé, aujourd'hui gaz et pétrole). L'État mène ainsi une politique énergétique, n'hésitant pas parfois à couper le robinet, construisant des gazoducs vers la Turquie, l'Europe occidentale et la Chine, voire sous-marins sous la Baltique (gazoduc nord-européen) ou la mer Noire.

Patriote, si ce n'est nationaliste ou même parfois xénophobe, la Russie conserve une force de dissuasion nucléaire et des prétentions diplomatiques. Elle s'accroche au Caucase malgré les rébellions de nations musulmanes, comme celle de **Tchétchénie** réprimée avec une violence extrême. La chute du communisme ne l'a pas délivrée d'un régime autoritaire.

Moscou, sa capitale, active et vivante avec 10 millions d'habitants, concentre les industries et investissements étrangers. C'est aujourd'hui la ville la plus chère du monde, en concurrence avec Tokyo. Agglomération stalinienne aux gratte-ciel bizarres et aux immeubles assez laids, elle conserve cependant en son centre la place Rouge, des églises aux coupoles tourmentées et le Kremlin des tsars, où réside toujours le pouvoir. Une « voie sacrée » relie Moscou à Pétersbourg. Sur ce chemin est située la très belle cité de Novgorod, jadis « Novgorod la Grande », devant laquelle Alexandre Nevski brisa l'assaut des chevaliers Teutoniques. Saint-Pétersbourg, ex-Leningrad, cité sortie de l'imagination de Pierre le Grand et des calculs d'architectes français et italiens, bâtie en pierre sur les marais du golfe de Finlande, est comme un rêve d'Europe au fond de la Baltique. Restaurée, magnifique, « Péter » ne réussit pas à égaler la bouillonnante activité de Moscou. Dans le reste du pays, de nombreuses et assez laides villes-HLM marquent la route du chemin de fer transsibérien jusqu'à Vladivostok.

La Russie a cependant de graves problèmes démographiques. Depuis l'effondrement de l'idée communiste, la natalité est la plus faible du monde (un enfant par femme). Les Russes – à l'exception des hauts fonctionnaires et des nouveaux riches appelés « oligarques » – regrettent, il faut oser le dire, les avantages du régime qu'ils ont congédié – un excellent système scolaire, des colonies de vacances en Crimée, des services sociaux – et en oublient les horreurs – déportations, exécutions, goulag. Découragés, ils ne font plus d'enfants. Mais le peuple russe est si nombreux encore qu'un renouveau de natalité est possible.

Autre problème : la Sibérie se vide. Bien sûr, il y a des exceptions liées à l'énergie. Ainsi, la ville arctique de Novo-Ourengoi, nouvelle capitale pétrolière du Grand Nord sibérien, vient de dépasser 100 000 habitants, jeunes et motivés. Même l'hiver, malgré des températures de − 70°, cette ville est desservie par un chemin de fer construit hier par les déportés du goulag. En revanche, le Nord et l'Orient russes se dépeuplent en règle générale.

Il avait fallu la poigne des tsars puis des soviets pour y installer des colons. Maintenant qu'ils le peuvent (comme autocrate, Poutine n'égale ni Staline ni Ivan le Terrible...), les hommes quittent les immensités glacées et refluent vers les villes et le Sud. Avant la chute de l'Union soviétique, 70 millions de Russes vivaient en Sibérie ; aujourd'hui, on ne doit pas en dénombrer 50 millions – situation d'autant plus préoccupante que le lac Baïkal est plus proche de Pékin que de Moscou.

L'**Ukraine**, à l'inverse de la Russie, réunit les meilleurs atouts de l'ancien empire des tsars et des soviets : une large façade maritime, presque méditerranéenne ; des terres agricoles exceptionnellement fertiles (le fameux *tchernoziom*), aux riches moissons, au climat moins sévère ; des fleuves paisibles, le Dniestr, le Boug et surtout le Dniepr (2 200 kilomètres de long), coupé de centrales hydro-électriques et sur lequel est située Kiev, première capitale de la Russie. Vaste comme la France (603 000 kilomètres carrés), l'Ukraine contrôle un espace ni trop grand ni trop petit, et une population déjà importante de 48 millions d'habitants. Elle aurait tout pour édifier un État viable. Kiev, sa capitale (3 millions d'habitants), est une université, un centre industriel et intellectuel, et conserve de Byzance les belles mosaïques de sa cathédrale (baptisée Sainte-Sophie, comme celle de Constantinople). Ravagée par les Mongols, un temps annexée par le royaume lituano-polonais (d'où la présence d'une forte minorité catholique), l'Ukraine revint à la Russie en 1654 pour ne s'en séparer qu'à la chute de l'URSS. Elle partage avec sa voisine le bassin industriel du Donets. Odessa, son port principal, est une belle ville du XIXᵉ siècle édifiée sous la férule d'un duc de Richelieu au service du tsar, dont les escaliers monumentaux qui descendent sur la mer ont servi de décor au film soviétique d'Eisenstein, *Le Cuirassé Potemkine*. On peine à imaginer qu'Odessa n'est plus russe, et la Crimée de Yalta et de Sébastopol (où mouille encore la flotte russe de la mer Noire) non plus !

Là se situe la difficulté qu'a l'Ukraine à devenir une patrie : le quart de ses habitants sont russes, son énergie lui est fournie par la Russie qui peut l'en priver à tout moment en coupant les fournitures de Gazprom. Surtout, l'histoire commune et le projet commun d'unir la Baltique à la mer Noire sont toujours présents. Ce serait une erreur de faire entrer l'Ukraine dans l'Union européenne et dans l'OTAN, car cela rejetterait la Russie dans les ténèbres extérieures. Une solution raisonnable serait une fédération russo-ukrainienne dans laquelle l'Ukraine conserverait une large autonomie. Mais la raison triomphe rarement des passions...

La **Biélorussie**, au nord de l'Ukraine et à l'est de la Pologne, est pour sa part une construction purement artificielle née en 1991 sur 200 000 kilomètres carrés. C'est un État enclavé, sans accès à la mer et dont Minsk est la capitale. En 2006, au grand étonnement des observateurs occidentaux, ses habitants (10 millions) ont préféré par référendum un dictateur russe plutôt qu'une démocratie européenne. La manipulation des urnes n'explique pas à elle seule ce résultat surprenant. Une partie du *Guerre et Paix* de Tolstoï se déroule en Biélorussie, dont la vocation évidente est de revenir un jour ou l'autre à la mère patrie.

Sur l'Ukraine comme sur la Biélorussie pèse la malédiction de Tchernobyl, centrale nucléaire d'Ukraine
située juste à la frontière biélorusse et qui explosa en
1986, faisant des milliers de morts et stérilisant de son
rayonnement mortel une large zone autour d'elle.
L'énergie nucléaire civile est probablement indispensable, d'autant plus qu'elle ne contribue en rien au
réchauffement de la planète, n'émettant pas d'oxyde de
carbone. Mais la sûreté de ses installations ne pourra plus
être négligée comme elle le fut par l'ex-Union soviétique,
qui n'enfermait même pas ses réacteurs dans des
enceintes bétonnées. Des milliers d'hommes ont payé de
leur vie la construction du sarcophage qui recouvre
désormais le réacteur fou. Le problème spécifique de
l'énergie nucléaire se situe là : elle suppose que dans un
siècle existeront encore des sociétés d'ingénieurs
capables de maîtriser ou de démonter ses centrales.
Davantage que les autres sources d'énergie, elle engage
l'avenir.

La **mer Caspienne** occupe le centre de l'espace eurasiatique. C'est la plus vaste mer fermée du monde. À
l'époque préhistorique, elle communiquait encore avec la
mer Noire. Par évaporation, son niveau a ensuite baissé
jusqu'à 27 mètres au-dessous du niveau général des
océans. À travers les steppes plates qui la séparent de la
mer Noire, il ne serait pas très difficile de remettre, par un
canal, la Caspienne en contact avec le système maritime
mondial – les Soviets y avaient songé. Mais si la Caspienne remontait au niveau de la mer, tout le sud de la
Russie serait inondé, y compris la ville d'Astrakhan.
Cette mer salée est très poissonneuse. On y pêche le
fameux esturgeon, ce poisson dont on tire le caviar. Assez

étendue (100 000 kilomètres carrés) et profonde
(1 025 mètres dans sa partie méridionale), elle sert de
débouché aux eaux vives de la puissante Volga, ce qui
explique que son niveau ne baisse plus. Au sud, elle
entaille les montagnes du Caucase et de l'Elbourz. Jadis
pauvres, ses rivages sont de véritables réservoirs de gaz et
de pétrole. On le savait depuis l'Antiquité, mais on
découvre à présent d'importants gisements partout. Des
projets concurrents d'oléoducs et de gazoducs sont à
l'étude ou en construction pour exporter l'or noir. Il y a
peu, cette mer n'avait que deux États riverains, l'URSS et
l'Iran, mais elle en compte cinq aujourd'hui, car il y faut
ajouter le Turkménistan, le Kazakhstan et l'Azerbaïdjan.
Davantage même si l'on considère que la mer d'Aral,
toute proche et qui communiquait jadis avec elle, lui est
liée. Cette dernière n'est plus qu'une trace de mer, bien
qu'elle serve d'exutoire à deux grands fleuves qui traversent les steppes en venant de l'est : le Syr-Daria (plus de
2 000 kilomètres de long) et l'Amou-Daria, dont l'eau la
maintenait à niveau. Les dérivations inconsidérées de ces
fleuves par le régime soviétique pour les besoins de la
culture du coton l'ont tellement diminuée qu'elle semble
sur le point de disparaître par évaporation au milieu du
désert, passant de 60 000 à 20 000 kilomètres carrés ; un
programme international de remise en eau par limitation
de l'irrigation la sauvera peut-être. Islamisés par les
Turco-Mongols, les abords de la mer Caspienne ont,
depuis la chute de l'URSS, vu ressurgir les nations musulmanes.

Le **Kazakhstan**, immense pays plat (3,5 millions de
kilomètres carrés), se distingue mal des plaines de Sibérie
qu'il prolonge au sud. Région de steppes monotones qui
s'étendent de la Caspienne aux montagnes de l'Altaï, il

n'est densément peuplé qu'au piémont de ces dernières, où l'on trouve les oasis du Syr-Daria. Habitée par 14 millions de personnes, sa partie septentrionale, autour de la base spatiale de Baïkonour, est occupée uniquement par des Russes. C'est là aussi qu'est située sa nouvelle capitale, Astana. À cause de ses limites indéfinies avec la Russie, de sa minorité slave et des convoitises stratégiques qu'il suscite, le Kazakhstan, quoique enrichi par le pétrole, a du mal à se constituer en véritable nation. La sagesse serait la constitution d'une union fédérale russo-kazakhe.

L'**Azerbaïdjan**, sur la rive opposée de la Caspienne vers le sud, est au contraire une nation musulmane bien typée. C'est même une nation turque qui parle la même langue qu'à Ankara et regarde les émissions de la télévision kémaliste, d'où sa rivalité et ses guerres, à propos de l'enclave chrétienne du Haut-Karabakh, avec sa voisine l'Arménie. L'Azerbaïdjan est un pays caucasien dont la richesse est liée au pétrole, connu depuis longtemps à Bakou, sa capitale et port sur la Caspienne. Avec 8 millions d'habitants sur 80 000 kilomètres carrés, c'est un pays petit, mais viable.

Le **Turkménistan** lui fait face sur la Caspienne. Son nom dit assez ses rapports avec les invasions et le domaine linguistique turcs. À tel point qu'un proche compagnon de Mustapha Kemal y vint, en 1921, combattre les troupes bolcheviques – sans succès. Le désert continental, appelé ici Karakoum, le traverse. Ses 500 000 kilomètres carrés sont peuplés d'à peine 5 millions d'habitants. Malgré la rente gazière, le Turkménistan reste fragile. Il a pour capitale Achkhabad.

L'**Ouzbékistan**, un peu moins étendu (les quatre cinquièmes de la France), est plus fertile, car traversé par le fleuve Amou-Daria, et plus peuplé : 25 millions d'habitants. Ce pays musulman fortement iranisé est aussi proche de la Perse que le Turkménistan de la Turquie. Ses principales villes – aux noms prestigieux : Boukhara, Samarkand – sont construites sur le même modèle que les cités persanes : mosquées à bulbe doré, grandes places ou *maidan*. Malgré son enclavement, l'Ouzbékistan conserve une personnalité originale en Asie centrale. C'est le seul pays agricole de la région ; grand producteur de coton, il possède aussi des mines d'or et des réserves de gaz naturel. Tachkent, sa capitale, est moins pittoresque que ses cités historiques.

Le **Tadjikistan** n'est plus un pays de plaine, mais un pays de montagnes comme l'Azerbaïdjan. Ici, ce n'est pas le Caucase, ce sont les contreforts de l'Himalaya. Peu étendu et enclavé (6 millions d'habitants sur 100 000 kilomètres carrés), avec une capitale insignifiante, Douchanbe, le pays occupe des carrefours entre l'Inde et l'Iran et a une grande importance stratégique. La Russie y conserve des bases militaires pour cette raison. (Enver Pacha y mourut à cheval en 1922.) L'avenir du Tadjikistan, en perpétuelle guerre civile, est incertain.

Le **Kirghizistan** est, comme le Tadjikistan, enserré dans les montagnes qui bornent l'univers de la Caspienne. Plus grand que lui, peuplé comme lui (6 millions d'habitants), le pays n'a comme gisements que quelques mines d'or (mines de Kumtor). Très désolé et situé en altitude, il possède cependant une longue oasis agricole dans la haute vallée du Syr-Daria, le Ferghana. Il dispose de l'une des plus belles étendues d'eau douce de la planète : le lac Issyk-Kul, long de 170 kilomètres, large de 70, perché à 1 600 mètres d'altitude. Les eaux thermales de ce lac attiraient jadis la haute nomenclature soviétique.

C'était le seul lac, écrivait la *Pravda*, que les cosmonautes russes avaient pu voir depuis l'espace, tant il brille comme un miroir. Si la rive nord est bordée d'établissements de thalassothérapie abandonnés, la rive sud, sauvage et désertique, sert de terrain de parcours à de rares cavaliers sortis des livres de Kessel et à de nombreux bus bringuebalants. Immensité grandiose, cols escarpés, rochers rouges, forêts de bouleaux et de conifères entourent quelques yourtes kirghizes.

De l'Asie russe, nous sommes insensiblement passés au « monde iranien ». Cyrus, grand roi des Perses, avait réuni sous son sceptre l'Inde à la Méditerranée ; Alexandre, sur son cheval Bucéphale, galopa en sens inverse de la Macédoine à l'Indus. Définitivement coupés de la Méditerranée par les Romains puis par les Arabes, les Persans s'islamisèrent, mais de façon hérétique et schismatique : dans le chiisme. À travers lui, ils ont gardé leur civilisation étrange, leur originalité, leurs coupoles dorées, leur langue indo-européenne, le farsi (persan). Ils dominent toujours, par-delà les fragiles frontières de la politique (nous avons vu que l'Ouzbékistan est iranien), ce qu'on peut appeler le « pont iranien », parce que par lui communiquent l'Orient et l'Occident, la Mésopotamie et l'Afghanistan.

L'**Iran**, jadis nommé Perse, occupe le centre stratégique de cet espace. C'est aussi l'endroit du tricontinent où se croisent le grand désert et les montagnes. La Perse est un plateau désertique entouré de hauteurs. À son septentrion culmine le mont Demavend à 5 604 mètres, à son midi les monts Zagros à plus de 4 000 mètres. À l'exception de la côte Caspienne, coincée entre la montagne et la mer, nuageuse et tropicale (comme l'est pour les mêmes

raisons la côte turque de la mer Noire), le climat de la
Perse est saharien. On y voit, comme au Sahara, des lacs
salés (chotts), des dunes, des montagnes asséchées et des
oasis. Seule différence : les chaînes persanes sont beaucoup plus arrosées que ne le sont le Hoggar ou le Tibesti.
Elles sont semblablement dénudées, mais l'eau s'accu-
mule dans leurs bas, engendrant de vigoureuses oasis de
piémont, plus étendues et plus fertiles que les oasis saha-
riennes, comme elles isolées dans le désert environnant
(au Sahara, ce sont les palmiers qui cachent et révèlent
l'eau, alors qu'en Iran ce sont de grands peupliers frisson-
nants). Toutes les villes persanes sont ainsi situées au
pied des montagnes et au bord du désert. La capitale
actuelle, Téhéran (5 millions d'habitants), de création
récente, est la seule ville d'Iran qui soit laide, océan de
béton poussiéreux au pied du Demavend. Les autres cités,
toutes anciennes, sont splendides.

La Perse a suscité une civilisation spécifique, marquée
par les dômes en bulbe, couverts d'or ou de céramiques,
de ses mosquées (forme qui inspira plus tard l'architecture moscovite), marquée aussi par de grands bazars (le
mot est persan) couverts de voûtes. On trouve ces dômes
et ces bazars à Tabriz (au nord) et à Meched (à l'est), à
Qom et à Ispahan (au centre), à Kerman et à Chiraz (au
sud), comme on les trouve aussi à Samarkand et à Boukhara en Ouzbékistan, à Herat en Afghanistan, à Samara
ou à Najaf en Irak – signe que la civilisation iranienne
couvre un espace bien plus vaste que l'Iran.

Ispahan, au centre, est (avec Sanaa au Yémen et Fès
au Maroc) l'une des trois très belles villes de l'islam (en
trois architectures différentes). Il s'agit ici d'un islam
ordonné, géométrique, aux avenues qui se croisent à
angle droit, selon la volonté des rois séfévides. La grande

place d'Ispahan, le « Maidan », entourée de portiques, surplombée de dômes en céramique bleue et dominée par la haute porte du palais royal Ali Kapou, depuis les balcons de laquelle Shah Abbas admirait des courses de polo (jeu persan), est une merveille. Dans le palais lui-même (Shehel Sotoun), on voit des fresques peu islamiques dans lesquelles de jeunes princes boivent le vin versé par de jolies femmes. Tolérants, les Séfévides installèrent à Ispahan de nombreux chrétiens dont ils appréciaient la science et l'artisanat, en particulier des Arméniens qui y construisirent une cathédrale grégorienne. Au milieu de la ville coule, avant de se perdre dans les sables, un fleuve pérenne que franchit un pont à arcades ornées de céramiques – « Ispahan, c'est la moitié du monde », dit un proverbe persan. Non loin de là, près de Chiraz, la ville des roses et du poète Saadi, s'élèvent dans le désert, monumentales, les ruines des palais achéménides de Persépolis, incendiés par Alexandre : les colonnes se dressent sous un ciel sans nuage, accompagnées d'escaliers qu'encadrent des céramiques représentant les gardes « immortels » des grands rois d'avant l'islam, et les défilés des tributaires avec leurs chameaux chargés de présents.

La Perse a toujours eu deux visages opposés. Son aspect aimable et tolérant : celui de Cyrus, qui protégea toutes les religions et délivra les Juifs de la captivité de Babylone ; celui des Séfévides qui buvaient du vin en écoutant les vers de Saadi, entourés de jeunes filles et de roses. Mais aussi son côté sombre et sectaire : celui du prophète iranien Mani, lequel enseignait que le monde visible (en particulier la femme) est l'œuvre du mal. Parfois le noir domine, comme aujourd'hui, et l'Iran voile ses femmes et veut détruire Israël ; une autre fois, il cultive les roses. Reste que la Perse est une grande nation de deux mille cinq cents ans d'existence (avec l'Égypte et la Chine, la plus ancienne du monde), une langue, une culture.

Trois fois plus étendu que la France, l'Iran rassemble une population comparable de plus de 63 millions d'habitants. Il tente aujourd'hui de diversifier une économie encore dominée par les hydrocarbures, d'où sa volonté de se doter de centrales nucléaires. Il veut aussi redevenir une puissance, avec tous les risques et excès que cela implique.

L'**Irak**, à l'ouest de l'Iran, n'est pas iranien de paysage, mais plutôt égyptien. Deux grands fleuves venus des montagnes du nord, l'Euphrate et le Tigre, y fécondent le désert (Mésopotamie veut dire « entre les fleuves »), se rapprochent à Bagdad vers les ruines de Babylone avant de se jeter ensemble dans le golfe justement nommé « Persique ». Comme l'Égypte, la Mésopotamie doit tout à l'irrigation et rien à la pluie. Comme l'Égypte, elle fut à l'origine de la civilisation agricole. Les rois perses ont toujours voulu la contrôler et y ont souvent situé leur capitale. Comme « État », l'Irak (438 000 kilomètres carrés, dont seules les zones irriguées sont cultivables, et 25 millions d'habitants) a été créé en 1918 par les Anglais, qui y établirent difficilement leur protectorat (au prix de nombreuses révoltes dont l'une, en 1941, fut soutenue par Hitler) afin de contrôler ses vastes ressources pétrolières (en partenariat avec la France). Le pays est en fait une zone de contact entre les Turcs, les Arabes et les Persans. Les Turcs ont en effet dominé la région avant les Anglais et convoitent toujours le Nord, occupé par la même population kurde qui est aussi installée en Turquie orientale. Les Arabes ont arabisé le centre avec Bagdad, ex-capitale des califes sunnites. Les Iraniens ont iranisé le Sud chiite, où ils demeurent puissants et animent de nos jours la rébellion antiaméricaine. Au nord, les Kurdes ont réussi à constituer un quasi-État, non reconnu par l'ONU et mal vu par Ankara (les rebelles kurdes du PKK turc y ont leur refuge).

Saddam Hussein et le parti Baas avaient imposé au pays un arabisme tyrannique, mais laïque et moderniste, à la façon soviétique. Depuis l'intervention américaine règne en Irak un chaos meurtrier que la présence de 130 000 soldats des États-Unis ne réussit pas à maîtriser. L'Iran ayant de fait repris le contrôle de la partie méridionale du pays dans laquelle se trouvent les villes saintes du chiisme, l'avenir est incertain.

L'**Afghanistan** est une province orientale et montagneuse du monde iranien, Herat, avec sa mosquée bleue, étant une ville complètement persane où l'on parle le farsi, comme à Kaboul d'ailleurs. Toutefois, dans ce pays de l'Hindou Kouch dont les sommets dépassent 7 000 mètres d'altitude, l'influence de l'Inde se fait sentir à l'est, contrôlé par les tribus pachtouns, et jusqu'au cœur du massif, où les bouddhas géants de Bamiyan témoignaient, avant leur destruction par des fanatiques talibans, de la présence ancienne du bouddhisme avant l'islam.

En réalité, cette province iranienne doit son indépendance à la rivalité anglo-russe, du temps de leurs empires (le tsar, la reine Victoria). C'est un *no man's land*, créé par ces deux pays afin d'éviter de s'affronter directement. L'Afghanistan joua ensuite ce rôle d'État-tampon, non plus entre Russes et Anglais, mais entre l'URSS et le Pakistan, jusque sous le règne du roi Zaher. Les invasions soviétique en 1979, puis américaine en 2001 brisèrent le fragile équilibre régnant entre ces tribus guerrières qui contrôlaient les cols inexpugnables de l'Unai et de l'Hadjikak, à près de 4 000 mètres d'altitude. Le pays, plus grand que la France et peuplé d'environ 28 millions d'habitants, n'est nullement sorti du chaos. Son président élu, protégé au corps par des vigiles américains, n'a aucun pouvoir. Les talibans ont repris le contrôle de la route de Kandahar (Alexandrie) et les projets d'oléoducs amenant le pétrole d'Asie vers l'océan Indien sont en panne. En contrepartie, l'Afghanistan est redevenu le premier producteur d'opium du monde.

Le pays se compose essentiellement du massif de l'Hindou Kouch, où l'on trouve sa capitale, Kaboul, au climat d'altitude agréable, et d'une plaine bordière désertique. Il contrôle toutes les routes d'Asie centrale. Dans les montagnes règne une nature sauvage, aux lacs de turquoise en chapelet (ceux de Band y Amir), aux cimes enneigées, aux pistes vertigineuses où s'est réfugiée la population aux yeux bridés des Hazaras. Les gens des tribus bordières ont toujours contrôlé l'Afghanistan : à l'est les Pachtouns, à l'ouest les Persans, au nord les Tadjiks. Aujourd'hui, le temps des chefs de guerre est revenu. L'Afghanistan n'est séparé de l'océan que par la province désertique du **Baloutchistan**, l'« Arachosie » des Anciens. En théorie, cette province (capitale Quetta) fait partie du Pakistan. En fait, Karachi n'y contrôle rien. Le voyageur qui traverse en Land Rover les étendues torrides qui séparent les ruines de Persépolis et les bords de l'Indus comprend assez vite que les tribus baloutches ne doivent allégeance à personne. Cependant, ces gens sont accueillants au pérégrin – assez hospitaliers pour héberger aujourd'hui, selon toute vraisemblance, Al-

Qaïda et Ben Laden. Les Anglais, au temps de l'empire des Indes, n'avaient pas réussi à les soumettre. Ce ne sont pas les troupes pakistanaises qui y parviendront.

Si l'on regarde la répartition des bases américaines dans la région, on s'aperçoit qu'elles entourent l'Iran. Au long de la frontière sud, en Turquie, en Irak, au Qatar, dans les Émirats, les États-Unis ont déployé un impressionnant dispositif militaire. Sur sa frontière nord, ils ont reproduit leur prépositionnement stratégique de radars et de bases. Ils interviennent militairement en Afghanistan et en Irak. Les relations entre les États-Unis et l'Iran sont l'une des clefs de la paix du monde.

La carte générale de l'Asie comporte deux compartiments distincts, complètement séparés l'un de l'autre par le Tibet et l'Himalaya. Ces deux mondes ne pouvaient jadis communiquer entre eux qu'en Afghanistan et au Tadjikistan par la célèbre « route de la soie » qui longeait le désert de Gobi. Très justement, les géographes ont pris l'habitude de nommer « sous-continents » ces deux compartiments. Le sous-continent indien est orienté vers le sud, le sous-continent chinois vers l'orient.

Le sous-continent de la mousson

Le sous-continent indien est borné de tous côtés par la grande chaîne montagneuse continentale qui l'enveloppe depuis l'Hindou Kouch jusqu'à la cordillère annamite en passant par l'Himalaya, mais il est grand ouvert sur l'océan Indien (mer d'Oman, golfe du Bengale) et, par lui, sur l'Occident et le monde méditerranéen – faciles à rejoindre en cabotant le long des côtes, comme le faisaient les marchands phéniciens puis arabes, sans oublier la flotte d'Alexandre. Par ailleurs, à l'ouest, la montagne n'est pas encore un mur : elle reste un passage aux cols largement ouverts vers l'Asie centrale, de laquelle vinrent les conquérants, d'Alexandre à Tamerlan.

Vers l'an mille, depuis cette porte, Mahmoud de Ghazni entreprit pour le compte de l'islam la conquête de l'Inde, achevée en 1398 par Tamerlan. Maîtres du sous-continent de 1761 à 1947, les Britanniques tentèrent de la fermer : de puissantes garnisons contrôlaient la fameuse passe de Khyber ; en l'empruntant, on pouvait y voir, fixées au rocher, des plaques portant les noms des régiments de Sa Gracieuse Majesté.

L'épais Himalaya, montagne-mur impénétrable aux invasions, empêche aussi les vents polaires qui désolent la Sibérie et l'Asie centrale de pénétrer en Inde. Le sous-continent est donc soumis à un tout autre régime météoro-logique, celui de la mousson. En hiver, les vents, qui souf-flent depuis la terre, sont secs et le climat ensoleillé, mais agréable. L'été, le régime des vents se retourne et la mousson s'installe : les vents soufflent alors depuis l'océan, butent sur l'Himalaya et déversent sur le sous-continent et ses abords des torrents d'une pluie bienfai-sante et tiède. Mais l'humidité rend alors la chaleur insup-portable (c'est la saison où les colonisateurs anglais se retiraient dans leurs stations d'altitude).

La géographie du sous-continent est simple. Elle s'ex-plique par la tectonique des plaques. La plaque indienne (le plateau triangulaire du Dekkan), formée de terrains cristallins et relevée sur les bords (les *ghats*), pénètre sous la plaque eurasienne en faisant surgir l'Himalaya. Entre le Dekkan et ce dernier, la subduction de la plaque indienne a créé la plaine indo-gangétique qui les sépare. Il subsiste des déserts vers l'ouest (désert de Thar), mais la majeure partie du sous-continent est bien arrosée. Deux fleuves coulent dans le sillon indo-gangétique : l'Indus, qui va vers le sud, et le Gange, qui descend vers l'est, auxquels il faut ajouter le Brahmapoutre, issu de l'Hima-laya oriental, et les quelques fleuves du Dekkan.

Le **Pakistan** – le pays que rencontre d'abord le voyageur qui suit la route historique d'Alexandre en des-cendant la passe de Khyber – est déjà indien. Après leur installation, les vainqueurs musulmans fondèrent l'Em-pire moghol (ne pas confondre avec les Mongols de Gengis Khan, qui étaient païens). Jamais cet empire ne parvint à unifier le sous-continent ni à réduire la résis-tance de l'hindouisme. La conquête musulmane n'en fut pas moins extraordinairement violente, car, s'il prévoit un statut légal pour les chrétiens et les juifs, dont

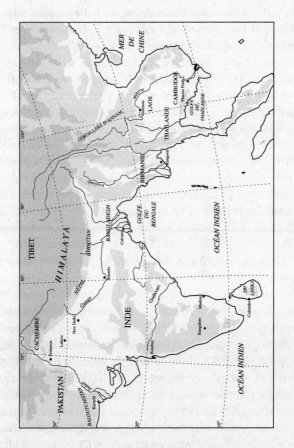

Carte 10. Le sous-continent indien

Mahomet connaissait l'existence, le Coran est terrible
aux païens : ils n'ont le choix qu'entre la conversion et
la mort ; or, pour les musulmans, les hindouistes sont des
païens. Il faut comprendre que dans le sous-continent se
rencontrent le monothéisme le plus radical, celui de
l'islam, et le polythéisme le plus vivace, celui des brahmanes... Cela fait des étincelles. Les Anglais réconcilliè-
rent tout le monde sous eux, puis contre eux : Gandhi et
Jinnah, le parti indépendantiste du Congrès rassemblait
les hindous et la ligne musulmane. Les Anglais n'avaient
d'ailleurs pu se maintenir qu'en exploitant les querelles
entre souverains locaux, et aussi par suite d'un certain
consentement des élites indiennes, conscientes qu'ils
apportaient la modernité. Les Anglais ne pouvaient rien
contre la volonté d'un continent. Ils se retirèrent. Le
15 août 1947, Nehru, leader du parti indépendantiste,
s'écriait : « L'Inde s'éveille enfin à la vie et à la liberté. »

Mais les populations musulmanes, majoritaires dans la
vallée de l'Indus et le delta du Gange, ne purent se
résoudre à cohabiter avec les hindouistes. Leur chef
Jinnah proclama la création d'un État séparé, le Pakistan,
en ourdou « pays des Purs ». Ce nom est aussi un acronyme qui évoque les principales régions de l'État : le P
rappelle le Penjab ; le S, le Sind (le sud) ; le K, le Kache-
mire ; et « stan », le Baloutchistan. La partition fut dra-
matique (de nombreux hindouistes résidaient sur l'Indus,
fleuve originel du brahmanisme, et de nombreux musulmans en Inde). Elle donna lieu à des échanges brutaux
de populations (20 millions de personnes quittèrent leurs
domiciles), accompagnés de terrifiants massacres.

Le Pakistan et l'Inde s'affrontent depuis cinquante ans
à propos du Cachemire, vallée partagée au moment de
la partition, et se font une guerre endémique (qui devint

ouverte en 1964 et 1970). Aujourd'hui, l'arme atomique (ils possèdent tous deux la bombe) a calmé leurs ardeurs, mais les attentats subsistent. Quant au Pakistan oriental (le Bengale), séparé de l'occidental par des milliers de kilomètres, il a fini par devenir en 1971 un État différent, quoique musulman, sous le nom de Bangladesh.

L'actuel Pakistan, à l'exception de ses bordures montagneuses (zones tribales et Baloutchistan), est défini par la vallée de l'Indus et ses affluents. Long de 3 180 kilomètres, ce fleuve puissant, né en Himalaya – d'où il reçoit ses affluents dans le « pays des cinq rivières », le Penjab (on sent que l'ourdou est une langue indo-européenne, *pen* voulant dire « cinq » comme en grec *penta*) –, se termine sur l'océan par un delta. L'Indus fait du Pakistan une espèce d'Égypte du Moyen-Orient, d'autant que le pays, proche de l'Iran, est encore largement désertique.

L'Indus est un Nil qui coule (nord-sud) en sens inverse de l'autre, bordé de chaque côté par une zone irriguée de cultures vivrières et de coton, zone qui rassemble la plupart des 140 millions de Pakistanais. Rouler en voiture (et à gauche, héritage de l'Angleterre) sur les routes-digues de l'Indus et du Penjab, encombrées d'une foule dense de piétons, de chameaux attelés à des charrettes (des dromadaires venus d'Afrique), de vélos-taxis et de camions surchargés, est une expérience stressante.

Le voyageur géographe s'aperçoit tout de suite qu'il a quitté le monde iranien : musulmans, les Pakistanais sont pleinement indiens ; ils regardent les films indiens, mangent du curry et leurs femmes portent le sari.

On comprend mieux la vivacité du conflit indo-pakistanais à propos du Cachemire. Le Pakistan, dont l'existence séparée ne se justifie que par sa volonté d'être le refuge des musulmans indiens, ne peut accepter qu'une province totalement musulmane comme le Cachemire reste en dehors de sa souveraineté.

Karachi (7 millions d'habitants), ville principale et port quasiment unique du pays, est une agglomération immense et laide où prospèrent dans un contraste saisissant entreprises modernes et medersas intégristes. Dans le Penjab, la ville historique de Lahore, capitale provinciale, ancienne capitale moghole, est au contraire une belle cité, rehaussée de palais, de citadelles, et dominée par la superbe mosquée Badshashi aux coupoles persanes. À la limite des montagnes, la ville administrative d'Islamabad n'a aucun intérêt. En revanche, celle de Peshawar, qui commande la passe de Khyber, reste un pittoresque et actif caravansérail. Tout s'y achète et s'y vend au bazar, surtout les armes (des Kalachnikov russes fabriquées sur place).

Avec ses 800 000 kilomètres carrés, l'espace pakistanais, hors Baloutchistan, est assez homogène à cause de l'Indus et de ses cinq affluents. Le pays se développe. Les industries de transformation pullulent et la compétence des cadres est grande – le Pakistan est une puissance nucléaire. Travaillé contradictoirement par l'islam le plus fanatique et par une modernité conquérante, le pays reste incertain sur son destin. Né d'une idée discutable – la citoyenneté fondée sur la religion –, le Pakistan est peut-être en train de se transformer en véritable nation : le parcourir du nord (Islamabad) au sud (Karachi) et de l'ouest (Peshawar) à l'est (Lahore) le suggère au visiteur, même si des régions périphériques (Baloutchistan, zones tribales) lui échappent encore.

L'**Inde** a été rejetée vers l'est par la création du Pakistan. L'Indus était le fleuve originel de l'hindouisme, mais l'islam a repoussé le polythéisme vers le Gange. Un dicton prétend qu'on y recense davantage de dieux que d'Indiens. À Bénarès, sur les marches du fleuve sacré, on brûle les morts : fumées dans l'air immense, cendres dans l'eau qui coule, partout la religion, sa plénitude et ses ambiguïtés. Pour Shankara, gourou de Bénarès, tout est Dieu. Chaque être est totalement le « brahmane » et réciproquement. Les textes sacrés, les livres du *Ramayana*, ressemblent à ceux des anciens Grecs, à l'*Iliade*, aux mythologies. L'éternel retour, symbolisé par la svastika, rend tout changement insignifiant. Le système des castes fossilise la société. Plus du quart de la population est « hors caste », tandis qu'un Indien sur deux appartient aux *shudras*, castes inférieures de travailleurs manuels, les « intouchables » méprisés. Devant un mendiant intouchable, le brahmane passe son chemin. Hitler avait une certaine sympathie pour l'hindouisme, auquel il emprunta la svastika, la « croix gammée », et le concept d'intouchable (traduit en allemand par *Untermensch*, « sous-homme »). Au contraire, l'hindouiste Gandhi, marqué par la lecture des Évangiles, consacra sa vie à dénoncer l'intouchabilité et fut assassiné pour cela par un fanatique. Des siècles avant lui, le jeune prince Siddharta Gautama de la tribu de Sakya, Sakyamouni, avait rejeté l'hindouisme et inventé une nouvelle religion toute de renoncement aux illusions du monde : le bouddhisme.

Cette religion qui niait les castes ne pouvait être tolérée par les brahmanes. Elle fut chassée de l'Inde (nul n'est prophète en son pays...) et trouva refuge dans les contrées voisines du sous-continent. Aujourd'hui, il n'y a plus de bouddhistes en Inde. Ils se trouvent au Sri Lanka, au Tibet, en Birmanie, en Thaïlande, au Cambodge. Tout cela peut sembler très éloigné de la géographie, mais en

Inde il est impossible de faire de la géographie sans parler
de religion. Le Taj Mahal par exemple, construit en 1641
par un empereur moghol à la mémoire de son épouse, est
une synthèse caractéristique : une coupole persane érigée
près d'Agra, au milieu de l'Inde brahmaniste.

Les violences interconfessionnelles sont l'une des
plaies du pays. En 2002, dans l'État de Gujerat, elles ont
fait 2 000 morts. C'est que, si 80 % des Indiens sont hindouistes, il subsiste de fortes minorités : plus de 100 millions de musulmans, malgré les échanges de population
et la partition ; 50 millions de chrétiens, parmi lesquels
les fidèles de très anciennes Églises (aujourd'hui, la
majorité du recrutement de jésuites vient d'Inde) et
d'autres souvent recrutés parmi les hors-castes désireux
de s'affranchir de leur condition ; des religions chassées
d'ailleurs comme les *farsi*, zoroastriens qui viennent
d'Iran, et même des religions nées dans le pays (les sikhs
sont plusieurs millions autour du temple d'or d'Amritsar
et pratiquent un syncrétisme qui a repris l'égalité aux
musulmans et le culte de la force militaire aux récits
épiques indiens).

Plus généralement, l'Inde est surprenante par ses
contrastes, alliant extrémisme et tolérance. Au pays des
castes, l'avant-dernier président était un intouchable
tandis que l'actuel est un musulman.

De plus, les Indiens ne parlent pas moins de
1 600 langues et dialectes, dont 18 sont inscrits dans la
Constitution.

Les temples millénaires paraissent neufs, tant ils sont
entretenus et régulièrement repeints. Partout ou presque,
et pas seulement à Madurai ou Bénarès, se dressent de
magnifiques sanctuaires et des statues érotiques ou mys-
tiques, partout cheminent la nuit des processions illumi-

nées de bougies. En Inde, le passé n'est pas un
« patrimoine », il est le présent. Le nord du pays, la plaine
du Gange, est plus religieux que le sud : les Indiens l'appellent l'« Indu Belt » (par référence à la « Bible Belt »
de l'Ouest américain) ; le Dekkan, plus moderne, s'af-
franchit assez rapidement des contraintes religieuses.

La structure du pays est simple : au nord, les gigantesques cimes de l'Himalaya ; à leur pied, la vallée sacrée
du fleuve Gange, le reste étant constitué de l'immense
triangle faiblement montagneux de la péninsule du
Dekkan. Les couleurs de peau changent du nord au sud,
passant des tons clairs des brahmanes au noir des
Tamouls. Partout, les femmes sont belles. Les villages
sont innombrables, et les villes gigantesques, de New
Delhi, la capitale de l'Union, excentrée au nord-ouest,
ville moghole, à l'interminable Calcutta, de la musulmane Hyderabad à la ville orientale de Madras sur le
golfe du Bengale. La capitale économique de l'Inde (son
Milan, son Francfort) est Bombay, le plus grand port également (10 millions d'habitants), porte de l'Occident
avec ses aciéries (Mittal Steel) et ses dix mille entreprises
modernes.

L'Union indienne couvre plus de 3 millions de kilomètres carrés et a bien nettement plus d'un milliard d'habitants, une population dense. Cette république fédérale
de vingt-cinq États et sept territoires est aussi une véritable démocratie (fait exceptionnel dans le tiers monde),
ayant conservé les habitudes parlementaires et le sens du
contrat légués par les Anglais. L'Inde des dirigeants
demeure d'ailleurs très *british* et a gardé l'anglais comme
langue de communication, surplombant les langues
locales (indo-européennes ou tamoules). Maîtrisant
l'arme nucléaire, l'Inde a vocation de puissance mon-

diale. 200 millions de ses fils sont entrés dans la modernité, sans abandonner pour autant leur religion. Les usines se construisent partout, sans souci écologique (d'où la catastrophe de Bhopal). Les écoles forment d'excellents ingénieurs et informaticiens, que l'on s'arrache. La ville de Bangalore, dans le Dekkan, est devenue l'une des capitales mondiales de la haute technologie grâce aux délocalisations de nombreuses multinationales : elle « pèse » aujourd'hui six fois la Silicon Valley. L'Inde envoie des satellites dans l'espace, dépose davantage de brevets pharmaceutiques que la France ou la Grande-Bretagne.

Avec une croissance annuelle supérieure à 10 % et des exportations qui croissent de 20 % par an, c'est la puissance commerciale la plus dynamique de la Terre, même si son PNB n'est encore que le tiers de celui de la France.

L'agriculture, depuis la « révolution verte » (semences nouvelles), nourrit aisément un pays dont le seul point faible est la carence en énergie. L'Inde manque de pétrole. Elle est équipée d'un réseau ferré très dense, légué par les Anglais. Cependant, les infrastructures restent vétustes et l'administration, tatillonne et routinière, freine le développement. En revanche, l'Inde dispose d'un avantage considérable dont on ne parle pas souvent : les 800 millions d'Indiens pauvres ne ressemblent pas aux paysans sans terre du Nordeste brésilien. Ils habitent dans des milliers de villages où subsiste l'encadrement social traditionnel ; ils vivent là comme il y a trois mille ans, mais dans la paix et la stabilité. Pour ces raisons, la délinquance est faible (à l'exception des luttes interconfessionnelles) ; l'Inde est ainsi l'un des rares pays du tiers monde qu'une jeune Européenne puisse parcourir en train sans être importunée...

Le pays est victime de l'image misérabiliste que certains cinéastes occidentaux ont donnée de lui. Et pourtant la croissance démographique a été maîtrisée sans qu'il y ait effondrement ; l'enrichissement des masses est lent, mais continu. La première industrie cinématographique du monde, devant Hollywood, produit des centaines de films – les cinémas sont aussi fréquentés que les temples. L'Inde est beaucoup plus solide qu'il n'y paraît. Patriote, elle a changé de politique stratégique. Au temps de la guerre froide, New Delhi était l'alliée de Moscou tandis que Washington soutenait Islamabad. Depuis la fin de l'URSS, la flotte américaine patrouille dans l'océan Indien en liaison avec la marine de guerre indienne. L'adversaire commun n'est pas désigné, mais on comprend facilement qu'il s'agit de la Chine (dans un passé récent, la Chine et l'Inde se sont brièvement affrontées dans l'Himalaya). Et d'ailleurs, à mesure que cette alliance se resserre, les relations indo-pakistanaises se détendent.

L'Inde joue maintenant dans la « cour des grands ».

Le **Bangladesh** est l'autre morceau des Indes musulmanes. Issu de la partition de 1947, ce pays s'est séparé du Pakistan vingt-quatre ans plus tard par une courte guerre. Formé des deltas confluents du Gange et du Brahmapoutre, c'est une espèce de Hollande tropicale, contrée au ras des eaux, des fleuves et des vagues de la mer du Bengale. Un parallèle entre Bangladesh et Pays-Bas est éclairant. Deux fleuves puissants, Rhin et Meuse, Gange et Brahmapoutre ; un océan tempétueux, la mer du Nord et ses tempêtes d'hiver, la mer du Bengale et ses typhons d'été ; des eaux qui affleurent ; des terres parfois au-dessous du niveau des mers. Mais si les Hollandais ont su maîtriser les flots et y trouver leur richesse, les Bengalis, délaissés par l'Empire britannique, n'y ont pas encore réussi. Nous avons dit plus haut qu'il serait facile aux Hollandais de sauver Venise : ils pourraient aussi apprendre aux Bengalis à construire des digues, des éoliennes, à créer des polders. Le Bangladesh est trois fois plus étendu et neuf fois plus peuplé que les Pays-Bas (138 millions d'habitants). Avec 480 habitants au kilomètre carré, les Pays-Bas sont la région la plus dense d'Europe, mais cette densité atteint au Bangladesh les 1 000 habitants et la capitale, Dacca, pauvre et surpeuplée, ne ressemble pas encore à Amsterdam...

Néanmoins, ce pays agricole (riz et jute) se nourrit à peu près, car les terres d'alluvions sont riches quand elles ne sont pas inondées. L'industrie textile y reste importante. Menacé par les catastrophes naturelles (comme les Pays-Bas), il a cependant tout pour devenir une Hollande asiatique. Son unité ethnique (Bengalis) et religieuse (musulmans), la spécificité de ses paysages et de son milieu mi-terrestre, mi-aquatique peuvent aussi engendrer une véritable patrie.

Le **Sri Lanka**, quand on le compare au Bangladesh, ressemble à un paradis. Il s'agit d'une île deux fois plus étendue que la Sicile (65 000 kilomètres carrés), montagneuse mais verdoyante, bien arrosée, luxuriante, aux splendides paysages, dotée de plaines côtières fertiles. L'ancienne Ceylan, patrie du thé, n'est séparée du Dekkan que par un mince détroit. Sous le régime britannique, c'était une riche et paisible colonie, et sa capitale, Colombo, l'une des villes les plus agréables de l'Empire. Le Sri Lanka est devenu indépendant en 1948. Hélas ! de ce paradis, les hommes ont fait un enfer. Les 19 millions d'habitants sont majoritairement bouddhistes. Chassée du continent, cette religion y a trouvé refuge et y a prospéré ; de magnifiques temples parsèment les montagnes. Cependant, au nord de l'île, dans la partie proche de l'Inde, une immigration hindouiste de Tamouls s'est installée depuis longtemps. Forte de 3 millions de personnes, cette population revendique l'indépendance – ce qui est déraisonnable, car une autonomie bien comprise suffirait à préserver ses droits. Une guerre civile d'une violence inouïe a éclaté depuis des années entre hindouistes et bouddhistes. Les Tigres tamouls ont été les professeurs de tous les mouvements terroristes de la planète. Comme le Sri Lanka compte aussi une importante communauté musulmane, on peut penser que ce sont eux qui ont enseigné aux intégristes d'Al-Qaïda la technique de la bombe humaine, empruntée d'ailleurs à leurs adversaires bouddhistes. Le suicide est honoré dans le bouddhisme – chacun garde en mémoire l'image de moines cambodgiens se suicidant par le feu, sans oublier les kamikazes japonais –, alors qu'il est au contraire condamné par l'islam.

L'île fortunée de Ceylan n'est pas au bout de ses peines ; elle est davantage menacée par les fanatismes que par les tsunamis de l'océan. Malgré des trêves précaires, son économie s'en ressent. Les quatre cinquièmes des hôtels de Ceylan ont rouvert leurs portes, mais les chambres demeurent assez peu demandées...

La **Birmanie**, pays montagneux qui occupe l'est du sous-continent, n'a pas ce genre de problème, car elle est entièrement bouddhiste (elle vient d'être rebaptisée du nom birman de Myanmar).

Plus grand que la France (675 000 kilomètres carrés), étiré du nord au sud, doté de fleuves puissants et navigables (l'Irrawaddy, la Salouen), le Myanmar est un pays riche, producteur de riz et, ce qui est plus rentable, gros producteur d'opium. Son sous-sol est bourré de trésors :

pétrole, jade, rubis, plomb, zinc, argent, tungstène. Le
bois tropical est mis en coupe réglée. Peuplé de 49 millions d'habitants, le pays est doté d'une vaste façade
maritime sur le golfe du Bengale et Rangoon, sa capitale,
est un port situé sur la rivière du même nom à 34 kilomètres de la mer. La ville est dominée par l'immense
pagode dorée de Schwedagon (haute de 107 mètres),
incrustée de pierres précieuses. Le tourisme est attiré par
ce pays montagneux et magnifique qu'habite un peuple
homogène, les Birmans. Ce fut le bastion de l'Inde
anglaise vers l'est. Pendant la Seconde Guerre mondiale,
de sanglantes batailles s'y déroulèrent entre Japonais et
Anglais (général Wingate). Comme le reste de l'empire
des Indes, le pays devint indépendant en 1947-1948. Tout
serait parfait si la Birmanie n'était dirigée de façon tyrannique par une caste militaire butée et méfiante, tellement
obsédée par les risques de complot que la junte vient de
décider d'abandonner la belle Rangoon pour une capitale
nouvelle et isolée qui se construit au milieu de montagnes
mal desservies. L'ouverture de la Birmanie n'est pas pour
demain.

La civilisation indienne déborde largement les limites
du sous-continent. Déjà présente en Asie centrale (les
Bouddhas géants de Bamiyan en témoignaient), elle court
jusqu'aux îles de la Sonde, au large de l'Australie, et
occupe la plus grande part de la péninsule indochinoise
(dans le mot Indochine, il y a Inde).

La **Thaïlande**, au cœur de l'Indochine, est très différente de la Birmanie. Tout aussi bouddhiste, elle ne fut
jamais occupée. La concurrence entre les Français
venant d'Annam et les Britanniques venant des Indes
permit à ce pays (anciennement appelé Siam) de

conserver son indépendance et sa monarchie, ancienne et respectée. Il se présente comme une grande cuvette tropicale drainée par un fleuve puissant, le Ménam (1 200 kilomètres de long), formé par la confluence de quatre rivières qui convergent vers lui depuis les montagnes du Nord (surnommées le « Triangle d'or » parce qu'enrichies par la culture du pavot à opium). Le Ménam se divise ensuite en plusieurs bras dont l'un arrose Ayuthia, ancienne capitale du Siam, où subsistent de nombreux monuments de style khmer. Le fleuve atteint l'océan après avoir traversé l'actuelle capitale, Bangkok. Celle-ci est une énorme agglomération de 8 millions d'habitants. Les canaux y ont été comblés et transformés en boulevards embouteillés par une circulation automobile intense ; mais on trouve toujours, perdus au milieu des gratte-ciel, plusieurs centaines de temples bouddhistes. C'est le centre du tourisme de masse de l'Extrême-Orient (malheureusement aussi de la prostitution et du tourisme sexuel). La riche plaine alluviale du Siam fait de lui un grand exportateur de riz. Les entreprises industrielles délocalisées ou indigènes y sont nombreuses.

Le royaume de Thaïlande, grand comme la France et peuplé comme elle (plus de 60 millions d'habitants), est devenu l'un des nouveaux « dragons » économiques de l'Asie. Monarchie constitutionnelle, il évolue doucement vers la démocratie. Il a hérité de l'Histoire la partie nord de la péninsule malaise, où il se heurte à des minorités musulmanes séparatistes. À cette exception près (à laquelle il faut ajouter les tribus du « Triangle d'or »), c'est une nation homogène et anciennement constituée. Il est toujours question de percer la péninsule à l'isthme de Kra afin d'y ouvrir un canal maritime qui court-circuiterait les détroits de Malaisie. À ce jour, ce projet n'a pas connu même un début de réalisation.

Le **Cambodge**, à l'est du Siam, a longtemps été revendiqué en partie par ce dernier. Pendant la Seconde Guerre mondiale, la Thaïlande, alliée des Japonais, en occupa certaines provinces. C'est le protectorat français qui sauva la monarchie khmère, coincée entre les ambitions du Siam et l'expansion annamite. Le pays reste indien, comme le rappellent les magnifiques et mondialement connus temples d'Angkor : il est bouddhiste depuis des siècles. Occupant une vaste plaine alluvionnaire drainée par le bas Mékong et régulée par le lac Tonlé Sap, c'est un gros producteur de riz, qui pourrait être prospère. Indépendant en 1953, il fut englouti en 1970 par la guerre du Vietnam. Après le départ des États-Unis, un régime communiste radical et sectaire, dirigé par le fanatique Pol Pot, s'empara du pays et le ravagea de 1975 à 1978. Sous prétexte d'en purifier les mœurs, les habitants de Phnom Penh furent déportés dans des camps de travail forcé. Ce véritable autogénocide fit un million de victimes et transforma le pays en charnier. Les troupes vietnamiennes mirent fin au régime en envahissant le pays. Aujourd'hui, celui-ci réapprend à vivre, sous contrôle international : 12 millions de Cambodgiens se remettent peu à peu à espérer et à travailler sur les 180 000 kilomètres carrés du royaume, mais le pouvoir y reste autoritaire malgré le rétablissement de la monarchie constitutionnelle. Phnom Penh est repeuplée et reconstruite, et l'on voit de nouveau affluer des groupes de touristes qui se préparent à visiter les temples d'Angkor Vat.

Le **Laos**, enfin, se présente comme une longue marche-frontière de la civilisation indienne adossée sur le fleuve Mékong (le même qui traverse le Cambodge avant de se jeter dans la mer). Il fut rattaché à l'Indochine par la colonisation française. C'est un pays pauvre, montagneux et bouddhiste. Vientiane, sa capitale sur le fleuve, n'a aucun intérêt, mais, en amont, la ville historique de Luang Prabang est embellie de nombreuses pagodes et d'un palais royal. Quoique communiste, le Laos n'a pas connu la folie cambodgienne. Il abrite 5 millions d'habitants sur ses 236 000 kilomètres carrés allongés du nord au sud.

Le sous-continent isolé

L'autre compartiment bien visible de l'Asie est le sous-continent chinois, qui ne manque pas de ressemblance avec l'indien. Il est comme lui séparé de l'Eurasie par les montagnes qui marquent l'achèvement vers l'est du massif transcontinental. Mais ici, à la place de la muraille abrupte de l'Himalaya, qui domine la vallée du Gange, les sommets et le plateau tibétain à 5 000 mètres d'altitude forment le palier le plus élevé. Ils s'abaissent et se divisent jusqu'à l'océan en multiples cordillères et massifs tourmentés, touchant à la mer en côtes rocheuses à calanques, sauf au nord où ils laissent place à une large plaine au rivage sablonneux. Comme le sous-continent indien, le chinois est irrigué par deux fleuves principaux : le Hoang-ho ou fleuve Jaune, et l'immense et impétueux Yang-tsé. Au lieu de diverger comme l'Indus et le Gange, ces deux fleuves coulent en parallèle de l'ouest vers l'est.

Le Yang-tsé – rebaptisé Chang Jiang – est le plus long fleuve d'Asie et son bassin arrose la moitié de la Chine. Il mesure 6 300 kilomètres en longueur et est navigable sur le cours inférieur pour les gros navires jusqu'à plus de 1 000 kilomètres de l'embouchure. Le Yang-tsé se termine par un vaste estuaire, comparable, en plus grand, à celui de la Gironde. Le voyageur qui quitte la vallée

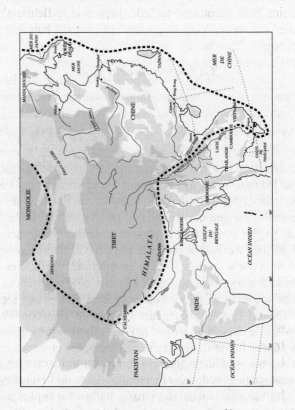

Carte 11. Le sous-continent isolé

supérieure du fleuve admire les gorges du Saut du Tigre, monstrueux rapides parsemés de rochers. À 4 000 mètres d'altitude encore, il peut contempler vers l'est toute la Chine et la montagne de Jade, puis voir le fleuve s'en aller à l'océan. Vers l'occident, son regard bute sur la pyramide blanche du mont Taizi (6 700 mètres), l'une des cinq montagnes sacrées du bouddhisme.

Le sous-continent chinois possède lui aussi une large façade maritime, mais il n'a pas la même orientation : l'indien plonge vers le sud, lui est tourné vers l'orient. De plus, il s'élève vers l'Arctique, dont il n'est pas protégé comme l'Inde par la montagne. Son climat n'est donc pas le même. Encore soumis vers le sud au régime de la mousson d'été, il se fait continental (froid l'hiver, chaud l'été) au nord. Il présente une beaucoup plus grande diversité climatique que l'Inde, uniformément tropicale. En Chine, il peut faire très froid dans le nord (− 20° à Pékin). Le monde chinois est longé au septentrion par le grand désert continental qui vient, en Mandchourie, se terminer sur son rivage. Enfin – différence capitale –, le sous-continent chinois est isolé. Nous avons souligné que l'indien ne l'était pas en raison de son ouverture sur la Méditerranée par le cabotage côtier et les larges cols de l'Hindou Kouch.

Le sous-continent d'orient est au contraire enserré de montagnes impénétrables, les contreforts de l'Himalaya, l'altiplano tibétain et les cordillères qui les prolongent. Par ailleurs, sa façade maritime borde un océan qui ne mène nulle part, l'océan Pacifique, que nous avons déjà défini comme la partie vide de la Terre. Il ne communique avec le reste du Vieux Continent que par le désert de Gobi et l'interminable route caravanière de la soie, toujours menacée par les tribus nomades turco-mongoles, jusqu'à l'arrivée imprévisible des bateaux européens (d'abord portugais) depuis l'océan. Les jungles birmanes étaient impénétrables.

Les chameaux de Bactriane ne permettaient qu'un trafic de marchandises légères et rares – la soie, la porcelaine – et l'envoi de diplomates. L'Empire chinois et l'Empire romain se connaissaient, mais n'échangeaient quasiment rien. Le sous-continent chinois est donc le compartiment le plus isolé de l'Ancien Monde. De tout temps, ses habitants en ont eu conscience. Ils le nommaient l'« empire du Milieu », au-delà duquel il n'y avait rien. En effet, que rencontraient-ils au-delà ? Dans les montagnes, des moines ; dans les déserts, des nomades redoutables mais peu nombreux. Contre les envahisseurs, les Chinois édifièrent très tôt leur fameuse « grande muraille », mais les barbares enjambaient facilement ce mur pour se répandre dans l'Empire. La meilleure défense de la Chine était alors sa capacité d'assimilation et de digestion : à peine installés sur le trône des « fils du Ciel », les nouveaux venus devenaient plus chinois que les Chinois – dans *L'Empire des steppes*, René Grousset raconte cette histoire toujours recommencée. De nombreux souverains chinois furent d'origine barbare : par exemple Kubilay, petit-fils de Gengis Khan et fastueux monarque décrit par Marco Polo ; ou, au XXᵉ siècle encore, la dernière impératrice de Chine, Tseu-hi (morte en 1908 et d'ascendance mandchoue). Or comment être plus chinois que Kubilay ou Tseu-hi ? L'Empire est né au nord sur le fleuve Jaune (Hoang-ho), qui traverse l'extrémité du désert continental. Les vents de sable sont fréquents à Pékin. À l'origine, plusieurs États (les « royaumes combattants ») se faisaient la guerre.

Dès 220 avant notre ère, le pays fut unifié par le premier empereur, Tsin Ché Houang-ti, lequel lui donna son nom, Chine, c'est-à-dire le « pays de Tsin ». Au sud ne vivaient que des tribus préhistoriques. La Chine les absorba sans peine au cours des siècles dans sa lente et inexorable descente vers le midi.

Sans voisins, donc sans concurrents, les gens de l'« empire du Milieu » n'avaient guère besoin d'innover. Leur domination installée, ils ne désirèrent plus changer. L'univers chinois demeura ainsi d'une extraordinaire immobilité. Sa morale se résumait en l'obéissance à l'autorité. Le plus grand philosophe chinois, Confucius, dont la doctrine a profondément imprégné jusqu'au XXe siècle la société d'Extrême-Orient, prône ainsi, dès le Ve siècle av. J.-C., le conformisme le plus absolu : changer est ressenti par ses disciples comme un péché. Pour cette raison, si les Chinois ont su tout inventer (la poudre, la boussole...), ils ne songèrent jamais à utiliser leurs inventions pour transformer le monde ; elles restèrent des jeux de salon. Pendant des millénaires, la Chine demeura ainsi hiérarchique et mandarinale, les mandarins étant des fonctionnaires recrutés par concours (système que les jésuites qui visitèrent la Chine au XVIe siècle importèrent en Occident), détenteurs d'une autorité indiscutée.

Il fallut, au XIXe siècle, l'irruption brutale des Européens pour ébranler cet immobilisme millénaire. Trop grande pour être mangée, protégée par la rivalité des puissances occidentales entre elles, la Chine ne fut jamais annexée, même si ses marges l'ont été : la Corée et Formose par les Japonais, l'Annam par les Français. Les puissances y établirent cependant des « concessions » dans les ports et ne craignirent pas d'envoyer leurs troupes quand, en 1900, l'impératrice Tseu-hi, manifestant des velléités d'émancipation, encouragea en sous-main la révolte xénophobe des « boxers », épisode connu sous le nom des « cinquante-cinq jours de Pékin ». Le choc des agressions européennes, l'humiliation qu'elles engendrèrent chez des gens qui s'estimaient les seuls civilisés provoquèrent la chute de la monarchie, la proclamation de la République avec Sun Yat-sen et Tchang Kaï-chek, puis la guerre civile et le triomphe, en 1949, du communisme. Alors Mao Tsé-toung rétablit à son profit l'unité impériale.

La **Chine** est grande comme dix-neuf fois la France (9,5 millions de kilomètres carrés), mais, pour aboutir à cette superficie, il faut y intégrer le Tibet (1,5 million de kilomètres carrés), dont nous avons parlé plus haut ; le Sinkiang, aussi grand que le Tibet, vaste steppe froide continuant celles de l'Asie centrale et peuplée comme elles de musulmans ; la Mongolie intérieure, extension du désert de Gobi. Il faut aussi y inclure la Mandchourie qui a donné à la Chine sa dernière dynastie avant d'être annexée pendant trente ans par le Japon. Aujourd'hui peuplée à 90 % par des Chinois, la Mandchourie est une espèce de Far West du Nord, froide mais riche en blé, en minerais et en industries lourdes, dont la ville manufacturière de Harbin est le centre. Les immenses périphéries tibétaine, turque et mongole sont submergées par l'immigration forcée de millions de fils de Han qui en font disparaître le caractère allogène. La Chine proprement dite, depuis la Grande Muraille jusqu'au Tonkin, ne couvre donc que la moitié de la superficie qu'elle régit politiquement. En revanche, les Chinois représentent 94 % de la population, qui dépasse largement, comme celle de l'Inde, le milliard d'individus.

Malgré son étendue, la Chine au sens strict constitue

une entité géographique nette. Elle le doit à ses deux grands fleuves, le fleuve Jaune et le Yang-tsé, qui y ouvrent une pénétration facile vers l'intérieur, tandis que leurs affluents transversaux permettent des communications aisées du nord au sud. On peut cependant distinguer la Chine septentrionale de la Chine méridionale. Elles furent d'ailleurs souvent séparées politiquement au cours des siècles : par exemple, les empereurs Song vers l'an mille ou encore, au XXe siècle, Tchang Kaï-chek n'ont gouverné que la Chine méridionale. L'Empire a connu une alternance de périodes d'unité et de rupture.

La Chine du Nord est une civilisation des nouilles (ramenées en Occident par les Vénitiens et Marco Polo), celle du Sud une civilisation du riz. La partie septentrionale est plate, bien qu'on y trouve une sorte d'îlot montagneux, le Chan-toung, qui s'avance dans l'océan, séparant la mer Jaune du golfe de Pékin : c'est une grande plaine formée d'un épais manteau d'alluvions quaternaires, la « terre jaune » (qu'on peut comparer à la « terre noire » ukrainienne), sans limites autres que les digues des fleuves qui divaguent souvent lors d'inondations meurtrières. Les rivages y sont peu favorables à la vie maritime, plats et marécageux. Le climat, comparable à celui de la Russie, est continental avec des hivers froids et des étés chauds. En revanche, le sol, très fertile, fut des millénaires durant travaillé par des paysans patients. C'est là qu'est née la Chine historique ; c'est là encore que siège son gouvernement, à Pékin (12 millions d'habitants), immense conurbation qui n'est pas sans rappeler Moscou par ses HLM sans beauté, mais aussi par son magnifique Kremlin (la place Tien An Men et la Cité interdite).

La Chine méridionale possède un relief plus accidenté

et relève du climat de mousson. Le souverain fleuve, le Yang-tsé, y coule, arrosant trois bassins. Le plus occidental, celui du Séchouan, est celui où se réfugia la Chine nationaliste pendant la Seconde Guerre mondiale, à Tchoung-king (ou Chonging). Encore arriéré mais en pleine expansion industrielle, il compte des villes immenses comme Chengdu (4 millions d'habitants). Le deuxième bassin en allant vers l'est constitue en quelque sorte le centre de la Chine avec Wuhan, l'ancienne Hankeou (5 millions d'habitants), ville accessible aux bateaux de fort tonnage bien que située à 900 kilomètres de la mer. En amont s'achève le plus grand barrage hydro-électrique du monde, celui des Trois Gorges (plus important que le barrage d'Assouan en Égypte), destiné à produire 80 milliards de kilowattheures d'électricité tout en régularisant les eaux du Yang-tsé, redouté pour ses débordements meurtriers. Le lac de retenue va noyer sur des centaines de kilomètres de nombreux sites historiques. Le bassin oriental est celui de Nankin, capitale de la Chine anticommuniste avant 1949. Un peu au sud du delta du Yang-tsé, mais accessible par un vaste estuaire, on trouve l'extraordinaire cité de Shanghai, jadis ville des « concessions » coloniales, centre aujourd'hui du néo-capitalisme chinois avec ses milliers de gratte-ciel de verre et d'acier et ses 13 millions d'habitants hyperactifs.

Les côtes de la Chine méridionale sont, contrairement à celles du Nord, découpées, accidentées, semées d'îles, et les ports y abondent. Là s'établirent les enclaves européennes de Macao (portugaise) et de Hong Kong (anglaise), tout récemment récupérées par la Chine.

Le *british* Hong Kong fait concurrence à Shanghai, avec ses 11 millions d'habitants, sa Bourse, sa frénésie d'activité. Le site en est superbe : un Gibraltar asiatique qui aurait gardé son importance, contrairement à l'européen.

Vers l'intérieur, sur un fleuve navigable, est bâtie Canton, le Marseille chinois (les villes de plus d'un million d'habitants sont d'ailleurs si nombreuses en Chine qu'on ne saurait les citer toutes).

Le pays du riz est devenu l'usine du monde. On y fabrique tout au moindre coût. Achetant l'an dernier au Caire, pour sa couleur locale, un petit robot à pile représentant un Égyptien capable de chanter au claquement des doigts, l'un des auteurs du présent ouvrage a eu la surprise d'y lire la mention *Made in China...* Mais la Chine ne fabrique pas seulement de la pacotille, elle produit aussi des machines élaborées, des automobiles, des fusées spatiales, des bombes atomiques. Demain, elle sera capable de construire des avions comparables à l'Airbus, des centrales nucléaires et même des sous-marins nucléaires (ce qu'elle n'a pas encore réussi à faire et qui, pour l'instant, rend sa force de frappe peu crédible).

Le géographe ne saurait oublier la diaspora chinoise, initiée par l'Angleterre qui avait besoin de *coolies* pour mettre en valeur son empire. De nos jours, l'émigration chinoise a essaimé par millions sur l'ensemble du Sud-Est asiatique. À Singapour, cette diaspora a pris le pouvoir et fait de l'île malaise un État chinois de l'extérieur. Aujourd'hui nombreuse aux États-Unis, cette émigration atteint la France et l'Europe.

Si la géographie n'est pas l'histoire, elle ne peut se comprendre sans elle. Le sous-continent isolé avait produit une civilisation extraordinaire. Les demeures en bois odorant des riches étaient ornées de fenêtres voilées d'impalpables étoffes et mille variétés de dessins

– arbres, oiseaux... – en décoraient les murs, toutes les couleurs (le rouge, le jaune, le vert, le bleu les plus vifs) y étant mêlées. Dans les palais impériaux, des artisans se consacraient à donner forme aux vapeurs. Seule en Occident, Venise était aussi raffinée (d'où la complicité entre le Vénitien Marco Polo et ce qu'il décrit dans *Le Livre des merveilles*). Quand deux lettrés se rencontraient, ils joignaient les mains selon une étiquette immuable. Civilisation légère, non de mégalithes mais toute d'apparence. Les élégances du cérémonial exprimaient l'ordre cosmique. Les jésuites du XVIᵉ siècle en furent éblouis. Cependant, ils ne tardèrent pas à s'apercevoir que ces beautés fugaces reflétaient une structure mentale, une façon de concevoir les choses radicalement différentes de celles de tous les autres peuples de la Terre. Quand ces missionnaires voulurent traduire la différence entre « abstrait » et « concret », entre l'être et le phénomène, la langue chinoise ne leur offrit pas d'équivalent adéquat. Le choc avec un Occident agressif n'en fut que plus rude, et l'antique civilisation n'y résista pas.

Le sinologue Simon Leys l'a montré : le triomphe du communisme fut aussi l'occasion d'une terrible destruction de l'univers traditionnel (*Ombres chinoises*). La « Révolution culturelle » que Mao Tsé-toung déclencha, en grand démagogue (*Le Petit Livre rouge*), de 1965 à 1968, en s'appuyant sur l'armée, fut d'abord cela : un total démantèlement de la civilisation millénaire de la Chine. Si les révolutionnaires français de 1793, un Robespierre, un Saint-Just, avaient été iconoclastes, ils avaient surtout accompli le siècle français des Lumières. Mao, lui, a démoli la vieille Chine afin de construire une Chine moderne qui, à l'exception du pouvoir autoritaire, n'a plus aucun rapport avec l'ancienne. Il suffit de comparer le « kitsch » des appartements et des salons gouvernementaux actuels à la chatoyante beauté des palais d'antan pour en être convaincu : il n'existe rien de plus sinistre au monde que les salles d'apparat d'un pouvoir si puissant (à l'exception de celles où évoluent les Bédouins enrichis d'Arabie séoudite...). Cette catastrophe architecturale traduit l'effondrement d'un monde !

La Chine contemporaine contrôle un vaste territoire au climat tempéré, touchant au nord au 53e parallèle et au sud au 18e. Son énorme population, les Han, est la plus homogène qui soit (mis à part quelques minorités tibétaine, mongole ou musulmane en voie de submersion).

Cette nation formidable semble destinée à dominer le monde, maintenant qu'elle s'est modernisée – nation de travailleurs patients, minutieux, infatigables, usine gigantesque qui pèse à la baisse sur les salaires, mais à la hausse sur les matières premières (par son besoin insatiable de minerais, d'acier et d'énergie). La Chine est la coqueluche des prévisionnistes de tout poil. De fait, sa croissance impressionne depuis trente ans. Partie de bas, elle a dépassé la France et aspire au deuxième rang mondial, si ce n'est au premier, comme jadis l'ex-Union soviétique. *« Quand la Chine s'éveillera... »*, titrait un best-seller[1], reprenant un mot de Napoléon. Elle s'est éveillée, et le monde tremble : entre l'Inde démocratique et la Chine nouvelle, qui pourrait hésiter ?

Pourtant le géographe, qui toujours essaie de discerner la réalité derrière les apparences, se pose des questions. La Chine est-elle aussi puissante et en aussi bonne santé qu'on le dit ? En vérité, elle a de grandes faiblesses.

D'abord une faiblesse démographique. Il peut sembler

---

1. Alain Peyrefitte.

incroyable qu'un pays de 1,2 milliard d'habitants (ce qui évoque la surpopulation) puisse avoir des soucis de ce côté-là. Rectifions tout de suite : la Chine n'est pas surpeuplée ; sa densité est moyenne, semblable à celle de l'Europe. Précisons que la démographie n'envisage guère le chiffre absolu d'une population, mais plutôt, à l'intérieur de celle-ci, les rapports entre jeunes et vieux. Quand il y a trop de jeunes et pas assez de vieux, la population est en déséquilibre explosif ; dans le cas contraire – celui de la Chine –, elle est en déséquilibre implosif. Une politique absurde, celle de l'« enfant unique », ajoutée aux effets de l'entrée brutale dans le monde moderne, a précipité le pays dans l'implosion. Cette consigne est imbécile, n'importe quel étudiant en démographie le sait : le remplacement des générations est le seul objectif que puisse poursuivre un gouvernement. Si ce mot d'ordre était respecté, au bout de deux générations (cinquante ans), chaque Chinois aurait à sa charge son père, sa mère et trois ou quatre grands-parents. Cela ne donne pas une haute idée de la sagesse si souvent célébrée des dirigeants de Pékin. La déflation se trouve encore aggravée par la propension de la civilisation chinoise à préférer les garçons : s'il n'est autorisé à avoir qu'un seul enfant, le couple chinois se débarrassera d'une fille. De fait, la Chine souffre à présent d'un grave déséquilibre dans la proportion hommes/femmes, ce qui accroît encore la crise démographique : plus de 100 millions de garçons ne pourront trouver de compagne.

La Chine ne fait donc plus guère d'enfants. Celle de la campagne réussit à en avoir deux, celle des villes – le pays moderne – en a encore moins que la Russie ou l'Italie : moins d'un enfant par femme. À ce taux-là, même une population énorme peut s'écrouler rapidement. Comment les dirigeants communistes ont-ils pu concevoir un malthusianisme aussi délirant, consciencieusement appliqué depuis trente ans ? Plus grave encore : unique, l'enfant chinois est trop choyé, trop « poutouné » ; il est devenu ce que les Chinois appellent eux-mêmes un « petit empereur », capricieux, exigeant, qui fait tourner les adultes en bourriques et ne respecte plus aucune autorité – « gâté », à tous les sens du mot. Ces garçons insupportables ont aujourd'hui quinze ans. Personne ne souligne à quel point cette subversion de l'autorité peut être destructrice dans une société confucéenne dont le respect de l'autorité des anciens était précisément le fondement. Dans dix ans, les « petits empereurs » seront adultes ; les futurs Chinois seront des êtres capricieux et surtout paresseux ; ils ne travailleront pas, ou très mal. Que deviendra alors la société qui fonctionne aujourd'hui sur le modèle de l'ouvrier consciencieux et minutieux, quoique mal payé ? Ces futurs hommes seront des fumistes qui exigeront des salaires élevés alors qu'ils devront supporter le poids de centaines de millions de vieillards. On objectera que le gouvernement peut encore changer de politique démographique. Sans doute, mais celui qui, vers 1975, a décidé l'actuelle était encore un gouvernement communiste craint et obéi. Ce n'est plus le cas aujourd'hui.

Le deuxième facteur de faiblesse de la Chine est justement que le gouvernement y est maintenant en « apesanteur ». Tout pouvoir, même dictatorial, a besoin du consentement. Quand la population russe a préféré le supermarché au Grand Soir, le pouvoir soviétique s'est écroulé malgré le savoir-faire de ses forces de répression. La nomenclature chinoise, elle, a préféré passer avec armes et bagages dans le camp du capitalisme le plus sauvage. Résultat : son pouvoir ne repose plus sur rien. Certes, les nouvelles classes moyennes urbaines qui s'enrichissent rapidement s'en accommodent. Elles représentent 200 ou 300 millions d'hyperconsommateurs motivés. Restent les autres, un milliard de Chinois. On retrouve la même proportion en Inde, nous l'avons noté ; pourquoi s'inquiéter pour la Chine et non pour l'Inde ? La réponse a été esquissée : les Indiens pauvres restent intégrés dans de très anciennes structures sociales traditionnelles qui n'ont pas été détruites, ce qui explique la forte stabilité du pays ; au contraire, la « Grande Révolution culturelle prolétarienne » du président Mao a complètement détruit les milliers de communautés villageoises qui depuis vingt-cinq siècles assuraient la continuité de la Chine, sa force, sa capacité à digérer tous les envahisseurs. Pour le voyageur attentif, le contraste est frappant. En Inde, on trouve des villages pauvres mais paisibles, une nation qui se nourrit elle-même. En Chine, des centaines de millions de paysans sans terre, appelés les « Mingongs », errent sur les chemins. Certes, ces masses déracinées fournissent pour l'instant les travailleurs esclaves tout juste rémunérés dont le pays a besoin pour inonder la planète de ses textiles. Mais ces paysans errants sont dangereux pour la stabilité sociale. Chaque jour ou presque, l'armée est amenée à tirer sur leurs bandes incontrôlées. La Chine retrouve ici l'une de ses faiblesses anciennes, le pillage et le brigandage, auxquels le pouvoir communiste avait mis fin. Et ce pays, n'arrivant plus à se nourrir, se voit obligé d'importer du riz et du blé.

Autre faiblesse : ouverte brutalement au capitalisme, la Chine en a adopté les excès, mais en a mal intégré les lois – le respect des contrats, par exemple. Les Indiens sont tatillons, lents, mais ils ont appris des Anglais à respecter un accord écrit – pas les Chinois. Comme le furent jadis les emprunts russes pour les Européens, les investissements massifs des Occidentaux seront très probablement perdus et détournés. « Faire des affaires » avec les Chinois est très difficile : le pays souffre d'une effroyable corruption à tous les échelons et de l'absence quasi universelle d'un sentiment quelconque du bien commun. La Chine est la contrée par excellence de la contrefaçon (textile, logiciels, etc.). C'est un travers fâcheux à un moment où son économie en surchauffe la rend pour la première fois dépendante des mesures de rétorsion que des étrangers échaudés pourraient prendre à son égard. Il est vrai que, en achetant une partie des bons du Trésor émis par les États-Unis, la Chine s'est constitué une force de dissuasion financière impressionnante, mais ses équilibres économiques ne sont pas sains.

Ajoutons que la Chine, civilisation-État davantage que nation, est dépourvue de tradition militaire. Le métier des armes était méprisé par les mandarins (même si l'on doit à certains lettrés des réflexions dignes de Clausewitz sur l'art de la guerre ; mais, comme pour la boussole et la poudre, il s'agissait de jeux de l'esprit). Les seigneurs de la guerre chinois n'étaient que des brigands : dans les années 1930, la Chine a succombé devant un Japon trente fois plus petit et dix fois moins peuplé qu'elle. Au plus fort de sa foi communiste, elle a mené honorablement la guerre en Corée contre les Américains, mais avec l'apport décisif des excellents soldats que sont les Coréens. Et quand, en 1979 et pour d'obscures raisons, elle a voulu envahir le petit Vietnam à peine libéré des Américains et de surcroît communiste comme elle, son armée – épisode jamais rappelé – se fit tailler en pièces par les valeureux Viets.

Enfin, la Chine manque cruellement d'énergie, malgré le barrage des Trois Gorges et l'exploitation de nombreuses mines de charbon d'un modèle dépassé : elle doit aller acheter son pétrole dans le golfe Persique ou en Afrique par des routes maritimes qu'elle ne contrôle pas.

Indiscutablement, la Chine ne va pas disparaître, mais elle ne peut continuer d'exploser ou d'imploser ainsi, avec d'effrayantes inégalités sociales. Elle n'échappera pas, dans les années à venir, à une profonde et générale remise en cause.

Taïwan s'appelait jadis Formose, c'est-à-dire la « belle ». Cette île grande comme la Sicile est beaucoup plus peuplée, puisque sa population dépasse 22 millions d'habitants, presque tous chinois. Très proche du continent, elle fut de tout temps province chinoise (à l'exception d'une occupation par les Japonais de 1895 à 1945). En 1949, les anticommunistes de Tchang Kaï-chek battus par Mao s'y réfugièrent en masse, submergeant les populations locales. Protégé par les flottes américaines, le pays est devenu une Chine de l'extérieur, passée progressivement à la démocratie. C'est un pays hypermoderne, l'un des « dragons » industriels de l'Asie, puissant dans le secteur des nouvelles technologies. C'est à Taipei, la capitale de l'île, que vient d'être édifié le plus haut gratte-ciel du monde (508 mètres) – record disputé par Abou-Dhabi. Avec un marché intérieur étroit, Taïwan se doit d'exporter et sait le faire. Elle ne souffre pas des maux de la Chine continentale. Chinois de la diaspora, les Taïwanais ont échappé aux folies de la Révolution culturelle et appris à respecter les contrats. Ils ressemblent davantage aux actuels Japonais qu'aux gens du continent, avec lesquels ils ont cependant renoué beaucoup de liens familiaux et commerciaux. La Grande Chine continue de réclamer la réintégration de l'île dans la mère patrie. Mais les habitants de celle-ci, s'ils n'en contestent pas le principe, ne tiennent en fait nullement à retourner sous l'autorité de Pékin. Tant que les États-Unis s'opposeront à une action militaire du continent, la situation actuelle perdurera.

La Corée : nous en parlons au singulier, car il n'y a qu'une seule Corée. Son actuelle partition en deux États, vestige ultime de la guerre froide, disparaîtra dès que la Chine cessera d'y trouver intérêt. La réunification est inéluctable, car, sous toutes les dominations (chinoise comme japonaise), les Coréens sont restés un peuple homogène, avec sa langue et sa mentalité propres.

Sise à l'extrémité opposée du Vieux Continent, la Corée rappelle l'Italie dont elle a la superficie, la forme péninsulaire allongée, la chaîne dorsale et les rivages dissymétriques, ainsi qu'une population de taille comparable. Mais, quoique située à la latitude de Naples, cette péninsule asiatique est plus froide que la méditerranéenne, proche qu'elle est de la Sibérie. Son climat est tempéré-froid.

La Corée du Nord groupe 20 millions d'habitants sur 120 000 kilomètres carrés et possède une frontière commune avec la Chine et même avec la Russie. C'est aujourd'hui le pays le plus isolé du monde. Le parti communiste de Pyong-Yang n'étant pas passé, comme celui de Pékin, au capitalisme sauvage, la Corée du Nord est une espèce de conservatoire du communisme stalinien. Son échec économique est patent. Elle dépend en tout – alimentation, énergie... – de Pékin, dont le moins qu'on puisse dire est que le communisme n'est plus que de façade.

Ce pays disposerait de la bombe atomique et de missiles stratégiques – question qui agite les chancelleries. Mais, outre que ces missiles sont de mauvaise qualité, la menace nucléaire nord-coréenne n'est qu'un atout dans le jeu diplomatique de Pékin, qui la brandit ou la rengaine selon ses intérêts.

La Corée du Sud occupe la péninsule au sud de la ligne d'armistice de la guerre de Corée, le fameux 38e parallèle. Elle réunit 55 millions de Coréens sur 100 000 kilomètres carrés. Devenue une grande puissance économique et industrielle, totalement modernisée et en partie même catholicisée (ce qui renforce la comparaison avec l'Italie), la Corée du Sud souffre des maux du monde moderne, parmi lesquels l'atonie démographique. Mais son patriotisme et son dynamisme font d'elle l'une des économies les plus saines du monde. C'est le plus puissant des « dragons » asiatiques : on y fabrique tout (automobiles, machines électroniques…) ; un TGV doit même relier la capitale, Séoul, au port méridional de Fusan. Le gouvernement de Séoul investit en Corée du Nord et n'a pas renoncé à la réunification. Toutefois, comme pour le moment celle-ci ne dépend pas de lui, mais des rapports de forces planétaires, il applique la formule chère aux dirigeants français entre 1870 et 1914 à propos de l'Alsace-Lorraine : « Y penser toujours, n'en parler jamais. »

Le Vietnam, lui, a pu se réunifier en 1975 après dix ans de guerre cruelle contre les Vietnamiens anticommunistes du Sud et la puissante armée des États-Unis. Cette ancienne colonie française (Tonkin, Annam, Cochin-

chine) avait commencé son combat de libération contre
la France dès 1945. En 1979, elle se battait encore contre
la Chine. Les Vietnamiens sont donc un peuple valeureux. De civilisation chinoise, ils ont eu la chance (ou
la malchance) d'être introduits de force dans le monde
moderne par la colonisation dès le XIXe siècle. Ils ont
oublié la France, qui leur a cependant laissé trois héri-
tages : les caractères latins, dans lesquels s'écrit le vietna-
mien, une forte minorité catholique, et la Cochinchine.
Depuis des siècles, la civilisation chinoise poussait au
sud. En Cochinchine, elle se heurtait à l'indienne qui
venait de l'ouest (le Cambodge). La puissance coloniale,
tout en sauvant le Cambodge de l'invasion des Han,
trancha le débat cochinchinois en faveur des Annamites,
comme on disait alors (il y avait un empereur à Hué).
C'est de France aussi, et non d'URSS, que vint le
communisme, Hô Chi Minh s'y étant rallié à Paris.

Le pouvoir actuel se dit toujours communiste. Peut-
être l'est-il resté un peu, mais pas de façon rétrograde
comme en Corée du Nord ; en tout cas, il ne s'est pas
totalement converti au capitalisme sauvage et demeure
assez dirigiste tout en se libéralisant. Il ne se situe pas
dans le vide comme le gouvernement de Pékin, appuyé
qu'il est sur le souvenir des sacrifices de la guerre et sur
le patriotisme des Vietnamiens.

Longue façade maritime (mer de Chine) adossée à la
cordillère annamite qui s'échancre au centre en
calanques, et à l'extrême nord en archipels grandioses (la
baie d'Along), le pays – qui évoque par son allongement
océanique le Chili – eut jadis comme capitale la ville
impériale de Hué, encore belle malgré les destructions
(on s'y est sauvagement battu). Il n'y a que deux véritables plaines, deux deltas : celui du fleuve Rouge au

nord, où les communistes, par fidélité historique, ont gardé leur capitale à Hanoi, et celui du Mékong au sud, en Cochinchine. Là se situe, sur la rivière de Saigon, à quelque distance du grand fleuve, la ville principale du pays, plusieurs millions d'habitants, l'ancienne capitale coloniale, Saigon, devenue Hô Chi Minh-Ville. Le climat du Vietnam est tropical, rythmé par la mousson. Grand producteur de riz en Cochinchine, le pays se nourrit. Il exporte les produits d'une pêche abondante et des matières premières (bois exotiques, caoutchouc), mais il est devenu lui aussi un « dragon » industriel. Grand comme l'Italie (330 000 kilomètres carrés), peuplé de 80 millions d'habitants à la démographie stable, véritable nation, quoique encore marquée des stigmates d'une interminable guerre (1945-1979), le Vietnam a rejoint le rang des puissances. Ce peuple courageux le mérite bien.

L'Asie des mers

Le Vieux Monde n'est accompagné d'îles nombreuses qu'en Asie. En dehors de la Méditerranée et de la Baltique, l'Europe n'en compte que deux : la Grande-Bretagne et l'Irlande ; l'Afrique, une seule : Madagascar. En revanche, les grandes îles forment au sud et à l'est de l'Asie une ceinture discontinue – « comme les arches d'un pont écroulé », disait Élisée Reclus. Ces terres sont situées sur les lignes de subduction des plaques tectoniques de la Terre.

En conséquence, à l'exception de deux d'entre elles, massives, qui font contraste – Bornéo et l'Australie –, toutes les autres sont sujettes à de fréquents tremblements de terre, à des raz de marée ravageurs (les *tsunamis*, provoqués par les séismes sous-marins), et portent d'innombrables volcans, du Krakatoa en Indonésie au Fuji Yama au Japon. L'explosion du Krakatoa en 1883 fut (avec celle du Santorin en mer Égée) la plus grande explosion volcanique dont les hommes gardent le souvenir. Elle fit 30 000 victimes et obscurcit l'atmosphère terrestre pendant des mois.

Les peuples de l'Asie des mers, à l'instar des Méditerranéens, ont appris à vivre avec les tremblements de terre et recherchent même la compagnie de volcans pour la fer-

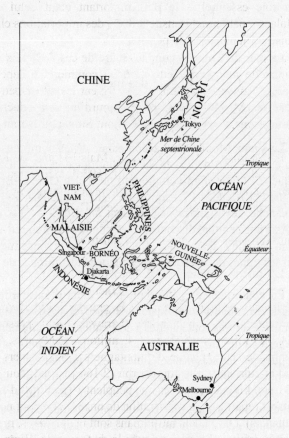

Carte 12. L'Asie des mers

tilité de leurs abords. Comme en Méditerranée, il fut toujours facile de naviguer d'île en île, et les détroits jouent
un rôle essentiel – le plus important étant celui de
Malacca, par lequel transitent 80 % des importations chinoises et japonaises de pétrole.

La mer de Chine occupe le centre de ces archipels au
climat de mousson. Cette mer, où commercent Japon,
Corée, Taïwan, Vietnam, et où arrivent les super-pétroliers du Moyen-Orient, peut aujourd'hui être décrite
comme une super-Méditerranée dont Singapour serait la
clef.

La **Malaisie** est une presqu'île. Mais l'isthme de Kra
qui la relie au continent est si étroit (60 kilomètres) qu'on
peut la considérer comme la première des grandes îles de
l'Asie des mers. Nous avons dit que la Thaïlande contrôle
l'isthme de Kra et qu'un canal à travers l'isthme – toujours projeté, mais pas encore construit – raccourcirait
notablement la durée du trajet.

L'**État de Malaisie** (Malaysia) s'étend sur le midi de
la péninsule. De l'autre côté de la mer de Chine, il a aussi
hérité des Anglais le nord de la grande île de Bornéo
(provinces de Sabah et de Sarawak), soit presque
200 000 kilomètres carrés et 4 millions d'habitants. La
péninsule seule, chaîne de montagne s'avançant vers le
sud et culminant au mont Korbu (2 160 mètres), couvre
131 600 kilomètres carrés que peuplent 18 millions d'habitants répartis en une fédération de onze États (dont neuf
sultanats). Les Malais musulmans sont majoritaires, mais
l'immigration chinoise, amenée là du temps de l'Empire
britannique, dépasse les 40 % de la population. La capitale fédérale est Kuala-Lumpur (2 millions d'habitants),
avec sa fameuse tour de l'Horloge de style mauresque.

La Malaisie fut une riche colonie d'où les Britanniques

ne se résolurent à partir qu'après une guerre cruelle
(1949-1957). Indépendante, elle reste largement tribu-
taire de l'économie de plantation, à laquelle elle doit de
demeurer le premier exportateur mondial d'huile de
palme. Elle exporte également des bois tropicaux et du
caoutchouc, mais ambitionne de devenir elle aussi un
« dragon ». Elle s'est lancée dans l'électronique et produit du pétrole. Par sa situation, elle contrôle les détroits
du Sud-Est asiatique. Les Portugais du XVIe siècle en
avaient compris l'importance stratégique et y fondèrent la
ville de Malacca, qui donne son nom au passage maritime
comme à la presqu'île.

Le **Brunei**, enclavé dans le territoire malais de l'île de
Bornéo, est un émirat pétrolier anachronique qui fait
songer à ceux du golfe Persique. Peu étendu (la moitié
du Koweït), peuplé comme le grand-duché de Luxembourg, il fournit à peine 300 000 sujets à son sultan, mais
les royalties pétrolières font de ce souverain un potentat
richissime.

Singapour occupe le centre de gravité de l'Asie des
mers, entre Malaisie et Indonésie. Ce fut longtemps, avec
Londres, Le Caire et Bombay, l'une des capitales de
l'Empire britannique (sa prise, facile, par les Japonais en
1942 fut l'une des pires humiliations de Churchill). C'est
aux Anglais que la ville doit sa population chinoise. L'or-
gueilleuse cité n'a pas voulu rejoindre la fédération de
Malaisie. Depuis 1965, Singapour constitue une cité-État
indépendante et commerçante – on songe à Venise, à Carthage... Devant Rotterdam, Singapour est devenu le premier port de la planète, un centre maritime, aérien
(Singapour Airlines), industriel et financier. Avec 5 millions d'habitants sur son île de 500 kilomètres carrés,
c'est une ville chinoise à 80 %, la plus importante de la

diaspora (Taïwan n'est qu'une province chinoise en dépit de son statut actuel) et la seule indépendante. Ici, la Révolution culturelle n'a pas sévi, et Pékin ne revendique rien ; ici, la vieille culture hiérarchique confucéenne est toujours à l'honneur : cela ne fait certes pas de Singapour une ville joyeuse (le climat moral y est pesant), mais lui permet d'espérer rester longtemps une cité travailleuse et stable.

L'**Indonésie** est d'une importance plus grande. Il s'agit d'un archipel immense composé de quatre îles principales (Sumatra, Java, Bornéo, Célèbes) et de nombreuses autres moyennes ou petites (les îles de la Sonde). La superficie des terres émergées avoisine les 2 millions de kilomètres carrés et leur population dépasse les 200 millions d'habitants. L'Indonésie est le plus important pays musulman du monde, mais on y trouve aussi de fortes minorités chrétienne (8 %) et hindouiste (3 %), et les luttes interconfessionnelles y sont parfois sanglantes.

On recense dans l'archipel cent vingt-huit volcans en forte activité. Le climat chaud et tropical est adouci par l'omniprésence de la mer. Celle-ci, véritable mer intérieure ouverte sur des détroits, peut être considérée comme le *Mare nostrum* de l'Indonésie (mer de Java).

Sumatra est l'île la plus longue : 1 650 kilomètres du nord au sud ; presque aussi étendue que la France, elle est divisée en huit provinces. Traversée par l'équateur, elle se présente sous l'aspect d'une chaîne de montagnes élevées (elles culminent à 3 850 mètres), aux rivages dissymétriques comme ceux de l'Italie, escarpés à l'occident, plats et monotones du côté malais. L'île regorge de ressources naturelles : pétrole, gaz, charbon, bauxite, or, bois tropicaux. Peuplées de plusieurs dizaines de millions d'habitants, les provinces de Sumatra supportent mal la tutelle de Java. Une rébellion armée oppose depuis des années la province d'Ateh au pouvoir central. L'intégrisme musulman y trouve des complicités.

Java, l'île centrale, de superficie comparable à celle de l'Irlande, groupe vingt fois plus d'habitants que la verte Érin, soit 100 millions. Aujourd'hui musulmans, ceux-ci constituèrent longtemps l'annexe maritime de l'Inde (d'où le nom de l'archipel) ; ils ont été hindouistes et bouddhistes. Le bouddhisme a laissé à Java des ruines aussi célèbres que celles d'Angkor, par exemple à Borobudur, avec ses cinq cent quatre statues du Bouddha et ses centaines de bas-reliefs évoquant la vie du Sakyamouni. On peut mesurer ici l'incroyable extension, de Bamiyan en Afghanistan à Bali en Indonésie, de la civilisation indienne – qu'il faut opposer au resserrement de la Chine sur elle-même. Java domine l'archipel, et la capitale de l'Indonésie, Djakarta (10 millions d'habitants ; c'est l'ancienne Batavia des Hollandais), y est située sur la côte nord. Orientée d'ouest en est, l'île est montagneuse (elle culmine au Semerj à 3 676 mètres). On peut y voir, comme à Sumatra, une branche divergente du massif transcontinental. Volcanique (éruptions fréquentes), elle est très fertile, mais surpeuplée. Depuis des temps immémoriaux, les Javanais émigrent vers l'océan Indien (jusqu'à Madagascar) – à commencer par les îles les plus proches, celles de l'archipel, où ils sont mal accueillis. Ils monopolisent le pouvoir central et surtout l'armée, instrument essentiel de leur domination.

Bornéo (rebaptisée « Kalimantan ») est la plus vaste des îles indonésiennes et l'une des plus grandes îles du monde avec ses 750 000 kilomètres carrés. Mais nous avons vu que la côte nord – Sabah, Saravak – appartient à la Malaisie ou est indépendante (Brunei), ne laissant à l'Indonésie qu'environ 500 000 kilomètres carrés peuplés de 10 millions d'habitants seulement, dont de nombreuses populations autochtones non javanaises. C'est aujourd'hui le Far West du pays. Ses superbes forêts tropicales sont surexploitées, ses indigènes clochardisés.

Célèbes (Sulawesi) est la dernière des îles importantes de l'archipel. De forme tourmentée, constituée de péninsules effilochées et abruptes rattachées à un isthme central, elle recouvre 189 000 kilomètres carrés et n'est peuplée que de 15 millions d'habitants. Dès 1590, les Portugais y avaient édifié un véritable empire dont le centre était le port de Makassar, aujourd'hui Ujungpandang.

Les îles de la Sonde : tel est le nom générique des dizaines d'îles de l'archipel indonésien situées à l'orient de Java. Elles sont plus petites, mais très individualisées. **Bali**, moins étendue que la Corse, compte dix fois plus d'habitants qu'elle (3 millions) et pourrait lui disputer la dénomination d'« île de Beauté ». La population est restée hindouiste. À cause de ses multiples temples ornés de divinités brahmanistes, Bali est le grand pôle d'attraction du tourisme indonésien. **Flores**, vaste comme la Crète et trois fois plus peuplée avec son million et demi d'habitants, est devenue, grâce aux Portugais, entièrement catholique.

Il faut se souvenir que trois civilisations ont successivement marqué l'archipel : l'Inde d'abord, l'islam ensuite (aujourd'hui dominant), l'Europe enfin – surtout sur le modèle portugais. À l'inverse, les derniers colonisateurs, les Hollandais, n'ont pratiquement pas laissé de traces de leur longue occupation, du xviie au xxe siècle.

Pour la petite Hollande, l'immense Indonésie ne fut

jamais qu'une riche et rentable colonie d'exploitation, qu'elle ne se souciait nullement d'assimiler. Les Hollandais tenaient pourtant beaucoup à cet empire. Après l'occupation japonaise et la Seconde Guerre mondiale, ils y envoyèrent une armée considérable et en firent la reconquête complète dès 1946. Mais, en 1949, les États-Unis, alors anticolonialistes, les sommèrent de s'en aller, puis confièrent le pouvoir du nouvel État au président Sukarno, un ex-collaborateur des Japonais, lequel devint un des grands leaders du tiers monde (avec l'Égyptien Nasser et l'Indien Nehru). Ces fastes tiers-mondistes furent oubliés avec la fin de la guerre froide, marquée dans l'archipel par le massacre d'un million de communistes. L'Indonésie est donc une puissance, mais elle ne parvient pas à être une puissance qui compte. Son unité, menacée par de multiples séparatismes, est trop fragile. L'intégrisme musulman y est trop implanté et se manifeste par de nombreux attentats meurtriers (comme à Bali en octobre 2002) ; les luttes confessionnelles entre chrétiens, musulmans et hindouistes sont trop vives. Le pays est une semi-démocratie, très influencée par une armée omniprésente.

Timor, catholique et de langue portugaise, a réussi en 2003 à se séparer de l'Indonésie, au moins pour sa partie orientale (Djakarta conservant l'ouest). Cette île-État de 20 000 kilomètres carrés compte un million d'habitants que seule l'aide internationale sauve de la famine.

La Nouvelle-Guinée, à l'orient de l'archipel indonésien, ne connaît guère un sort meilleur. Il s'agit pourtant de la plus grande île de la planète après l'Australie et le Groenland, vaste de ses 775 000 kilomètres carrés et montagneuse. Elle est peuplée de plusieurs millions de Mélanésiens, les Papous, hautement civilisés mais qui vivaient encore jusqu'à une date récente dans l'univers chatoyant des tribus de la préhistoire. « Préhistorique » ne veut pas dire « sauvage » : un jeune Papou connaissait autant de botanique qu'un chercheur du Muséum d'histoire naturelle de Paris. Les Papous restaient des chasseurs-cueilleurs, pratiquant des cultures itinérantes sur brûlis, parlant des centaines de dialectes différents, vivant en groupes farouchement indépendants et opposés les uns aux autres, créateurs aussi d'un art original de masques polychromes. Arguant d'un vague droit colonial hollandais, l'Indonésie s'est emparée militairement de la moitié occidentale de l'île où elle pille, avec l'appui de grandes compagnies internationales, le bois tropical. À l'exemple des Chinois au Tibet, les Javanais immigrent en masse sur ces terres qui leur paraissent inoccupées, écrasant les aborigènes de l'île rebaptisée « **Irian Jaya** » sans soulever la moindre protestation internationale. Heureusement pour les Papous, la partie orientale de la grande île, partagée (avant 1914) entre Allemands et Britanniques, a connu un sort moins rude.

La **Papouasie-Nouvelle-Guinée** est devenue indépendante en 1975 (sous le protectorat occulte de l'Australie), avec Port Moresby pour capitale. Cinq millions de Papous y accèdent à la modernité, non sans dégâts cependant. Voir des Papous habituellement vêtus de shorts et chaussés d'Adidas revêtir leurs masques de guerre pour danser devant les touristes est un spectacle pathétique... Néanmoins, la Papouasie indépendante essaie de garder le meilleur de ses traditions. Dans ce pays de hautes montagnes et de fleuves puissants, la construction d'infrastructures fiables, routes et ports, est une urgence.

Au nord de l'archipel indonésien, on trouve l'archipel philippin. Il comprend deux grandes îles, Luçon et Mindanao (la surface de l'Islande chacune), neuf moyennes et un millier de petites. Leur relief est tourmenté, volcanique. Le volcan Pinatubo détruisit en 1991, par une éruption soudaine, la base américaine édifiée à ses pieds. La seule plaine véritable du pays est celle de Luçon. Le climat est rythmé par la mousson et les cyclones sont fréquents.

L'archipel a été occupé de 1521 à 1898 par les Espagnols, qui le baptisèrent du nom de Philippines en l'honneur du roi Philippe II. En 1898, les États-Unis firent la guerre à l'Espagne et lui arrachèrent l'archipel, qu'ils gouvernèrent jusqu'en 1946. L'occupation japonaise se heurta ici, pendant la Seconde Guerre mondiale, à une résistance, celle des Huks, qu'elle ne rencontra nulle part ailleurs en Asie du Sud-Est. C'est que l'archipel est catholique, d'un catholicisme espagnol, ou plutôt latino-américain, quoique les Philippins soient tous des Asiatiques, métis de Mélanésiens, de Malais et de Chinois – à l'exception d'une partie de la grande île de Mindanao, musulmane. Il est curieux de constater que l'Espagne a arrêté l'islam aux deux extrémités de son croissant : Gibraltar et Mindanao. Il existe aujourd'hui un mouvement séparatiste et intégriste musulman dans le sud de Mindanao.

Indépendant depuis 1946, l'archipel reste soumis à une espèce de protectorat américain marqué par la présence d'importantes bases militaires. La capitale, Manille, est située sur l'île principale de Luçon. Elle a 3 millions d'habitants et évoque, par ses palais et ses églises baroques, l'époque espagnole – quoique les Philippins, outre leur dialecte local, parlent maintenant l'américain.

Grand comme l'Angleterre, l'archipel atteint 80 millions d'habitants, catholiques à 83 % (musulmans à 5 %). L'économie se modernise et la croissance est forte, fondée sur les matières premières (cuivre, or...), mais aussi sur les services (le marché des centres d'appel y connaît un essor considérable) et sur le tourisme (malheureusement sexuel parfois) ainsi que sur l'argent venu de la diaspora.

En effet, 20 millions de Philippins catholiques sont disséminés de par le monde où ils occupent les emplois de service mal rétribués qu'acceptaient, il y a trente ans, les « bonnes espagnoles » et les ouvriers agricoles marocains. Ils sont nombreux dans le Golfe, en Arabie séoudite (où Ryad, malgré les instances du Vatican, refuse absolument de leur ouvrir des églises), au Proche-Orient et même en Israël. Le pays s'essaie à la démocratie. En dépit de l'influence toujours pesante de l'Église et de l'armée, les Philippines ont un grand avantage sur l'Indonésie. Contrairement à l'archipel javanais et à l'exception de leur petite minorité musulmane, elles constituent une vraie nation, homogène et originale.

Au sud de l'archipel indonésien, on trouve la plus grande île du monde : l'**Australie**. Avec ses 7,6 millions de kilomètres carrés, elle peut sembler continentale, mais c'est en réalité une île qui fait géographiquement partie de l'Asie des mers, à laquelle est collée toute sa face nord et dont ne la sépare qu'un court bras de mer, le détroit de Torres, comparable au pas de Calais. Par toutes ses autres faces, elle donne au contraire sur l'hémisphère du vide, l'océan planétaire, c'est-à-dire sur rien. Entre elle et le continent Antarctique, aucune terre. Nous n'avons pas l'habitude de situer l'Australie à sa véritable place, l'Asie du Sud-Est, parce que le caractère récent du peuplement européen brouille notre vision. Les Japonais le savaient bien, qui furent à deux doigts de l'envahir... Pendant la Seconde Guerre mondiale, ils occupèrent la Nouvelle-Guinée et menacèrent le détroit de Torres.

Humainement aussi, l'Australie fait partie de l'Asie : ses premiers occupants, les Aborigènes, en venaient, chasseurs-cueilleurs d'une très ancienne tradition. Mais ils étaient peu nombreux et nomades. L'Angleterre, qui régnait alors sur les mers, prit possession de l'Australie au XIXe siècle pour y envoyer ses forçats, puis d'autres émigrants chassés par la misère industrielle, et le territoire devint blanc et anglo-saxon. Les Aborigènes sont des survivants que le voyageur peut malheureusement voir, ivres et hagards, au long des routes à quelques milles des sublimes « peintures magnétiques » laissées par leurs ancêtres sur la paroi des grottes du Kaladu. Il faut reconnaître les efforts récents accomplis par les gouvernements de Canberra pour prendre en compte et améliorer leur existence.

Géographiquement asiatique, l'Australie est une Asie de l'hémisphère Sud. Par sa latitude, elle échappe en partie au climat de mousson (qui ne se manifeste qu'au nord-est) pour se situer dans la zone australe désertique. Dans cet hémisphère, la zone désertique est effacée sur presque toute son aire par l'océan, mais l'Australie, terre émergée, s'y trouve. C'est pourquoi elle est un grand désert. À la différence de beaucoup de régions du Sahara, c'est un désert plat et monotone. Seul son rebord sud-oriental est relevé, faiblement d'ailleurs, les « Alpes » australiennes culminant à 2 228 mètres au mont Kosciusko, mais ne dépassant généralement pas les 1 000 mètres. Au physique, l'Australie ressemble à s'y méprendre à la Libye. Même étendue plate parsemée de touffes de doums, même climat aux oueds desséchés, mêmes rivages monotones. Sur les plages de la grande baie australienne, on se croirait dans le désert de Syrte. De même qu'en Libye le Djebel Akbar attire des pluies et suscite à sa bordure un climat méditerranéen, de même les Alpes australiennes, vertes comme lui, créent en bord de mer une niche écologique « méditerranéenne », tant il est vrai que partout sur la planète le climat méditerranéen provient du contact entre le désert, la montagne et la mer. Cette zone méditerranéenne (qui vire au tropical au Queensland, en s'approchant de l'équateur) abrite d'ailleurs toutes les grandes villes australiennes.

Sydney est la mieux située, dans une magnifique baie, Melbourne se trouvant plus au sud (chacune de ces cités dépasse 2 millions d'habitants ; à elles deux, elles concentrent la moitié de la richesse du pays) ; Adélaïde se tient en bordure du désert (dans une situation qui rappelle celle de Benghazi en Libye), Brisbane en bordure de zone humide dans le Queensland et, en altitude, Canberra, la petite capitale fédérale ; 80 % de la population vit dans cette zone protégée. Au-delà, on ne voit que de vastes steppes à moutons et à kangourous (animal symbole qu'on ne trouve que là), parsemées de grandes fermes vouées à l'agriculture extensive. Plus loin règne le désert où errent des chameaux importés jadis d'Afrique et rendus inutiles par les camions. Enfin, à l'extrême ouest, la ville de Perth résume à elle seule l'immense Australie occidentale, appelée à croître sans cesse grâce à l'immigration qu'elle reçoit. Tout au nord, Darwin n'est qu'un poste avancé face à l'Asie jaune.

La grande île a au sud un satellite, la **Tasmanie** (70 000 kilomètres carrés), qui n'en est séparée que par le détroit de Bass ; c'est le plus petit des États de la fédération, peuplé de 450 000 habitants, tous européens d'origine. Les indigènes tasmaniens, nombreux au début du XIXe siècle, ont disparu : c'est en 1876 que la dernière Tasmanienne aborigène, Lalla Roukh, est morte, en ne laissant ni fils ni fille, et l'herbe qui marque sa sépulture marque la fin de son peuple. La langue harmonieuse de l'île – dans laquelle elle s'appelait Lidgiouidgi Troucaminni – a disparu avec Lalla Roukh. Elle survivait seule. Ses compatriotes avaient été abattus au fusil de chasse, pour le plaisir, par des colons anglais frustes et racistes. Il s'agit de l'un des génocides les plus réussis de l'histoire de l'humanité et, à l'époque, ce crime ne troubla nullement l'Empire britannique.

La grande île asiatique est ainsi devenue européenne dans le sang et par accident. Sa population, malgré l'espace immense, n'atteint pas 20 millions d'habitants, concentrés dans les villes de la côte. Cependant, l'Australie est une véritable nation, homogène, singulière, et aujourd'hui beaucoup plus « américaine » qu'anglaise, quoique la reine Élisabeth en soit encore souveraine (il existe un mouvement républicain). Pays ultramoderne, l'Australie garde néanmoins certains traits d'un pays du tiers monde parce qu'elle exporte surtout des matières premières (laine, etc.). Son commerce confirme sa situation géographique et se fait à 80 % avec l'Asie.

La **Nouvelle-Calédonie** peut se décrire comme un vaisseau long de 400 kilomètres et grand comme la Sardaigne, ancré au large de l'Australie et ceinturé comme elle d'un récif corallien ; elle est structurée par la montagne, arête centrale. Ce territoire d'outre-mer français de 230 000 habitants est habité par deux populations qui s'opposent : les Canaques, premiers occupants d'ethnie mélanésienne, et les caldoches, immigrés français (pour la petite histoire, un certain nombre de ces Européens – dont des déportés de la Commune de Paris et des enfants de bagnards constituent le noyau – sont en fait des Algériens rebelles transportés de force par la République et qui ont fini par oublier leur origine, la dernière mosquée ayant fermé en 1938...). Après de violents affrontements, Canaques et caldoches ont fini par conclure un compromis qui consacre une certaine partition de l'île. La paix est revenue. Le nickel, métal très recherché et dont le territoire est le troisième producteur du monde, lui assure, avec les subventions de la métropole, une certaine prospérité. La jolie capitale côtière, Nouméa, concentre, avec ses 100 000 habitants, la moitié de la population.

Le **Vanuatu** (anciennes Nouvelles-Hébrides, condominium franco-britannique), qui dans l'histoire coloniale a été lié à la Nouvelle-Calédonie, peine au contraire à trouver sur ses petites îles la consistance d'un véritable État. Il compte 200 000 habitants, qui s'appauvrissent.

Les **îles Salomon**, malgré leurs 450 000 habitants, n'arrivent pas davantage à devenir un État réellement indépendant. Bien que mélanésiens à 95 %, les Salomonais sont déchirés par des émeutes récurrentes au point que l'Australie se voit obligée d'y exercer une sorte de protectorat (comme elle le fait aussi à Timor, dans les îles de la Sonde).

Le **Japon** inscrit son archipel dans le grand arc de terres émergées qui commence à Sumatra et finit à Hokkaido, son île septentrionale, cet arc qui enserre l'Asie comme la colonnade du Bernin la place Saint-Pierre. (Nous avons décrit Taïwan avec la Chine, mais si on l'insère dans le demi-cercle, la continuité devient évidente, Taïwan étant l'un des pôles du pont écroulé de l'Asie des mers.)

L'archipel japonais connaît, comme les autres, tremblements de terre, cyclones et *tsunamis*. Il est également couvert de volcans, dont le célèbre Fujiyama. Quoique situé à la latitude de l'Italie, le pays est sensible aux influences froides de la Sibérie, dont ne le sépare que la mer du Japon. Un courant maritime frais, l'Oyashio, en descend qui rafraîchit l'archipel réchauffé en sens contraire par le courant chaud pacifique qui arrive des Philippines. Une cordillère (modèle courant dans l'Asie des mers) constitue l'arête du pays, qui s'allonge du nord au sud en côtes dissymétriques.

Depuis l'île principale (Honshu) jusqu'à l'île du sud (Kyushu), le rivage Pacifique forme une conurbation presque continue, desservie par un train à grande vitesse, le Shinkansen, avec les trois villes principales : Tokyo, Nagoya et Osaka (plusieurs millions d'habitants chacune). C'est le Tokaido, le « Japon de l'endroit », par opposition à la façade ouverte sur la mer du Japon, plus sauvage, baptisée le « Japon de l'envers ». Les quatre îles de l'archipel sont reliées par des ponts ou des tunnels. Dans la plus au nord, Hokkaido, il neige abondamment l'hiver. Dans les îles méridionales, Shikoku et Kyushu, le climat est quasi méditerranéen.

Partout où elle a été préservée, la nature est harmonieuse, presque égéenne au sud. Par ailleurs, les Japonais ont gardé des villes anciennes, par exemple le centre ville de Kyoto, avec temples, jardins zen et palais.

Civilisé par la Chine il y a des millénaires, le Japon a su créer une culture originale. Une civilisation médiévale (ce que ne fut jamais la Chine) avec ses chevaliers (les samouraïs) et une tradition militaire inconnue de l'empire du Milieu. Civilisation féodale non adoucie par le christianisme, auquel le Japon a été et est toujours rebelle. Les films de Kurosawa, très marqués par l'Évangile, donnent l'image trop chevaleresque (*Les Sept Samouraïs*) d'une réalité assez cruelle dont les pays occupés par les Japonais pendant la Seconde Guerre mondiale ont une plus juste appréciation.

En dépit d'une situation géographique tout à fait comparable à celle de la Grande-Bretagne (tous deux sont des archipels situés aux extrémités opposées de l'Eurasie), le Japon ne fut pas, pendant très longtemps, un pays maritime, mais plutôt un monde fermé sur lui-même comme était la Sicile. Un jour, toutefois, l'empereur vit surgir sous ses fenêtres dans les rues de Tokyo (alors baptisé Edo) la flotte américaine du commodore Peary. C'était en 1853. Le souverain, qui régnait mais ne gouvernait plus, fut remis au pouvoir et le maire du palais (le *shogun*) dut s'effacer. Les samouraïs avaient compris qu'il leur fallait devenir modernes s'ils ne voulaient pas être conquis par les Européens. L'empereur Mutsu-Hito proclama en 1868 l'ère « Meiji » (littéralement : despotisme éclairé). Se mettant à l'école de l'Occident, le Japon rattrapa son retard technique en une génération ; il annexa Taïwan, puis la Corée ; en progressant vers l'ouest, il se heurta aux Russes. En 1905, à Tsouhima, la grande flotte de Nicolas II, venue de la Baltique en faisant le tour de l'Afrique, fut envoyée par le fond par la flotte japonaise. Après la Première Guerre mondiale, l'expansion japonaise se poursuivit en Extrême-Orient et le pays s'allia à Allemagne. En 1941, la flotte américaine du Pacifique fut semblablement coulée à Pearl Harbor, mais les États-Unis avaient plus de ressort que les tsars. En 1945, ce furent Hiroshima et Nagasaki (la seule ville chrétienne de l'archipel). Le Japon capitula. Il exigea toutefois de garder son empereur, ce que les Américains lui accordèrent.

Hiro-Hito a régné jusqu'en 1989 et son fils Aki-Hito lui a succédé à la tête d'une monarchie devenue constitutionnelle. Battu militairement, le Japon a continué sa mue. Il est aujourd'hui la deuxième puissance économique, financière et industrielle de la planète, bien avant la Chine, malgré ses 373 000 kilomètres carrés et ses 126 millions d'habitants. Sa population est quasi homogène, ignorant encore l'immigration (une petite ethnie d'aborigènes blancs, les Ainos, ne compte plus que quelques milliers d'individus). Le Japon a abandonné à la Russie l'île de Sakhaline dont il occupait le sud, mais dispute encore les îles Kouriles à Moscou.

Le Japon reste une espèce de Sparte, industrielle, ultramoderne et compétitive (Toyota est maintenant le premier constructeur mondial d'automobiles). Il n'a pas, comme la Chine, coupé le lien avec sa tradition, et ses dirigeants dynamiques revêtent encore le kimono pour dîner. Son patriotisme, quasi nationaliste, est très grand. Mais l'archipel a ses faiblesses. Coupés des villages, urbanisés et américanisés, les Japonais ont le vague à l'âme. Comme les Allemands, leurs anciens alliés, ils font très peu d'enfants, la population vieillit et même décroît. On sent dans cette antique nation une fatigue certaine. On s'y suicide beaucoup (record mondial : 40 000 cas par an), la tradition religieuse (*hara-kiri*, *kamikaze*) n'expliquant pas tout. Quoique ultramoderne, la société japonaise est guettée par le désenchantement. Par ailleurs, ce pays, dépourvu de pétrole, dépend pour ses approvisionnements d'un monde extérieur de plus en plus mal contrôlé par les ex-vainqueurs américains. Il a un besoin vital d'exporter ses produits manufacturés (parmi lesquels l'audiovisuel : il triomphe avec ses mangas dans la bande dessinée). Si l'enthousiasme pour la modernité avait résisté à Hiroshima, il diminue plutôt à présent. Se pose aussi le problème du réarmement : le Japon possède certes un instrument militaire efficace, mais il est incapable pour le moment de contrôler les routes maritimes qui sont essentielles à sa prospérité et même à son existence.

La masse impénétrable de l'Afrique

De toutes les parties du Vieux Monde, l'Afrique est la plus massive. Ses rivages ne sont pas découpés, contrairement à ceux de la Méditerranée, de la Baltique et de l'Indonésie. Moins grand d'un quart que l'Asie, trois fois étendu comme l'Europe, ce continent se présente au géographe comme une masse impénétrable aux côtes inhospitalières. À l'exception de l'Égypte, la véritable Afrique commence au sud du Sahara. Nous avons décrit le Maghreb comme une péninsule méditerranéenne et le Sahara comme un morceau du grand désert transcontinental. La vraie Afrique est impénétrable, les mouillages y sont rares, l'intérieur immense, l'océan planétaire l'enveloppe. Sous le pharaon Néchao (VIe siècle av. J.-C.), les Phéniciens en firent le tour. Après eux, le cabotage arabe ne dépassa plus Zanzibar à l'est et les caravanes assurèrent l'essentiel, forcément limité, des échanges. S'il est, nous l'avons vu, « isolé », le sous-continent chinois est situé à des latitudes tempérées, traversé de fleuves navigables et couvert de plaines fertiles où, très tôt, un État impérial a pu se construire. Mais on n'observe rien de tel en Afrique (à l'exception de l'Égypte). Les conditions climatiques n'y sont pas du tout les mêmes.

Nous avons évoqué, au début de cet ouvrage, l'exis-

tence de zones répulsives. L'immense espace africain en
est une presque partout : par son aridité, la mauvaise qualité de ses sols rongés de latérite, la chaleur excessive
(c'est le seul continent que l'équateur n'effleure pas, mais
traverse), le climat fiévreux, sauf en altitude. L'Afrique
a souffert de son impénétrabilité et d'une véritable malédiction climatique devant laquelle les cavaliers d'Allah
eux-mêmes reculèrent à cause de la terrible mouche tsé-
tsé, mortelle pour les chevaux. Les marins phéniciens
puis portugais se contentèrent d'en faire le tour (en sens
inverse ; ce sont les seconds qui baptisèrent le cap le plus
méridional « cap de Bonne-Espérance ») sans y pénétrer,
ne laissant sur les côtes que des comptoirs. En dehors de
l'Égypte et de l'Éthiopie, l'immensité africaine était peuplée de tribus pastorales ou agricoles, sans rien qui res-
semblât à l'empire du Milieu. On parlera aujourd'hui de
« peuples premiers » : ces civilisations tribales ont su
produire de l'art (animiste), de la beauté, mais pas d'État.
Sans défense devant des gens organisés venus avec de
mauvaises intentions, elles ne furent pas capables de
résister à de petites troupes dotées d'un armement techni-
quement supérieur. Dès lors, le trafic d'esclaves – la
« traite » – prospéra en Afrique.

LA TRAITE ET LA COLONISATION

Les Romains achetaient déjà au sud du Sahara des
Noirs que les caravanes acheminaient jusqu'à la Méditerranée. Après la chute de l'Empire, la « traite » fut longtemps arabe et musulmane, à travers le désert toujours et
par le cabotage sur la côte orientale du continent. L'île

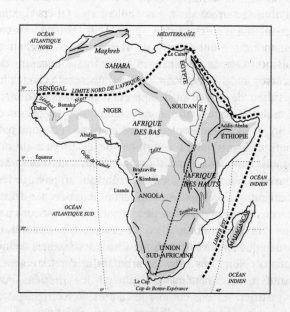

Carte 13. La masse impénétrable de l'Afrique

de Zanzibar fut la prospère capitale de ce trafic qui toucha des millions d'Africains. À la Renaissance, avec leur suprématie navale, les Européens s'attaquèrent à la côte occidentale. La traite européenne culmina au XVIIIᵉ siècle : les plantations des Antilles ou de Virginie ne pouvaient se passer d'une abondante main-d'œuvre, qu'elles ne trouvaient pas sur place. La navigation « triangulaire » rapportait gros. Un bateau quittait Londres ou Nantes empli de verroterie ; il touchait au golfe de Guinée et échangeait sa cargaison contre des esclaves qu'il débarquait aux Caraïbes en échange de sucre ou de coton qu'il rapportait en Europe (d'où le triangle). Chaque navire embarquait des centaines de Noirs, dont beaucoup mouraient en route. De nombreux chefs africains furent complices de ce trafic : ils razziaient leurs ennemis et les livraient, enchaînés, aux négriers de la côte Atlantique, prélevant au passage leur pourcentage. Jamais les trafiquants européens n'eurent besoin de pénétrer à l'intérieur. Arabes et Européens partagent la responsabilité de ce commerce d'hommes aussi ancien que Rome ou Carthage. Plusieurs dizaines de millions de Noirs ont ainsi été arrachés à leur terre natale, moitié par les musulmans, moitié par les chrétiens. Pour se justifier, les uns comme les autres convertissaient de force les Africains à l'islam ou au christianisme. Ce commerce d'esclaves a ravagé l'Afrique, faisant des millions de morts. Il a vidé le continent de sa substance. Les Européens y renoncèrent définitivement au milieu du XIXᵉ siècle. En passe de conquérir l'Afrique, ils ne voulaient pas dépeupler leurs colonies. Quant à la traite arabe, elle dura encore longtemps, plus ou moins clandestinement.

La colonisation est aussi importante que la traite pour

comprendre la géographie de l'Afrique. Les Anglais dominèrent l'axe sud-nord, du Cap au Caire, et les Français progressèrent de l'ouest vers l'est, de Dakar à Djibouti, les deux puissances européennes en venant à deux doigts de la guerre quand elles se croisèrent sur le Nil, à Fachoda, en 1898. Les Portugais, les Allemands, les Italiens participèrent aussi au mouvement, et même les Belges. Parce qu'Anglais et Français la convoitaient, la cuvette du fleuve Congo fut érigée en zone tampon et donnée au roi des Belges à titre de propriété personnelle. La véritable raison de la colonisation ne fut ni humanitaire (« civiliser les sauvages ») ni économique (avant le pétrole et les mines, l'Afrique était un continent pauvre) : elle résida dans la rivalité des puissances entre elles, dans la volonté de ne pas laisser la place aux autres.

La colonisation, comme une tornade, a détruit les structures traditionnelles. Cette destruction fut plus grave en Afrique noire qu'elle ne fut en Inde ou au Maroc ; ces deux régions du monde abritaient en effet des civilisations finalement assez proches de celles de colonisateurs qui se contentèrent de les « protéger » en les exploitant. L'effort d'adaptation exigé des Africains était infiniment plus considérable.

À l'exception de l'Afrique du Sud (rappelons que l'Algérie n'est pas africaine), ce fut en général une colonisation de cadres, puis, après les indépendances, de « coopérants » et aujourd'hui d'« humanitaires ». Parmi ces gens, il y eut de tout. On remarque parmi eux de véritables saints, dont de nombreux missionnaires, des médecins (entre autres Louis-Ferdinand Céline...), des ingénieurs, des instituteurs, mais aussi des tyrans sans scrupules. Savorgnan de Brazza libérait les esclaves (la capitale du Congo indépendant porte toujours son nom), tandis qu'à la même époque les officiers d'une colonne française marchant vers le Tchad, les capitaines Voulet et Chanoine, brûlaient les villages (ayant assassiné le colonel que la République avait envoyé à leurs trousses, ils furent tués par leurs tirailleurs, horrifiés par cette atteinte à la hiérarchie). La colonisation se réclama aussi de la science : explorer les « taches blanches » de la carte d'un continent mal connu des Africains eux-mêmes. Il faut encore noter que les missionnaires de jadis vivaient leur vie sur une terre qu'ils finissaient par aimer et où ils mouraient souvent, alors qu'aujourd'hui les « humanitaires » ou les « pétroliers » ne font que passer avant de revenir chez eux.

Depuis les années 1960 et 1970, tous les pays du continent sont devenus indépendants. Mais la colonisation a laissé, en se retirant, ses langues et ses frontières : le français, l'anglais, le portugais permettent aujourd'hui de surplomber les centaines de langues africaines. Quant aux limites, les États décolonisés ont gardé les délimitations coloniales, d'où le côté rectiligne et artificiel de nombreuses frontières africaines. Partant de la côte, les Européens tracèrent deux lignes droites vers l'intérieur, en négligeant les territoires traditionnels. En Afrique, les civilisations sont *parallèles* aux côtes. À la plage succède la zone forestière, puis le Sahel ou la montagne. Or les États africains sont *perpendiculaires* aux rivages « verticaux », mêlant ainsi des cultures très différentes, celle de la forêt et celle de la brousse, dans un même État. Une grande partie des troubles que connaît l'Afrique opposent les côtiers aux gens de l'intérieur. Comme la colonisation, la décolonisation a été décidée de l'extérieur et réalisée à la hâte. La construction d'États fiables fut donc difficile. D'autant que la malédiction climatique est toujours là, malgré la pharmacopée moderne. Les dispensaires permanents ont souvent laissé place aux interventions ponctuelles des « médecins du monde ». Les grandes épidémies ont ressurgi ; une maladie nouvelle, née probablement en Afrique, le sida, a contaminé des populations entières, en s'attaquant d'abord aux cadres, plus mobiles et donc plus exposés à la contagion que les villageois. Une génération de dirigeants a été décimée, rendant plus difficile la relève des notables formés par la colonisation.

Pendant la guerre froide, le continent a été l'un des théâtres d'affrontement Est-Ouest. Des guerres ont ravagé l'Éthiopie, l'Angola, où combattirent des milliers de soldats cubains. La Grande-Bretagne et le Portugal s'étant retirés et l'URSS ayant disparu, trois acteurs extérieurs demeurent en Afrique : la France, les États-Unis et la Chine. Une lutte d'influence sournoise oppose ces puissances. La Chine est pour le moment surtout intéressée par les matières premières et l'énergie, mais les États-Unis et la France ne dédaignent pas non plus cet aspect-là des choses. Elf (devenu Total) a beaucoup investi dans le pétrole du golfe de Guinée. Les firmes américaines savent que les pays pauvres sont des marchés très lucratifs, car la croissance, qui part de zéro, y est plus rapide – Coca-Cola réalise une part non négligeable de son chiffre d'affaires en Afrique. Les États-Unis contestant à la France son statut de puissance mondiale, on peut parler d'une espèce de guerre froide franco-américaine en Afrique – rivalité qui n'a pas été absente des conflits du Rwanda, du Zaïre ou de Côte-d'Ivoire. Ceux qui en douteraient n'ont qu'à regarder les milliers de drapeaux américains agités par les partisans du président Laurent Gbagbo en Côte-d'Ivoire. Néanmoins, ces guerres ont des causes intérieures avant tout : oppositions tribales, luttes pour le pouvoir, car nombreux sont les dirigeants africains qui n'ont pas assimilé la grammaire politique de l'Occident fondée sur la notion d'État. Ces conflits sont responsables de la plupart des famines : quand les soldats arrachent le blé en herbe, tuent et volent le bétail, comme cela se passe actuellement au Darfour, le paysan africain meurt de faim.

Cependant, des États finiront par se consolider. Entre le moment où les premiers Capétiens ne pouvaient se rendre de Paris à Orléans à cause du donjon de Montlhéry, et celui où leur pouvoir valut à l'un d'entre eux le surnom d'Auguste, deux siècles se sont écoulés. Or les Africains sont indépendants depuis moins de cinquante ans...

La France est la seule puissance à maintenir des bases permanentes sur le continent : elle entend protéger ses intérêts – le Gabon avec son pétrole, le détroit de Bab el-Mandeb à Djibouti –, mais aussi empêcher les crises de dégénérer, comme en Côte-d'Ivoire ou au Tchad, ce dont se moquent complètement les Américains et les Chinois.

Il ne faut d'ailleurs pas désespérer de l'Afrique, bien que son poids dans le commerce mondial ait diminué (4 % en 1990, un peu plus de 1 % aujourd'hui). Elle contient des matières premières en abondance. L'accès aux minerais a certes alimenté les guerres civiles et suscité les convoitises extérieures. C'est la principale raison de la présence nouvelle et massive de la Chine sur le continent – on devrait parler de pillage, en particulier pour le diamant –, mais c'est aussi une source d'espoir. Certains de ces minerais sont traditionnels (pétrole, or, zinc, cuivre, fer, gaz, charbon, uranium, pierres précieuses), d'autres nouveaux (la colombo-tantalite nécessaire aux téléphones portables, la tourmaline pour la joaillerie, la monazite, le niobium, la cassitérite). Par une forme de compensation naturelle, les zones les plus inhospitalières du globe (Alaska, Arabie, Gabon, etc.) sont les mieux pourvues en matières premières. L'Afrique a aussi l'espace, le soleil, la joie, le rythme et la beauté. En retranchant les Malgaches et les Maghrébins, on compte aujourd'hui 750 millions d'Africains.

Pendant des millénaires, les mouvements migratoires (à la seule exception de la déportation forcée de la traite) se sont produits à l'intérieur du continent, mais aujourd'hui l'Afrique nourrit une forte émigration dirigée vers les anciennes métropoles coloniales.

LA PREMIÈRE AFRIQUE EST L'AFRIQUE NILOTIQUE

L'**Égypte** fut longtemps, nous l'avons souligné en parlant de la Méditerranée, l'unique porte du continent sur l'extérieur, la seule ouverture du monde subsaharien. C'est à cause du Nil que l'Égypte est africaine, et non méditerranéenne. Les anciens Égyptiens n'aimaient pas naviguer sur la mer, utilisant pour cela des armateurs phéniciens, crétois et grecs. Ce sont des gens de l'intérieur, des fluviaux. Leur univers est le Nil, dont le delta marécageux les isole de la mer, mais dont le cours les mène au fond du continent. En aval du lac Victoria, au sud de l'équateur, le Nil paresse dans les marécages du Bahr el-Gazal. À Khartoum, il fusionne avec le Nil bleu venu d'Éthiopie. Né dans les montagnes très arrosées de l'Afrique des grands lacs ou d'Abyssinie, il est assez fort après ce confluent pour traverser le désert jusqu'à la

Méditerranée. Hérodote écrit que l'Égypte est un « don du Nil » : sans ce fleuve pérenne, elle ne serait en effet qu'un morceau du grand désert transcontinental dont elle possède un million de kilomètres carrés. Elle est en réalité une immense oasis, tout en longueur, dont la superficie utile ne dépasse pas celle de la Belgique (environ 30 000 kilomètres carrés). Sur les rives, l'histoire des États a pu commencer avec l'Empire des pharaons, raffiné et superbe, qui a surgi de l'eau au milieu du néant, la capitale se déplaçant selon les époques du cours inférieur (Memphis) au cours moyen (Thèbes) et jusqu'au delta (Tanis). L'Empire remontait très loin vers le sud, en plein cœur de l'Afrique. Conquis dans l'Antiquité par les Perses puis par les Grecs, le pays passa sous diverses dominations (romaine, byzantine, arabe, turque, anglaise) avant de se retrouver indépendant, réellement, avec la nationalisation du canal de Suez en 1956.

L'Égypte moderne vit de quatre rentes : celle du Nil, celle de l'Histoire (donc du tourisme), celle du canal de Suez (quarante navires par jour), celle de sa position stratégique (qui lui vaut de larges subventions américaines). Dans les limites de cette longue oasis s'entassent 70 millions d'habitants, dont beaucoup vivent dans les deux énormes agglomérations d'Alexandrie (6 millions) et du Caire (15 millions). Alexandrie, à l'écart du delta et construite sur un lido, est devenue un grand port oriental. Son front de mer délabré évoque les fastes de l'Empire britannique. Quant au Caire, c'est de loin la plus grande ville d'Afrique. Située à la base du triangle agricole plat du delta, mais encadrée de falaises qu'elle a soudées de sa masse de béton, cette dernière agglomération est vaste. Sur la falaise de l'ouest, en bordure du désert, les Pyramides et le Sphinx ; sur celle de l'est, le Moqatam, la citadelle et la mosquée turques, disent l'Histoire. Polluée et grouillante, l'immense cité, avec ses souks et une circulation automobile démentielle (malgré un métro construit par les Français), est aussi la capitale du monde arabe, car les Égyptiens sont des Africains « arabisés » (comme les Algériens sont des Maghrébins arabisés), et celle de l'islam avec la principale université musulmane, El-Azhar, et de nombreuses et célèbres autres mosquées. On y trouve également beaucoup d'églises, car subsiste en Égypte une forte minorité chrétienne qui utilise encore dans sa liturgie l'ancienne langue pharaonique et remonte aux premiers siècles de l'évangélisation : les coptes sont au moins 4 ou 5 millions dans le pays, peut-être plus car le gouvernement tend à minorer leur véritable nombre. Ils sont d'ailleurs des citoyens de seconde zone (l'islam ayant du mal à s'accommoder des minorités) et émigrent beaucoup, surtout aux États-Unis.

La haute vallée du Nil reste l'une des plus belles choses que l'on puisse voir sur la planète, que ce soit par la photo satellite, où le trait clair des cultures se détache sur les tons rouge et jaune du désert, ou bien *de visu* lorsqu'on remonte le fleuve : sur la route étroite qui le longe se succèdent palmiers, cultures d'un vert vif aux multiples récoltes. Sur les eaux du fleuve, encombrées çà et là de rochers noirs, glissent de nombreuses felouques aux voiles latines, encadrées de falaises pourpres ou de dunes de sable jaune. Le Nil est flanqué de gigantesques temples pharaoniques qui se suivent au long de sa vallée : Kom Ombo, Edfou, Karnak – colosses de pierre, colonnes cyclopéennes. La vallée est parsemée de villes populeuses et de centaines de villages dans lesquels les paysans travaillent encore comme aux temps anciens.

Au sud, le haut barrage d'Assouan, inauguré en 1971

par Nasser, retient un immense lac d'eau douce de 200 kilomètres de long qui produit de l'énergie électrique. Il a aussi régularisé le cours du Nil, qui ne connaît plus les crues annuelles du passé (mais ces crues apportaient des alluvions qui aujourd'hui encombrent le lac et manquent aux champs). Malgré l'existence de multiples petites entreprises, l'économie égyptienne est très dépendante de l'aide extérieure. La zone du canal de Suez, avec les villes de Port-Saïd, d'Ismaïlia et de Suez, est sensiblement plus industrialisée que la vallée du Nil. Nous avons noté la puissante activité touristique, menacée par le terrorisme, et la rente du canal. Cependant, l'Égypte est le pays où a vu le jour l'islamisme radical : fondés en 1928 par Hassan el-Banna, les Frères musulmans égyptiens inspirent l'islam fondamentaliste.

L'écart entre la société civile et un pouvoir pro-américain est grand. Les Égyptiens restent toutefois un peuple pacifique, travailleur et joyeux dont on a pu dire qu'ils sont les « Italiens du Proche-Orient ». Si elle a du mal à trouver aujourd'hui son équilibre, l'Égypte est de toute façon un pays dont l'avenir promet d'être aussi intéressant que le passé.

Le **Soudan** prolonge l'Égypte vers le sud ; comme elle, il est un « don du Nil ». Plat et saharien, il est drainé par le fleuve qui en constitue l'artère vitale. Au confluent du Nil blanc et du Nil bleu, Khartoum, reliée par un pont à Omdourman, en est la populeuse capitale (4 millions d'habitants). Entre les deux fleuves s'ouvre la verdoyante Gesireh, plaine irriguée, réplique méridionale et inversée du delta : Le Caire et Khartoum occupent la pointe de ces deux triangles – la première celle du delta maritime, la seconde celle du delta continental. L'Empire des pharaons se prolongeait au Soudan (Nubie), dont certaines dynasties furent même issues. Méditerranéens, les Romains ramenèrent la frontière provinciale à Assouan. En 1820, le khédive du Caire revint au Soudan avec les Anglais et le pays fut de nouveau égyptien. La présence britannique déclencha en 1881 une violente révolte, celle du Mahdi, qui domina Khartoum de 1885 à son écrasement en 1898. Cette insurrection islamiste marqua l'histoire du Soudan. Les nombreux partisans de l'union avec l'Égypte furent écartés et, en 1956, au lieu de s'unir à cette dernière, le Soudan devint indépendant.

Il y a, en fait, deux Soudan. Les trois quarts du pays, au nord, sont de paysage égyptien. Une Égypte plus sombre de peau, moins joyeuse que la première et marquée par un fort rigorisme musulman. Ce Soudan-là domine mal ses immensités désertiques. Par exemple, au Darfour, les milices alliées du régime islamique de Khartoum s'appuient sur les tribus arabes pour massacrer les tribus noires, pourtant musulmanes comme elles (on y compte 200 000 morts depuis 2003). Le tiers méridional du pays, à partir des marais du Bahr el-Gazal, appartient à un autre monde, celui de l'Afrique centrale, et les populations y sont animistes ou chrétiennes. Une guerre cruelle les a longtemps opposées à Khartoum (un armistice a été conclu). Il est possible que le Sud se sépare d'un pays duquel rien ne le rapproche ; cette région possède 4 millions d'habitants.

Le reste de l'immense Soudan (2,5 millions de kilomètres carrés), soit 30 millions de musulmans, aurait intérêt à s'unir de nouveau à l'Égypte : fédération, confédération ? L'Égypte, agrandie de sa zone naturelle d'influence, la haute vallée du Nil (la Nubie), maîtriserait le fleuve sur plus de 4 000 kilomètres et renouerait avec sa vocation première de puissance africaine, échappant aux

mirages de l'unité arabe qui lui ont beaucoup nui. Le
Soudan trouverait dans cette union la stabilité et la res-
pectabilité qui lui manquent, car aujourd'hui ce pays
magnifique est aussi un pays inquiétant. On doit souhaiter que l'héroïsme fanatique du Mahdi – l'imam
caché, le messie musulman – puisse se transformer en
dynamisme créateur. Le Soudan a d'importantes ressources agricoles, beaucoup d'eau et du pétrole, qui
pourraient lui assurer la prospérité si le gouvernement
de Khartoum sortait de ses incessantes guérillas contre
les bédouins du Darfour ou les chrétiens du Sud. Une
union raisonnée avec Le Caire y contribuerait. Mais,
comme la raison ne gouverne pas le monde et encore
moins le Soudan, il est douteux que ce projet voie le
jour...

LE SAHEL

L'Afrique est divisée par la latitude en zones climatiques parallèles quand ces parallèles ne sont pas contra-
riées par l'altitude. Le Sahel est la plus septentrionale et
la plus vaste de ces zones : la deuxième Afrique. Il s'agit
d'une savane caractérisée par une pluviométrie comprise
entre 400 et 600 millimètres par an. Ces précipitations,
assez abondantes mais trop irrégulières, permettent la
pâture des troupeaux de bovins et la culture du mil sans
irrigation ; elles favorisent donc à la fois la vie des éleveurs nomades et des agriculteurs sédentaires. Le Sahel
occupe la masse du continent depuis l'Atlantique jusqu'à
la mer Rouge. De Dakar à Djibouti, on reste dans le
Sahel, où l'on trouve une part du Soudan et presque toute

l'Afrique de l'Ouest. Vert au moment de la maturité des champs de mil ou des graminées de la steppe, jaune (c'est-à-dire desséché) en temps normal, coupé de lignes rouges (la latérite donnant sa couleur caractéristique aux pistes non goudronnées) et parsemé d'énormes baobabs tourmentés, à l'ombre rare desquels les vieux se réunissent pour la palabre, le Sahel abrite de nombreux villages de huttes rondes. Il sert aussi de terrain de parcours aux éleveurs de bovins, les relations entre villageois et éleveurs étant réglées par la coutume.

Quatre fleuves traversent le Sahel. À l'est, le Nil (au Soudan). Au centre, le Chari, qui se jette dans les eaux basses du lac Tchad, dont la superficie rétrécit ou augmente en fonction des pluies. Il s'agit en fait d'un immense marécage de 3 000 kilomètres carrés, profond de quelques mètres ou moins, et encombré de roseaux. À l'ouest, le fleuve Sénégal, très irrégulier selon les précipitations, coule vers l'Atlantique sur 1 700 kilomètres. Enfin, le Niger, beaucoup plus puissant, prend sa source dans les collines de Guinée et coule en sens inverse du Sénégal. Les géographes ont longtemps pensé qu'il s'agissait d'un affluent du Nil. En réalité, il se jette dans l'Atlantique par un vaste débouché marécageux encombré de mangroves. Nous avons noté plus haut sa ressemblance avec la Loire : comme elle, il marque un coude brusque au nord, ce qui indique que chacun de ces deux fleuves aboutissait jadis ailleurs (la Loire dans la Seine, le Niger dans un lac saharien aujourd'hui disparu) ; en outre, Orléans et Tombouctou occupent des positions comparables. Les deux cours d'eau se ressemblent aussi par leurs paysages : largeur, flots paresseux sauf pendant les crues, bancs de sable, oiseaux migrateurs volant de l'un à l'autre...

Tous les pays d'Afrique de l'Ouest sont marqués par le
Sahel, même si certains – Côte-d'Ivoire, Ghana, Guinée,
Bénin, Togo, Nigeria, etc. – comportent une bande de
végétation tropicale plus ou moins large en bordure de
l'océan. On peut les qualifier de pays sahéliens. Chez
tous, on constate une opposition, qui peut aller jusqu'à la
guerre, entre gens du Nord et gens de la côte. Les premiers, agriculteurs et éleveurs, sont musulmans ; les
seconds, animistes ou chrétiens, car la forêt, même clair-
semée, inquiète les cavaliers d'Allah. La concurrence
entre le mode de vie nomade et celui des villageois est
vive. La « bédouinisation » a longtemps menacé. Les
nomades voyaient dans le Sahel un terrain de parcours
pour leurs troupeaux et se heurtaient à une farouche résistance des paysans accrochés à des niches écologiques
comme la boucle du Niger ou la falaise des Dogons.

Le **Sénégal** est tout entier compris dans la zone sahélienne. Avec ses 10 millions d'habitants sur moins de
200 000 kilomètres carrés, c'est un État moyen au sol peu
fertile, encore appauvri par la culture intensive de l'ara-
chide. Mais il dispose avec Dakar du meilleur port
d'Afrique, site artificiel construit par les Français et mer-
veilleusement situé à l'abri de la péninsule du Cap-Vert,
une sorte de Gibraltar de l'Atlantique. C'est une métropole de 3 millions d'habitants, en plein développement,
où beaucoup d'entreprises se sont délocalisées. Son
climat agréable et ses plages lui assurent un tourisme de
masse pourvoyeur de devises. On trouve au Sénégal des
phosphates. Très ancienne terre d'implantation française
(les maisons de style colonial de l'île de Gorée et de la
ville de Saint-Louis en témoignent), le Sénégal – dont le
premier président de la République, Léopold Sédar Sen-
ghor, membre de l'Académie française, a inventé la « né-

gritude » et la « francophonie » – est l'un des rares pays démocratiques de la région. Le fleuve, dominé de loin en loin par les citadelles de Faidherbe, lui assure un apport régulier d'eau douce. La population sénégalaise déborde sur sa rive nord, en Mauritanie. Cette situation a suscité de sanglants affrontements en 1989.

Le Sénégal est le berceau d'une curieuse confrérie de marchands que l'on retrouve partout dans le monde, les Mourides, puissante dans le pays (son marabout s'intéresse à la distribution de l'eau et de l'électricité). Le sud du pays, la Casamance, plus arrosé, est habité par une ethnie christianisée et abrite une rébellion séparatiste.

La **Gambie** est le type même de survivance d'un découpage colonial absurde. Cette étroite bande de terre qui borde le fleuve du même nom s'étire sur 320 kilomètres (capitale Banjul). Colonisée par les Anglais et devenue indépendante, elle isole aujourd'hui la Casamance du reste du Sénégal (elle y favorise le développement d'un mouvement séparatiste armé), et coupe le Sénégal en deux. La solution serait évidemment l'intégration de la Gambie, avec toute l'autonomie nécessaire, dans l'État du Sénégal. Mais l'existence de cette enclave est trop favorable à divers trafics et à la contrebande pour que l'union soit facile.

Le **Mali**, à l'est du Sénégal, est un immense pays sahélien – et même en partie saharien –, de plus d'un million de kilomètres carrés et de 12 millions d'habitants. Il n'a accès à la mer que par Dakar, mais il dispose avec la boucle du Niger d'un vaste domaine cultivable. C'est aussi l'un des plus beaux pays d'Afrique. On peut y admirer, sur les rives des multiples bras du fleuve, des villes d'allure « soudanaise » (adaptation française de l'architecture locale), dont Bamako, la capitale, Ségou,

Mopti et la belle Djenné dont la mosquée en pisé est célèbre. Non loin du fleuve, le curieux peuple paysan, païen, des Dogons se cache dans ses villages accrochés au flanc d'une longue falaise. L'immigration des Maliens de la région de Kayes, la plus pauvre, est très importante. Malgré sa pauvreté, le Mali possède une véritable richesse : c'est un vrai pays, original, compact.

Le **Niger**, qui lui succède vers l'est, n'a pas cette chance : enclavé lui aussi, il est dissymétrique. La partie qui borde le fleuve, où se situe Niamey, la capitale, est agricole, mais la plus grande, malgré les oasis de Zinder et d'Agadès, n'est qu'un morceau de steppe et de Sahara (propice au tourisme à partir d'Agadès) attribué à cet État par les partages coloniaux. Aussi étendu que le Mali (plus d'un million de kilomètres carrés), aussi peuplé que lui (12 millions d'habitants), le Niger est beaucoup plus fragile, les Touareg du désert ayant de la peine à se soumettre aux Noirs du fleuve. Il est aussi plus pauvre, même s'il exporte de l'uranium, un minerai stratégique exploité par les Français à Arlit, dans le Nord.

Le **Tchad**, situé entre le Niger et le Soudan, est encore plus fragile. D'une superficie proche de ces derniers (1,2 million de kilomètres carrés), mais moins peuplé (8 millions d'habitants), il n'a aucune unité. Il est déchiré entre une immense partie de désert, avec les plus hautes et les plus belles montagnes du Sahara (celles du Tibesti culminent à 3 376 mètres), et une partie sud qui touche à l'Afrique pluvieuse. Le Tchad (capitale N'Djamena) connaît des tensions extrêmes entre les ex-nomades Toubous, qui en ont conquis le gouvernement, et les Noirs du Sud, ainsi qu'entre les clans toubous eux-mêmes. L'armée française, toujours présente en force à N'Djamena, a bien du mal à maintenir un semblant de paix. Les voisins ne l'aident guère : maintenant que la Libye, qui a voulu s'en emparer et qui a été repoussée par le courage toubou et les avions français, s'est assagie, le Tchad est entraîné dans les troubles qui agitent le grand Soudan, sa province du Ouaddaï (Abéché) étant proche de celle du Darfour. Les réfugiés soudanais y affluent. On vient d'y trouver du pétrole, ce qui peut contribuer à sa stabilité autant qu'à sa dislocation. Le Tchad est l'exemple même d'un ex-territoire colonial complètement enclavé qui peine à justifier son existence.

Le **Burkina-Faso** constitue presque l'exemple inverse. L'ancienne Haute-Volta, située au sud du Mali, est un pays sahélien qui compte soixante ethnies, mais où le peuple mossi forme la moitié d'une population de 12 millions d'habitants répartis sur une surface de 274 000 kilomètres carrés. Les Mossis sont des agriculteurs patients et deviennent de bons ouvriers. Le port de ce pays lui aussi enclavé est Abidjan, en Côte-d'Ivoire, qu'un chemin de fer relie à Bobo-Dioulasso et à la capitale Ouagadougou. Le Burkina est très pauvre ; seul un quart des terres est cultivable. Cependant, il exporte du coton qui lui rapporte ses devises et se nourrit lui-même tout en ayant des fabriques de petite technologie. Il exporte aussi des travailleurs, qui constituent une importante diaspora dans l'Afrique de l'Ouest. À cause de son noyau mossi compact, le pays, gouverné sagement, est en train de devenir une véritable patrie – Burkina-Faso signifie « pays des hommes libres ». Les chiffres (ONU, etc.) qui mesurent la surface financière des États ne signifient pas grand-chose quant à leur richesse réelle. Nous l'avons constaté à propos du Yémen, pays plutôt prospère bien qu'il soit classé parmi les plus démunis de la Terre. De la même façon, le Burkina est beaucoup moins pauvre qu'il n'y paraît. C'est que les chiffres de l'ONU sont fondés sur les échanges commerciaux et la circulation monétaire.

Or on peut soutenir que la première étape du développement devrait au contraire négliger le commerce international. La monoculture d'exportation rend en effet un pays dépendant des cours des matières premières. Si ceux du pétrole et des minerais augmentent sous la pression de la demande chinoise, ceux des matières premières agricoles (café, cacao, coton) se sont effondrés sous la contrainte d'un marché mondial impitoyable. Il ne s'agit pas ici de prêcher en faveur d'une autarcie utopique, mais de faire appel au bon sens : n'exporter que les surplus, importer seulement le nécessaire, produire sur place le maximum en s'autofinançant le plus possible pour échapper aux diktats destructeurs du FMI – tel serait le chemin d'un vrai « développement durable ».

Au sud de la région proprement sahélienne se trouvent des pays mixtes qui comportent une bande sahélienne (ce qui justifie leur appartenance à la zone), mais aussi une zone côtière humide et plus favorisée. Tous reçoivent leurs rivières d'un massif montagneux modeste, mais que sa proximité de la mer transforme en château d'eau, le Fouta-Djalon (1 538 mètres d'altitude), où sont situées les sources du Sénégal, du Niger et de la Volta.

La **Guinée-Bissau** est une ancienne colonie portugaise qui abrite 1,5 million d'habitants sur une superficie comparable à celle de la Belgique. Ruiné par une féroce guerre d'indépendance puis par la guerre civile, le pays a deux atouts : la pêche sur la côte Atlantique et une forte identité lusitanienne.

La **Guinée ex-française**, d'une taille comparable à

celle du Sénégal, nourrit 8 millions d'habitants. Sa capitale est Conakry, sur la côte. Le pays a souffert après 1960 de l'ostracisme dont a fait preuve à son égard l'ancienne puissance coloniale, indisposée par l'« indépendantisme » de Sékou Touré. Ce pays dispose d'importantes ressources minières (bauxite, or, manganèse, uranium) et d'un potentiel de développement considérable, même s'il n'est pas encore parvenu à décoller.

Le **Liberia**, enclavé dans la Guinée, a été le premier État indépendant d'Afrique (l'Éthiopie n'ayant pas été colonisée). Il a été fondé en 1821 sur une idée qui fait un peu penser au sionisme : permettre le « retour au pays » des Noirs américains, mais le projet a échoué. Les quelques milliers d'Américains qui tentèrent l'aventure furent immédiatement considérés par les indigènes comme des colons « européens ». D'où une forte résistance, des guerres civiles et une instabilité chronique. Aujourd'hui, la paix semble enfin revenue, mais l'avenir de cette nation de 3 millions d'habitants répartis sur 100 000 kilomètres carrés reste incertain. La capitale est Monrovia. Le nom du pays en rappelle le projet initial.

La **Côte-d'Ivoire** a été longtemps la « vitrine » de l'Afrique francophone. De taille moyenne, celle de l'Angleterre, et peuplé de 16 millions d'habitants (dont plusieurs millions d'immigrés en provenance du Burkina et du Mali, mais aussi du Liban), ce pays bénéficie d'une belle façade maritime lagunaire où trône la ville ultramoderne d'Abidjan (2 millions d'habitants). Le fondateur de l'État, Félix Houphouët-Boigny, avait joué à fond la carte du commerce mondial, négligeant le reste, allant jusqu'à se passer d'armée et à laisser le soin du maintien de l'ordre à l'ancienne métropole. Le pays est gros producteur d'huile de palme, de bananes, d'ananas, de café et de cacao, qui ont fait sa richesse, attirant les immigrés et les capitaux. La mort du père de la nation et surtout l'effondrement du cours de ces matières premières entraînèrent sa ruine, ravivant les querelles que la prospérité avait fait oublier entre les côtiers et les gens du Sahel ; la compétition américano-française a fait le reste, les partisans du président côtier brandissant la bannière étoilée. Le pays s'est cassé en deux. L'armée française, en intervenant, a évité le bain de sang certes, mais aussi pérennisé cette cassure. La situation demeure incertaine. L'issue de cette crise sera capitale pour l'Afrique de l'Ouest.

Le **Togo** est une bande allongée menant du Sahel à l'océan (56 000 kilomètres carrés pour 5 millions d'habitants), avec Lomé pour capitale. Dirigé par une dictature inamovible, il est stable, mais fragile : on peut y prévoir une lutte de succession incertaine. Il est très dépendant des cours agricoles. Pour la petite histoire, rappelons qu'avant 1918, comme une partie du Cameroun et du Rwanda-Burundi, le Togo était une colonie allemande (dont la ville principale se nommait « Bismarckburg » avant de passer sous mandat français).

Le **Bénin**, tout à fait comparable au Togo, est allongé, étroit, mais plus étendu (112 000 kilomètres carrés) et plus peuplé (8 millions d'habitants). Il a sur le Togo l'avantage considérable de ne pas être seulement un ex-territoire colonial. C'était un royaume africain homogène qui s'appelait le Dahomey. Il a conservé de son passé une identité forte (capitale Cotonou). Au temps de l'Afrique-Occidentale française, il fournissait des cadres à toute l'Afrique de l'Ouest. On l'appelait le « quartier Latin » de la région. Il a perdu cet acquis, mais il demeure un véritable pays.

Le **Cap-Vert** constitue un archipel d'îles de climat sahélien, situé au large du Sénégal. Exigu (400 kilomètres carrés) et de faible population (500 000 habitants), ancienne possession portugaise, il a gardé une forte identité lusitanienne. Le tourisme et la pêche sont ses uniques ressources.

La **Sierra Leone** est une république côtière, très ancienne colonie anglaise. Proche du Liberia, elle en partage le projet initial, indépendance en moins. En 1787, d'anciens esclaves en provenance des États-Unis furent installés là par des sociétés antiesclavagistes – les Krios parlent toujours un créole d'origine anglaise. Freetown, la capitale dont le nom est un symbole (Ville libre), fut fondée en 1792. Mais le projet échoua lui aussi et la Sierra Leone devint une colonie de la Couronne avant d'accéder à l'indépendance en 1961. Elle rassemble 6 millions d'habitants sur 73 000 kilomètres carrés. Elle se nourrit à peu près et l'exportation des diamants lui fournit l'essentiel de ses devises.

La France, ancienne métropole de beaucoup de ces pays, a gardé, longtemps après les indépendances accordées par le général de Gaulle en 1960, un rôle impérial dans cette espèce de sous-continent où l'on parle encore le français. L'armée française y a assuré une sorte de paix et conserve aujourd'hui des bases à Dakar, Abidjan, N'Djamena, mais la cassure de la Côte-d'Ivoire et l'instabilité du Tchad ont montré les limites de cette politique, bien que les troupes françaises soient toujours fortement impliquées dans le secteur.

En Afrique de l'Ouest, les Anglais ont, selon le mot

de Disraeli, laissé « le coq français labourer le sable de ses ergots » et se sont attribué les meilleurs morceaux : la côte de l'Or et les embouchures du Niger.

Le **Ghana**, grand comme la Côte-d'Ivoire (238 000 kilomètres carrés), s'appelait jadis la Gold Coast. Peuplé aujourd'hui de 20 millions d'habitants, il fut une belle colonie de plantation. À l'indépendance, en 1957, son président, Nkrumah, lui donna son nom actuel. Nkrumah fut, avec Nasser et Nehru, l'un des leaders du « tiers monde ». Il mena une politique d'indépendance totale exactement contraire à celle de l'Ivoirien Houphouët-Boigny. Victime, comme la Côte-d'Ivoire, de la chute du cours du cacao, le Ghana a connu une grande instabilité politique. Mais aujourd'hui il semble en meilleur état que la Côte-d'Ivoire. Accra, sur la mer, est une ville moderne de près de 4 millions d'habitants. Compact, le Ghana va peut-être réussir à devenir une nation.

Le **Nigeria** est le géant de l'Afrique de l'Ouest anglophone. Les Anglais, fidèles aux consignes de Disraeli, ont laissé aux Français le haut Niger, s'appropriant les terres riches des embouchures du grand fleuve ; l'indépendance vint en 1960. Ce pays deux fois plus étendu que la France a probablement (les statistiques ne sont pas fiables) le double d'habitants (126 millions). Largement ouvert sur l'Atlantique, il pourrait être la première puissance économique de l'Afrique. Il est en particulier le premier producteur de pétrole du continent et ses terres bien arrosées sont riches en cultures vivrières. Lagos, sur la lagune, étale sa conurbation informe et très active (12 millions d'habitants), où règne l'insécurité. Ibadan (2 millions d'habitants) est le centre de la culture du cacao. Une nouvelle capitale vient d'être érigée dans l'intérieur, à Abuja.

Mais cet immense État fédéral ne constitue nullement

une nation. Entre les États du Nord, anciens sultanats musulmans sahéliens (Sokoto, Kano) qui sont travaillés par l'intégrisme et ont rétabli la *charia*, et ceux du Sud, animistes et chrétiens, le gouffre est profond et les heurts fréquents. En 1967, les Ibos catholiques de l'est du delta, population homogène, développée et dynamique, firent sécession sous le nom de Biafra. Leur séparatisme fut écrasé au prix d'un million de morts. C'est à cette occasion que naquirent les ONG (organisations non gouvernementales) humanitaires (Médecins du monde, Médecins sans frontières). Aujourd'hui, le gouvernement fédéral n'a réussi à maîtriser les séparatismes et les passions religieuses ni dans le Nord musulman ni dans le Sud chrétien. Les paysans détournent souvent à leur profit le contenu des oléoducs et l'insécurité généralisée freine le développement d'un géant dont l'administration passe pour être l'une des plus corrompues du monde. Le risque d'éclatement de la fédération en plusieurs morceaux n'est pas conjuré. L'avenir de ce grand pays anglophone est incertain. À cause de son instabilité politique, le Nigeria ne joue pas le rôle de puissance régionale qui devrait être le sien.

La colonisation, au Nigeria comme ailleurs, a engendré un traumatisme durable. Les impérialismes anglais et français maintinrent cependant dans leurs zones respectives une sorte de « paix romaine », laquelle persista une vingtaine d'années après les indépendances. En ce temps-là, le voyageur pouvait circuler à travers le continent à vélo, en voiture ou à pied. Ce temps n'est plus.

L'Afrique pluvieuse

L'Afrique pluvieuse offre d'autres aspects que les paysages sahéliens ou côtiers que nous venons de décrire, du Sénégal au Soudan. Il s'agit d'une Afrique différente : la « troisième Afrique ». On pourrait aussi la baptiser l'« Afrique des bas », car elle est en général de faible altitude, ce qui aggrave le climat équatorial. Elle compte cependant sur son pourtour des volcans actifs (le Niragongo), mais se présente au géographe comme une immense cuvette aux bords relevés, très déprimée en son milieu où coule le fleuve Congo. Moins long que le Nil (4 350 kilomètres contre 6 671), c'est le deuxième fleuve de la planète par le volume des eaux qu'il roule. Son débit, assez régulier, atteint 75 000 mètres cubes à la seconde et son bassin draine 3 millions de kilomètres carrés. Sa majeure partie est navigable, mais coupée de rapides qui le fracturent en biefs. Le Congo prend sa source dans les collines du Katanga et décrit une vaste courbe avant de se jeter dans l'océan par un estuaire dans lequel la mer remonte sur 150 kilomètres. Il reçoit de puissants affluents à droite comme à gauche (l'Oubangui, la Sangha, le Kasaï...) et s'élargit en une sorte de lac fluvial, le Pool, entre Brazzaville et Kinshasa.

Le climat de l'« Afrique des bas », traversée en son milieu par la ligne équatoriale, est pour ainsi dire sans saison (une saison humide succédant à la saison des pluies), d'une tiédeur étouffante et collante. Son ciel est lumineux, mais nuageux et gris. Il s'agit de l'une des zones répulsives de la planète – infiniment plus que le Sahel, dont le climat est sain. On peut parler ici en vérité de « malédiction climatique ». Cette malédiction a affaibli les populations et longtemps découragé les Européens : paludisme, fièvre jaune, maladie du sommeil, sida ou fièvre d'Ébola ont décimé les hommes. Il a fallu les progrès de la médecine (l'Institut Pasteur...), de l'hygiène et de la climatisation pour faire reculer ces plaies. Mais aujourd'hui la désorganisation, dans presque tous ces États, des services de santé voit ces maux ressurgir en force.

L'Afrique des bas est le domaine par excellence de la grande forêt équatoriale, où peuvent encore subsister à l'état sauvage éléphants et gorilles. Les populations forestières, souvent bantoues, pratiquaient une agriculture sur brûlis. On n'y rencontrait pas d'éleveurs nomades, à cause de la mouche tsé-tsé, mortelle pour le bétail. En bref, une région de la Terre que les Européens pouvaient nommer l'« enfer vert » ou le « cœur de la nuit », avant que les techniques modernes ne l'éventrent.

Le **Zaïre** (redevenu Congo – ou plutôt République démocratique du Congo –, mais nous préférons garder un terme qui permet de ne pas le confondre avec le Congo ex-français) s'étend sur la majeure partie du bassin du fleuve Congo et de ses affluents. Il mord aussi sur les hauteurs environnantes. C'est un pays immense, étendu comme le Soudan (2,4 millions de kilomètres carrés), mais aussi verdoyant que celui-ci est desséché. Sa population est estimée (les statistiques étant encore moins fiables qu'au Nigeria) à 50 millions d'habitants : Bakongos, Batekés, Baloulas, Bakundas, Bakoubas, en grande partie d'origine bantoue, à l'exception de quelques milliers d'aborigènes pygmées. Le français est langue officielle, mais on y parle trois cent soixante dialectes. Animiste à l'origine, la population est en voie de christianisation par les Églises catholique ou protestante,

mais aussi et davantage par de multiples sectes fonda-
mentalistes.

À cause de la rivalité anglo-française, le pays avait été
attribué en propriété personnelle au roi des Belges, Léopold II. Celui-ci transforma le territoire en une immense
et profitable plantation (y introduisant même, après l'éra-
dication de la mouche tsé-tsé, un million de bovins) qui
enrichissait son propriétaire. Mais le roi exploita les
hommes avec si peu de scrupules et une telle violence
que le parlement de Bruxelles s'en émut et transféra à
l'État la propriété du pays, celui-ci devenant alors le
Congo belge – qui se révéla la plus riche colonie
d'Afrique. Les Belges ne se soucièrent pourtant guère de
former des cadres locaux. En 1960, Anglais et Français
ayant émancipé presque d'un coup toutes leurs posses-
sions d'Afrique, les Belges furent obligés de se retirer
avec précipitation. Comme ils n'avaient pas préparé cette
transition, ils laissèrent derrière eux un chaos qui dure
encore. De cette histoire sanglante émergent la figure du
dirigeant Patrice Lumumba, assassiné en 1961 dans des
conditions obscures, le souvenir de multiples sécessions
(dont celle du Katanga), l'intervention de l'armée française à Kolwezi en 1977 et la prise de possession de l'est
du territoire par les militaires rwandais. Le pouvoir actuel
et la communauté internationale essaient de consolider un
armistice fragile et de reprendre en main un pays dévasté
où la plupart des routes et infrastructures ont été détruites.
Des élections présidentielles à peu près fiables viennent
d'y avoir lieu sous contrôle international.

À Kinshasa, la capitale, riveraine du Pool, se sont réfugiés 10 millions de Zaïrois. La route et le chemin de fer
relient à nouveau la mégapole au port de Matadi, installé
dans l'étroite fenêtre dont dispose ce pays immense sur

l'océan. Le Zaïre est la meilleure illustration contemporaine des effets du mauvais gouvernement. Toutes les conséquences de cette situation peintes au XIVᵉ siècle sur le célèbre tableau de la salle communale de Sienne y sont visibles : pillages, misère paysanne, villages dévastés...
La malédiction climatique peut pourtant être aujourd'hui maîtrisée, d'autant que le pays comporte aussi des régions d'altitude comme le Ruwenzori (5 119 mètres), jadis nommé montagnes de la Lune, traversé par la ligne de partage des eaux du Nil et du Congo, avec neiges éternelles et glaciers. Dans ces régions, la loi du relief (s'élever de 100 mètres au-dessus de la mer, c'est retrouver le climat qu'il fait 100 km vers le pôle) lève la malédiction climatique et l'on retrouve un climat européen. Avec la variété de ses climats et ses immenses ressources, le Zaïre pourrait devenir très riche. Il dispose d'eau à volonté avec le deuxième fleuve de la Terre et une capacité hydroélectrique considérable. Il se nourrit et produit caoutchouc, huile de palme, coton, café. Son sous-sol regorge de pétrole, de cuivre, de cobalt, de diamants, de métaux rares. Mais ces richesses sont pillées par une armée corrompue, une administration incompétente, des trafiquants venus de partout, les militaires rwandais, sans parler de sociétés occidentales, comme America Mineral Fields, qui ne paient pour ainsi dire pas de taxes. Personne ne saura jamais les quantités réelles de minéraux sortis du pays depuis 1998 (le début de la dernière guerre). Une seule province, celle de Walikale, produirait mensuellement 1 000 tonnes de coltan, immédiatement volées par des agents extérieurs américains et chinois. Le pactole des matières premières ne profite nullement aux populations dans la République démocratique du Congo. Quelques milliers de fonctionnaires compétents et hon-

nêtes (ils existent, mais en exil), quelques milliers de soldats disciplinés (et non de pillards) et d'officiers loyaux suffiraient pour en faire un pays riche.

Le **Congo**, petit voisin de la RDC au nord du fleuve, dont la capitale, Brazzaville, fut un temps celle de la France libre, est une réplique en réduction de son voisin du sud, avec seulement 3,5 millions d'habitants sur 350 000 kilomètres carrés. Il a les mêmes possibilités et les mêmes défauts. Il possède du pétrole, mais a beaucoup souffert de l'anarchie et des guerres civiles. Comme la RDC, il dispose d'une petite fenêtre sur l'océan avec le port de Pointe-Noire, relié à la capitale par un chemin de fer dont la construction à l'époque coloniale, à l'aide du travail forcé, fit beaucoup de victimes (André Gide en parle dans son *Voyage au Congo*). Aujourd'hui, le Congo semble avoir retrouvé la paix.

La **Centrafrique**, elle, est complètement enclavée. Située au nord sur l'autre rive du fleuve Oubangui, elle n'a aucun accès à la mer. Grande comme la France, elle n'est peuplée que de 4 millions d'habitants et sa capitale est Bangui, sise sur le fleuve. C'est réellement l'un des pays les plus pauvres du monde, encore appauvri par les délires du défunt Bokassa qui voulut être empereur. L'actuel gouvernement, plus modeste, fait ce qu'il peut pour s'en sortir, mais a besoin des subventions de l'ancienne métropole pour payer ses fonctionnaires. Riche de possibilités comme ses voisins, la Centrafrique pâtit du manque de routes et d'infrastructures, ainsi que du brigandage.

Le **Gabon**, voisin du Congo, est beaucoup plus riche. Compact avec ses 260 000 kilomètres carrés, il est largement ouvert sur l'océan et couvert de forêts équatoriales. C'est une espèce d'émirat africain riche en pétrole et en gaz parfois *off shore*, et qui exporte aussi du bois tropical et des minéraux comme le manganèse. Sa population reste faible (1,5 million d'habitants), à cause du climat malsain et d'une natalité modeste. Mais le pays bénéficie d'une stabilité rare sur le continent et de revenus élevés. Ces acquis, dus à la rente énergétique, à la longévité exceptionnelle d'une dictature et à la présence de l'armée française à Libreville, la capitale, sont fragiles. Les Chinois s'intéressent beaucoup à ce pays et y viennent en nombre depuis peu.

La **Guinée équatoriale** comporte une partie continentale, enclavée dans le Gabon avec la ville de Bata, et l'île de Bioko sur laquelle se trouve sa capitale Malabo. Grande comme la Sardaigne, elle n'a que 500 000 habitants, mais une identité originale à cause de sa colonisation par les Espagnols. C'est un petit morceau d'Afrique équatoriale qui n'a, malgré son nom, aucun rapport avec les Guinées du Fouta-Djalon. Elle produit beaucoup de pétrole, richesse dont la population ne profite pas.

São Tomé-et-Principe ne sont qu'un minuscule archipel insulaire anciennement portugais, peuplé d'à peine 160 000 habitants. On y a trouvé du pétrole, mais l'archipel produit surtout du cacao. On imagine mal l'avenir de ce micro-État.

Le **Cameroun**, situé sur les rebords montagneux septentrionaux de la cuvette congolaise et qui pousse au nord un pédoncule vers le Sahel (Maroua), est beaucoup plus solide. Colonie allemande avant 1918, puis divisée entre la France et l'Angleterre, ce fut le premier territoire de la France libre en 1940 (le futur général Leclerc en fut gouverneur).

À l'exception du mont Cameroun, volcan éteint et point culminant de l'Afrique occidentale avec ses

4 070 mètres, les montagnes d'altitude moyenne rendent le climat moins pénible. La capitale, Yaoundé, est située là alors que la principale agglomération, celle de Douala, est un port actif. Grand comme la France, peuplé de 16 millions d'habitants, le Cameroun arrive à se nourrir. Il exporte coton, café, bois et produit maintenant du pétrole. Il possède dans son jeu beaucoup d'atouts qui lui permettraient de devenir une nation prospère. Un chemin de fer moderne, le Transcamerounais, le traverse de Douala au Sahel. L'intégration au Cameroun francophone de la partie ex-anglaise, à la suite d'un référendum en 1959, ne se fait pas sans difficultés.

L'**Angola**, situé entre la RDC et l'océan, est un vaste quadrilatère dont le côté occidental est une large façade sur l'Atlantique. Pays compact, il contrôle aussi, au nord de la fenêtre maritime de son grand voisin, la petite enclave de **Cabinda**, importante parce qu'elle regorge de pétrole. L'Angola est une espèce de Zaïre maritime, au climat assaini par les brises océanes. Très longtemps colonie portugaise (de 1555 à 1975), parlant toujours le portugais, le pays ne devint indépendant qu'après une très dure guerre de libération contre le régime de Salazar. Pour son malheur, il fut ensuite l'un des enjeux de la guerre froide opposant l'URSS et les États-Unis. Le pouvoir légal se disait marxiste et luttait contre une rébellion soutenue par l'Amérique. Des milliers de soldats cubains vinrent combattre à ses côtés. L'armistice a été signé en 2002, et les Cubains sont depuis longtemps repartis chez eux, mais le gouvernement peine à intégrer les anciens rebelles.

Grand comme deux fois la France, peuplé de 13 millions d'habitants, ce très beau pays, dont la capitale, Luanda (2 millions d'habitants), conserve des églises baroques, n'est pas encore sorti d'affaire. Si le calme s'établit, il a de l'avenir : producteur de pétrole courtisé par toutes les majors pétrolières (Total, Shell...), de diamants, etc., il pourrait se nourrir très facilement. Après plusieurs décennies de guerres, les infrastructures – routes, chemins de fer, ports – sont à reconstruire. Les dépenses militaires obèrent le budget d'un État encore pauvre, mais qui nourrit les ambitions d'une puissance régionale. L'Angola lusitanien est une véritable nation.

L'AFRIQUE DES HAUTS EST LA QUATRIÈME AFRIQUE

Cette région, nommée également Afrique orientale, se compose d'une ligne de fossés tectoniques d'effondrement, le Rift, étiré sur un axe nord-sud, depuis le lac Assal près de Djibouti jusqu'au lac Malawi, sur plusieurs milliers de kilomètres. En son milieu, cette ligne se subdivise en deux parties : une branche orientale dominée par les monts Kenya (5 194 mètres) et Kilimandjaro (5 963 mètres), point culminant du continent africain ; une branche occidentale où se sont formés plusieurs grands lacs (Albert, Édouard, Kivu et Tanganyika) – les deux branches se rejoignant au sud. L'altitude corrige les effets néfastes du climat équatorial et rend l'environnement sain et même favorable aux Européens. Beaucoup de riches étrangers y achetèrent et y gérèrent de belles propriétés agricoles, comme le raconte le roman de Karen Blixen[1]. Le Rift se prolonge au nord dans les brèches tectoniques de la mer Rouge et de la mer Morte. Ligne de fracture permanente de la planète, elle est une illustra-

---

1. *La Ferme africaine.*

tion toujours active de la tectonique des plaques. C'est
probablement en son sein qu'apparut un jour l'*Homo
sapiens*. Islamisées seulement sur les côtes de l'océan
Indien, les tribus africaines, agricoles ou nomades, y
connurent un niveau de développement beaucoup plus
complexe et raffiné que dans le Sahel ou la forêt.

Depuis l'Éthiopie jusqu'au Zimbabwe, l'Afrique des
hauts, dominée parfois par les neiges éternelles des sommets (celles du Kilimandjaro), présente une unité de paysages marqués par l'altitude. Étape incontournable de la
route du Cap au Caire, elle fut surtout anglaise à l'époque
coloniale, mais elle est beaucoup plus anciennement
imprégnée de civilisation nilotique parce que le Nil y
prend sa source. Là, au cœur du continent, à 6 671 kilomètres de la Méditerranée, surgit un ruisseau, le Kasumo,
qui alimente la Luvironza, grossit le Ruvuvu, file dans le
Nyawarongo, se jette dans la Kagera qui va au lac Victoria. De cette mer d'eau douce sort le Nil blanc, lequel
bouillonne en Ouganda et tombe en chutes vertigineuses
à Kabalega. Il faudrait plutôt parler des Nils que du Nil,
parce que si le Nil blanc surgit au nord du lac Tanganyika
et sort renforcé du lac Victoria, le Nil bleu descend du
lac Tana en Éthiopie.

L'Afrique des hauts plateaux est aussi celle des grands
lacs qui se logent dans le Rift ou s'étalent dans les creux
de l'altiplano. Le lac Victoria, le plus important du continent, s'étend sur une superficie de 68 000 kilomètres
carrés qui alimentent le Nil. Peu profond mais très poissonneux, il fait vivre de nombreux villages de pêcheurs
(la perche du Nil). Ses rives sont partagées aujourd'hui
entre plusieurs États. Le lac Tanganyika, le deuxième
pour la superficie, est encore grand comme la Belgique.

C'est là que l'explorateur Stanley retrouva Livingstone en 1871.

L'**Éthiopie** couronne par le nord l'Afrique orientale. Elle forme un ensemble de vallées profondes et de massifs élevés (4 620 mètres au Ras Dachan). On y trouve des populations mêlées : Sémites venus du Yémen voisin, Nilotiques remontant le Nil bleu, Noirs du Sud. Christianisé dès les premiers siècles de notre ère par les chrétiens égyptiens, le pays, appelé alors Abyssinie, constitua plusieurs royaumes chrétiens. Aksoum, puis Gondar, sur le lac Tana, en sont les capitales historiques, où subsistent de nombreuses architectures paléochrétiennes (dont le célèbre obélisque récemment rendu par l'Italie). Dans ses montagnes, l'Abyssinie résista à l'islam. Au XIXᵉ siècle, le négus (empereur) Ménélik réussit à écraser l'armée italienne en 1896 à Adoua, sauvegardant ainsi la liberté du pays. Toujours indépendante (car on peut compter pour rien l'occupation italienne de 1935 à 1941), l'Éthiopie n'échappa pas à la guerre froide. Le négus détrôné en 1974, Soviétiques et Cubains apportèrent une aide massive au régime marxiste qui lui succéda. Aujourd'hui, l'Éthiopie retrouve peu à peu son calme sous un régime autoritaire et militaire, mais elle a perdu l'Érythrée qui s'est constituée en État indépendant après plusieurs guerres, et avec elle son débouché naturel sur la mer. Addis-Abeba, fondée par l'empereur Ménélik, en est toujours la capitale, immense cité de petites maisons, parsemée de collines et plantée d'eucalyptus. Devant les églises, on peut voir des vieillards méditer, appuyés sur leur bâton traditionnel. Grand comme deux fois la France, peuplé comme elle (63 millions d'habitants), ce pays surtout agricole pourrait facilement se nourrir (malgré les sécheresses) dans la paix, les famines étant surtout causées par l'insécurité et les guerres. Il a la chance d'être une très vieille et vénérable nation, la seule région d'Afrique noire où s'est constitué un véritable État – féodal, mais indigène –, sans intervention coloniale, et, disons-le, une civilisation qui ne le cède en rien à beaucoup d'autres. Avec un tel passé, malgré crises et chaos, l'avenir appartient à l'Éthiopie.

Le **Kenya**, grand comme la France et peuplé de plus de 30 millions d'habitants, possède une vaste façade maritime sur l'océan Indien avec le port de Mombasa et de belles plages à touristes, mais il est pour l'essentiel rassemblé autour de sa capitale, Nairobi, construite sur l'altiplano, grande ville qui se veut ultramoderne – un Abidjan montagnard. C'était le paradis colonial des Anglais, le climat d'altitude y attirant de nombreux visiteurs (dont la baronne danoise Karen Blixen). Les Britanniques ne le quittèrent qu'à regret, non sans y avoir mené une vigoureuse répression contre la révolte des Mau-Mau et le leader Jomo Kenyatta, père de l'indépendance. Centre mondial de safaris touristiques grâce à ses réserves naturelles peuplées de girafes, d'éléphants et de lions, le pays, très agricole, connaît cependant de graves problèmes. Ainsi, depuis vingt ans, le sida a tué plus d'un million de personnes, décimant en particulier les élites. Mais s'il surmonte ses difficultés, le Kenya, État compact au climat agréable et ouvert sur le monde, a un bel avenir devant lui.

L'**Ouganda**, son voisin de l'est, enclavé, moitié moins grand mais presque aussi peuplé (26 millions d'habitants), a moins d'atouts. Indépendant depuis 1962, il disposait d'une monarchie indigène (tribale, non étatique et féodale comme en Éthiopie, mais prestigieuse) qui ne fut abolie qu'en 1966. Orgueil des missionnaires chrétiens, en particulier catholiques, ce pays donna cependant en 1971 le pouvoir à un dictateur aussi grotesque que l'empereur centrafricain, Idi Amin Dada, que seule une intervention militaire extérieure, celle de la Tanzanie, fit tomber en 1979.

L'Ouganda est pourtant un pays agricole (café, thé) assez riche, et il profite aussi de la manne des pêcheries sur le lac Victoria, qui le borde au sud. Depuis 1979, il fait preuve d'une stabilité politique grâce à laquelle l'économie est dynamique aussi bien par l'agriculture que par le secteur minier (cobalt et nickel). Kampala est sa capitale. Cependant, l'Ouganda dépend beaucoup de l'aide internationale et subit lui aussi les ravages du sida.

Le **Rwanda** (ou Ruanda) est une espèce de Belgique africaine par la taille, la population, l'histoire récente (les Belges ne l'ont quitté qu'en 1960), mais une Belgique des montagnes, appelées ici « collines », surpeuplée, sans industrie et totalement enclavée. En 1994, une guerre civile atroce a opposé les Hutus, Bantous cultivateurs, et les Tutsis, Nilotiques éleveurs. Les premiers massacrèrent les seconds, l'armée tutsi finissant par gagner la guerre (malgré une intervention militaire française) et par prendre le pouvoir. Il est très difficile de comprendre ce conflit. Les Hutus et les Tutsis sont-ils des ethnies différentes – bantoue et nilotique –, ou bien des castes socialement opposées comme les brahmanes ou les intouchables en Inde ? Probablement un peu les deux. Les puissances coloniales (Allemagne avant 1918, Belgique après) ou impériales (France, Angleterre) ont aggravé les tensions en prenant parti sans discernement. Elles ont tout d'abord favorisé les Tutsis, dirigeants traditionnels mais minoritaires, puis, au nom de la démocratie, les Hutus parce qu'ils sont majoritaires. Durant la guerre civile, la France a soutenu le gouvernement légitime, dirigé par les Hutus, les pays anglo-saxons appuyant les Tutsis – le Rwanda a été l'un des lieux de la rivalité franco-américaine en Afrique. La seule et triste certitude est que les Hutus massacrèrent les Tutsis, dont des centaines de milliers furent tués à la machette (comme quoi il n'est pas besoin d'armes modernes pour tuer...). Ce fut un véritable génocide. Aujourd'hui qu'ils ont gagné la guerre civile, les Tutsis, qui dirigent l'armée, ont envahi de manière parfaitement illégale l'est de la RDC, prétendument pour y poursuivre les réfugiés hutus, en réalité pour piller les diamants et autres richesses. Si le pouvoir hutu a été indiscutablement criminel, le pouvoir tutsi actuel est militariste, impérialiste et peu démocratique. Kigali, la capitale, reste une ville dévastée. Ce qui rend les événements encore moins compréhensibles pour un Occidental, c'est que les Hutus comme les Tutsis, fortement christianisés, étaient les enfants chéris de l'Église catholique et que celle-ci a été complètement débordée. Comme les événements de Bosnie, le génocide au Rwanda nous apprend que la barbarie peut toujours ressurgir.

Le **Burundi**, absolument semblable à son voisin du nord par la taille, la population, les ethnies, les castes, la religion, l'histoire coloniale (capitale Bujumbura), a cependant, malgré de nombreux massacres tribaux, réussi à éviter le pire.

La **Tanzanie**, grande comme la France, est peuplée de 38 millions d'habitants. Elle a beaucoup de cartes dans son jeu. Elle possède une belle façade maritime où se trouve le grand port et ville principale de Dar es-Salaam, entourée de petites industries et de plages à touristes. L'île pittoresque de **Zanzibar**, haut lieu de l'islam et de la traite des Noirs, a été annexée en 1964. L'altiplano est fertile, avec trois grands lacs (Victoria, Tanganyika et Malawi) que le Kilimandjaro éclaire de ses neiges. Trop exclusivement agricole, le pays – qui a transporté sa capitale dans la montagne à Dodoma – garde encore le souvenir de la colonisation allemande avant 1918 et anglaise par la suite, et des exploits du général von Lettow-Vorbeck qui s'y couvrit de gloire avec ses Askaris tanzaniens pendant la Première Guerre mondiale [1]. Assez bien dirigé, le pays fait aujourd'hui des progrès constants.

Le **Malawi**, longue bande de territoire longeant le lac du même nom, est surpeuplé : 10 millions d'habitants sur 100 000 kilomètres carrés. Cet État enclavé, très isolé, ne dispose pas de grandes ressources. On peut s'inquiéter pour la viabilité de cet ancien territoire colonial britannique.

La **Zambie**, tout aussi enclavée et montagneuse, a davantage d'atouts : un vaste territoire de 750 000 kilomètres carrés, une population mesurée (10 millions d'habitants), une capitale ouverte, Lusaka (2 millions d'habitants). C'est un pays agricole qui se suffit à lui-même, vend du tabac et se veut le premier exportateur de cuivre du monde. De surcroît, les trois quarts des Zambiens sont alphabétisés et de petites entreprises industrielles de services s'y développent.

Le **Mozambique** occupe la moitié méridionale de la façade maritime de l'Afrique orientale sur l'océan Indien. Comme l'Angola, il fut pendant des siècles une colonie portugaise et ne devint indépendant qu'après la révolution des Œillets en 1975.

Il s'agit d'une longue plaine côtière constituée par les

---

1. Lire à ce sujet le beau livre de William Boyd, *Comme neige au soleil*.

alluvions des fleuves descendus des hauts plateaux, Limpopo, Zambèze, etc. Maputo, sa capitale, s'est longtemps appelée Lourenço Marques. Comme l'Angola, le Mozambique a connu une guerre civile dévastatrice liée à la guerre froide. Samora Machel, marxiste, avait choisi le camp communiste. Depuis sa mort en 1986, le pays essaie de se reconstruire. Il a des atouts pour cela : un vaste territoire de 800 000 kilomètres carrés ouvert à l'océan, une population lusophone de 18 millions d'habitants. Mais il reste beaucoup à faire, le Mozambique étant trop dépendant d'une agriculture encore archaïque et politiquement instable.

L'AFRIQUE DU SUD EST LA « CINQUIÈME AFRIQUE »

Elle est, comme l'indique son nom, une Afrique australe, traversée par la bande de désert qui correspond dans l'hémisphère Sud au désert transcontinental de l'hémisphère Nord. Ce désert du Sud est beaucoup moins visible que celui du Nord parce qu'il est coupé d'océans. En Afrique, le Kalahari en est la partie la plus connue. Il rappelle les paysages du désert australien et comme lui il abrite des aborigènes, ici les Bochimans. D'ailleurs, le sud de l'Afrique tout entier évoque l'Australie : à la même latitude, il est formé d'un plateau relevé vers le sud-est.

L'**Union sud-africaine** en est, et de loin, la puissance dominante : vaste (1,2 million de kilomètres carrés), peuplée de 45 millions d'habitants, stratégiquement bien située.

Le port du Cap, magnifique cité moderne au pied de

la montagne de la Table (3 millions d'habitants), contrôle la pointe sud de l'Afrique et donc, aujourd'hui, le trafic des superpétroliers partis du golfe Persique qui la contournent vers l'occident. Les côtes de l'Union sont longues et ouvertes sur l'océan Indien comme sur l'océan Atlantique. L'Union est aussi un grand pays minier, un « miracle géologique » : premier producteur d'or et de diamants de la planète. On y trouve du cuivre, du charbon, du fer, du manganèse et des métaux « stratégiques » comme le platine et l'uranium. L'Union est maintenant un véritable pays industriel – en réalité, le seul d'Afrique.

Johannesburg (6 millions d'habitants) est une immense conurbation aux tours de verre et d'acier, animée par de grandes entreprises ; on y voit même une Bourse. La capitale fédérale, Pretoria, n'est qu'une ville administrative. Géographiquement, la similitude entre l'Union sud-africaine et l'Australie est saisissante. Même savane intérieure propre seulement à l'élevage extensif ; même rebord montagneux sur la côte sud-est. Le grand escarpement sud-africain ressemble aux « Alpes » australiennes ; même climat méditerranéen entre la montagne et l'océan, face à l'orient (résultant comme partout des contacts entre désert, montagne et mer). L'Union est d'ailleurs un pays viticole : les vins sud-africains et les vins australiens se ressemblent.

En revanche, les populations des deux pays sont très différentes.

L'Australie est blanche ; l'Union sud-africaine, majoritairement noire avec une forte communauté indienne (l'Inde est sur la rive opposée du même océan) implantée depuis longtemps (Gandhi a vécu en Afrique du Sud). L'Union abrite aussi 5 millions de Blancs. Des immigrés anglais, certes, mais pour la majorité des descendants de colons hollandais et de protestants chassés de France par la révocation de l'édit de Nantes. La Hollande a pratiqué en Afrique du Sud une colonisation de peuplement avant d'être chassée du Cap, du temps de Napoléon, par la Grande-Bretagne. Mais ses colons sont restés. Ce sont les Afrikaners. En 1834, beaucoup d'entre eux avaient préféré échapper à la domination britannique en s'exilant vers l'intérieur du continent, où ils affrontèrent les populations noires, en particulier les combatifs guerriers zoulous ; ce fut le « Grand Trek ». Ils fondèrent dans la principauté d'Orange (la couleur de la Hollande) et au Transvaal des États indépendants, et n'hésitèrent pas à faire la guerre aux Anglais de 1899 à 1902 quand ceux-ci, allant du Cap au Caire, menacèrent leur indépendance (guerre des Boers, autrement dit « des paysans »). Les Britanniques eurent du mal à en venir à bout. Ils firent ce que Staline fit plus tard avec les Finlandais : ils respectèrent ces gens indomptables, et l'Afrique du Sud devint un dominion de l'Empire, mais un dominion où les Afrikaners avaient le pouvoir ; ils le gardèrent longtemps. Ils cultivèrent aussi leur langue, qu'ils emploient toujours en même temps que l'anglais (l'afrikaner n'est autre que du néerlandais). Les Noirs voulant s'émanciper, ils les réprimèrent et instaurèrent le régime de l'apartheid (« développement séparé ») qui déniait tout droit à la majorité africaine. Ils durent cependant composer avec la réalité. Avec la victoire de l'ANC dirigé par Nelson Mandela en 1991, les Blancs devinrent des citoyens ordinaires, alors qu'ils avaient construit avec opiniâtreté une espèce d'Algérie française des mers du Sud.

Se produisit alors un miracle : Nelson Mandela, longtemps emprisonné par les Afrikaners, eut la sagesse (qui manqua complètement au FLN algérien) de vouloir garder ses « pieds-noirs » afrikaners. Il comprenait bien que, si ces derniers s'en allaient, le pays ne s'en relèverait pas. Cette cohabitation pacifique des Blancs et des Noirs, succédant à la domination impitoyable des premiers, fut un coup de génie de la part de Mandela. Elle fait de l'Union sud-africaine la première puissance du continent, et de très loin (elle a même eu la bombe atomique, avant d'y renoncer).

Cette cohabitation est sans doute facilitée aussi par le fait que Blancs et Noirs ont le christianisme en partage et chantent les mêmes cantiques. Elle reste pourtant fragile, et d'ailleurs Mandela est à la retraite. L'insécurité est grande partout : vols, viols, brigandages, dirigés surtout contre des Blancs ; les successeurs de Mandela n'ont pas tous sa sagesse. À la moindre alerte sérieuse, les Afrikaners songeraient à émigrer vers cette Australie si semblable à leur terre – « Back to Perth », disent-ils déjà. André Brink, écrivain sud-africain, Blanc, vient de pousser un cri d'alarme [1].

Enclavées dans l'Union se trouvent deux petites monarchies africaines traditionnelles : le **Lesotho**, un pays de plateaux volcaniques (30 000 kilomètres carrés et 1,5 million d'habitants), et le **Swaziland**, encore moins grand (17 000 kilomètres carrés et un million d'habitants). Ces deux pays, très pauvres, ne disposent en pratique que d'une très faible liberté de manœuvre. Ce sont en fait des « protectorats cachés » de l'Union.

Le **Botswana**, vaste steppe sans accès à la mer et qui borde l'Union au nord, a plus de consistance. Grand

---

1. André Brink, « Un instant dans le vent », *Le Monde*, 24 août 2006.

comme la France, stable, le pays, dont la capitale est Gaborone (l'ancienne Mafeking), n'a qu'un million de citoyens, mais se développe.

Le **Zimbabwe** n'est autre que l'ex-Rhodésie du Sud anglaise (du nom de Cecil Rhodes, le chantre « du Cap au Caire »). C'était une colonie de peuplement non pas hollandaise comme l'Union sud-africaine, mais britannique. Des milliers de *farmers* anglais avaient fait de ce pays de 12 millions d'habitants et de 390 000 kilomètres carrés le grenier de l'Afrique. Ils étaient toujours au travail bien après l'indépendance, qu'ils avaient longtemps refusée et que Londres avait fini par leur imposer. Il y avait un problème d'africanisation, mais il fallait procéder lentement. Robert Mugabe, le leader zimbabwéen, n'a pas eu la sagesse d'un Mandela. Il vient de décider la confiscation brutale, accompagnée d'exactions, des exploitations agricoles tenues par des Européens. Cette décision imbécile a plongé le pays dans le marasme, sans bénéfice pour personne. Harare (l'ancienne Salisbury) n'est plus que la capitale d'un pays sinistré. Les Blancs s'en vont.

La **Namibie** nous permet de terminer cette description de l'Afrique sur une note optimiste. C'est un grand et beau désert de 800 000 kilomètres carrés, peuplé seulement de 2 millions d'habitants. Indépendant depuis que l'armée sud-africaine s'en est retirée, c'est un pays d'avenir, minier (diamants, uranium), mais également agricole (agriculture extensive évidemment). La Namibie est aussi de plus en plus une destination touristique appréciée grâce à la beauté de ses plages désertes et de ses dunes de sable rouge. Colonie allemande avant 1918, l'influence germanique y est encore visible dans le nom

et l'urbanisme de la capitale, Windhoek, bien que le colo-
nisateur ait massacré sans pitié les Hereros. Indépendant
depuis 1991, le pays est calme et stable. La Namibie a
un bon gouvernement, de l'espace et l'océan, donc de
l'avenir.

Les océans jumeaux

Les océans Pacifique et Indien forment en fait une seule immense mer qui joint les zones arctiques aux zones antarctiques et baigne à la fois les côtes du Vieux Monde et celles du Nouveau. L'Asie des mers, avec son chapelet de grandes îles, de Sumatra à la Tasmanie, marque une limite entre les deux, mais, largement ouverte au sud, elle ne les sépare pas vraiment.

On pourrait dire que les océans jumeaux s'étendent du cap de Bonne-Espérance au cap Horn. Ce dernier est infiniment plus difficile à doubler que le premier. Prolongeant, au Chili, la Terre de Feu, il descend à la rencontre de la Terre de Graham, la péninsule antarctique qui remonte le plus au nord. Terre de Feu et péninsule antarctique forment dans l'hémisphère austral la seule véritable barrière continentale, nord-sud, à la libre circulation, est-ouest, des océans. Le détroit de Drake, situé entre les deux, n'est qu'une passe resserrée de quelques centaines de kilomètres, souvent encombrée par les icebergs. Au sud de l'Australie et de l'Afrique s'étalent au contraire, avant les glaces de l'Antarctique, les milliers de kilomètres d'eaux libres des « quarantièmes rugissants ».

Si l'on ajoute aux 180 millions de kilomètres carrés du

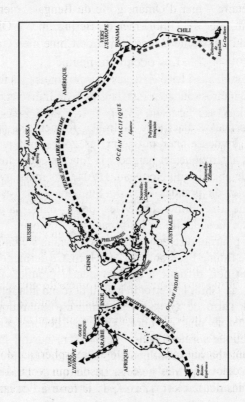

Carte 14. Les océans jumeaux

Pacifique les 75 millions de l'océan Indien, on obtient l'immense superficie maritime de 255 millions de kilomètres carrés, soit la moitié exactement de la superficie planétaire – mer d'Oman, golfe du Bengale, mer d'Andaman, mer de Timor, mer de Bering, mer d'Okhotsk, mer du Japon, mer Jaune et mer de Chine n'en étant que des golfes...

Ce sont aussi les océans les plus profonds : les fonds de 7 000 mètres sont courants dans l'océan Indien et, dans le Pacifique, au large du Japon et des Philippines, nombreuses sont les fosses océaniques qui dépassent les 10 000 mètres de profondeur.

Ces étendues océanes engendrent au-dessus d'elles de vastes mouvements atmosphériques, par exemple la « circulation de Walker », un flux aérien qui parcourt en ces régions la moitié de la circonférence de la Terre. Depuis un siècle, les scientifiques ont observé un léger ralentissement de ce flux, dû au réchauffement des eaux de surface d'un demi-degré centigrade durant la même période. On parle beaucoup aujourd'hui de l'intensité nouvelle d'un phénomène atmosphérique séculaire, baptisé El Niño, dont la périodicité et le déplacement influent sur le régime des pluies et des vents.

Dans l'océan Indien, le cycle atmosphérique dominant reste celui des vents de mousson qui vont, l'été, de l'océan à la terre et, l'hiver, de la terre à l'océan, mais les alizés s'y manifestent aussi, en sens inverse de ceux de l'hémisphère Nord. Dans la masse de leurs flots, ces océans sont remués par de puissants courants marins dont le plus connu, dans le Pacifique, est celui de Humboldt, courant froid qui remonte de l'Antarctique et rafraîchit les côtes du Chili et du Pérou. Nous avons déjà noté, pour le Japon, le rôle des courants froids et chauds de Kuroshio et Oyashio.

Le mécanisme des courants aériens et marins sur ces immenses étendues maritimes est d'une extrême complexité, encore aggravée par les subtilités de la convection atmosphérique tropicale, génératrice de nombreux cyclones dévastateurs, appelés ici typhons. L'équateur traverse en effet, au-dessus de ces eaux, la plus grande partie de la circonférence de la planète.

Dans leurs fonds, très profonds, on trouve aussi les fractures tectoniques les plus importantes de toute la Terre. Elles contribuent à y faire surgir cette « ceinture de feu » très active, génératrice des multiples tsunamis, tremblements de terre et éruptions volcaniques. La navigation sur les océans jumeaux est intense, mais uniquement sur leurs bords. En fait (comme nous l'avons noté dès le début), le grand océan planétaire est peu fréquenté, sauf par les adeptes de la course à la voile.

De nombreux commentateurs répètent à l'envi : « Ces océans sont devenus le centre du monde », sous prétexte que les plus grandes puissances, actuelles ou futures – États-Unis, Japon, Chine, Inde –, sont baignées par leurs flots. Ce n'est vrai que pour une route maritime étroite qui en longe les côtes nord, à la façon d'un cabotage. Superpétroliers et grands porte-conteneurs se suivent à la queue leu leu non loin des rivages. C'est d'ailleurs le chemin le plus court, ce qui n'apparaît pas en regardant un planisphère. À cause du rétrécissement des parallèles, quand on monte vers les pôles, le chemin « orthodromique » est la ligne de plus courte distance entre deux points de la surface de la Terre, l'arc du grand cercle qui les joint. Entre le Japon et les États-Unis, ce chemin passe très au nord. Entre l'Europe, le golfe Persique et la Chine, il suit les côtes et contourne Singapour. On pourrait qualifier cette voie maritime très fréquentée de « veine jugulaire » du monde moderne. Dès qu'on s'en éloigne, on retrouve le désert océanique des mers australes. Quant aux voies aériennes, elles survolent aujourd'hui la Sibérie et l'Alaska. On ne traverse les océans jumeaux que pour aller se dorer au soleil des plages de l'île Maurice ou de Tahiti...

L'océan Pacifique comporte des dorsales montagneuses dont les sommets émergés sont des îles volcaniques (Hawaii, Tuamotu, Pâques) ou même de simples volcans (Aléoutiennes, Kouriles, Mariannes, Tonga, Kermadec).

Dans sa partie méridionale, le Pacifique est parsemé de récifs coralliens qui se sont développés en atolls autour de montagnes basaltiques ou de terres émergées plus considérables (les barrières de corail).

Il convient d'y entrer par le chemin même qu'inaugura le navigateur Magellan. Venu d'Europe, il réussit à contourner au sud le Nouveau Monde et à pénétrer (le 28 novembre 1520) dans un océan qu'il nomma « Pacifique » parce que, hasard heureux, il n'y rencontra pas de tempêtes durant sa traversée jusqu'aux Philippines. Le détroit de Magellan, chenal périlleux au travers des rivages désolés de la Terre de Feu, passe au nord du cap Horn, route tempétueuse mais plus libre. Le détroit de Magellan reste la véritable porte du Pacifique pour le navigateur.

Le **Chili** garde encore aujourd'hui les clefs du grand océan. Ce pays adossé au gigantesque et terrifiant mur des Andes, qui limite ses contacts vers l'est, n'est finalement qu'un long et étroit balcon de 4 300 kilomètres de

long et d'à peine 200 de large sur l'océan Pacifique. On
pourrait le comparer à la Norvège, située aux antipodes
et dans l'Atlantique, comme lui longue corniche sur
l'océan, jetée à la mer par la montagne – mais une Norvège qui irait jusqu'à Naples. Le Chili est en effet plus
étendu en latitude et, s'il jouxte les régions polaires au
sud, il touche par l'autre bout au désert chaud, étalant
ainsi une grande variété de climats. Des toundras de la
Terre de Feu aux sables torrides de l'Atacama, on passe
de températures norvégiennes, tempérées froides, à des
températures napolitaines, tempérées chaudes, sans
oublier le climat himalayen des Andes dès qu'on se dirige
vers l'intérieur. Longtemps, le Chili fut un rêve de navigateurs. C'est un pays du bout du monde. Le Chili reste
un pays du Pacifique beaucoup plus que d'Amérique du
Sud, malgré sa langue espagnole.

Aujourd'hui, le canal de Panama est trop étroit et le
Chili est redevenu une région maritime stratégique, car
c'est en longeant ses côtes que les super-pétroliers et
porte-conteneurs passent tous les jours du Vieux Monde
à l'océan nouveau. Côtes souvent très belles, coupées de
fjords et semées d'îles. Un peu plus étendu que la France,
peuplé de 15 millions d'immigrés européens (non seulement espagnols, mais aussi allemands, etc.), ce pays du
Pacifique est le plus moderne d'Amérique, maintenant
qu'il s'est dégagé de la dictature sinistre de Pinochet.

Il produit des nitrates, du cuivre, du plomb, du manganèse et des services ; il s'industrialise. Il se veut le meilleur élève du libéralisme économique anglo-saxon.
Santiago, sa capitale, est une métropole joyeuse de
presque 4 millions d'habitants, en retrait de la côte à la
hauteur de Valparaiso.

Européen, le Chili conserve cependant une forte

communauté amérindienne, les Araucans ou Mapuches. Ces Indiens ont résisté deux siècles durant à l'Espagne, puis un siècle au Chili indépendant. Finalement, le gouvernement leur a accordé une certaine autonomie.

La **Nouvelle-Zélande** est à l'opposé du Chili, mais, hormis le fait qu'il s'agit d'un archipel beaucoup plus isolé à l'autre bout du Pacifique, elle lui ressemble beaucoup. Moins étendu que lui (270 000 kilomètres carrés) et moins peuplé (4 millions d'habitants), l'archipel se compose de deux îles qui s'allongent du nord au sud sur 1 500 kilomètres en ne dépassant pas 200 kilomètres de largeur. On voit tout de suite que si l'orientation et la largeur de la Nouvelle-Zélande sont comparables à celles du Chili, son étendue en latitude est moindre ; moins allongée, elle ignore les climats chauds.

L'île du nord, montagneuse, est tempérée fraîche. On y trouve des plaines. Elle mesure 114 000 kilomètres carrés et concentre la majeure partie de la population ainsi que les principales villes : la capitale, Wellington (400 000 habitants), située dans le très beau site de la baie de Nicholson à l'extrémité méridionale de l'île, sur le détroit de Cook ; et la ville principale, Auckland (un million d'habitants), agglomération industrielle construite sur un isthme étroit.

L'île du sud (150 000 kilomètres carrés) est une grande chaîne montagneuse appelée sans exagération « Alpes zélandaises ». Le mont Cook y culmine à 3 764 mètres et les sommets de plus de 3 000 sont nombreux. Étant donné sa latitude, les neiges éternelles et les glaciers – dont certains descendent jusqu'à la mer – ne sont pas rares. Par bien des aspects, l'île du sud ressemble à une Norvège australe. La nature y est magnifique et le peuplement clairsemé. Située dans le désert marin, isolée à plus de 1 500 kilomètres de toute terre importante, la Nouvelle-Zélande n'a jamais été reliée, même aux époques glaciaires, par un pont terrestre au reste de la Terre comme l'ont été l'Australie et l'Indonésie ; sa flore et sa faune se sont développées de façon totalement originale.

Comme au Chili, la population est à 92 % européenne, mais de langue anglaise. Quand les premiers Blancs arrivèrent en 1825, venus des banlieues d'Angleterre, l'île du nord était occupée par les Maoris, qui ne sont pas sans rappeler les Araucans du Chili. Arrivés là, sur leurs pirogues de haute mer, quinze siècles auparavant, divisés en tribus guerrières, grands, beaux, d'origine polynésienne, ils étaient de taille à affronter vigoureusement les envahisseurs : ils n'abdiquèrent pas comme les Aborigènes d'Australie et de Tasmanie. Facilement convertis au christianisme par les missionnaires, les Maoris semblaient devoir être le seul peuple « premier » qui aurait pu affronter la modernité sans disparaître. Entre les Anglais et eux (comme entre les Araucans et les Espagnols), les luttes furent sanglantes. Les Britanniques avaient pour eux la supériorité technique des armes et la force terrible d'un pays qui voulait ranger la Nouvelle-Zélande sous sa loi. Les Maoris avaient contre eux cette espèce de stupeur mêlée de résignation et même de désespoir qui saisit les peuples aborigènes face au monde industriel. Cette attitude – fréquente en Afrique, où le combat des Zoulous au XIXe siècle n'est pas sans rappeler celui des Maoris – explique aussi la chute incroyable des Incas et des Aztèques devant les Espagnols. Aujourd'hui, les Maoris ne sont plus qu'une minorité, qui lutte cependant pour ses droits civiques et dont les grands cris de guerre sont devenus les chants des équipes néo-zélandaises de rugby.

Les immigrants anglo-saxons les ont submergés. Ces derniers, préservés par leur isolement, sont demeurés plus anglais que les actuels habitants de la Grande-Bretagne. Même s'ils sont indépendants, leur reine reste celle de Londres.

En plein désert Pacifique et aux antipodes subsiste ainsi une espèce d'Angleterre provinciale légèrement désuète. On s'y ennuie ferme (savoir s'ennuyer est le *nec plus ultra* de la culture victorienne...), et sur ce point la Nouvelle-Zélande ne ressemble pas au joyeux Chili latino. On y discute du cours mondial de la laine et de l'exportation des moutons.

Les Maoris ne sont pas les seuls représentants de leur ethnie sur cet océan : les Polynésiens, leurs cousins, y peuplent des îles innombrables, et il y a aussi les Mélanésiens.

Hawaii entoure de son littoral corallien deux des volcans les plus puissants de la planète, le Mauna-Loa (4 194 mètres d'altitude) et le Mauna-Kea (4 160 mètres). L'archipel, qui compte 16 000 kilomètres carrés de terres émergées, était à l'origine peuplé de Polynésiens. Aujourd'hui, il est un État des États-Unis (capitale Honolulu), dont Pearl Harbor demeure une grande base aéronavale, et les immigrés venus d'Amérique (un million d'habitants) ont complètement submergé la population indigène. Outre son rôle stratégique, l'archipel vit du tourisme.

L'île de **Guam**, la plus grande et la plus peuplée des îles Mariannes (550 kilomètres carrés et 130 000 habitants), est un territoire d'outre-mer américain et une base aérienne. **Palau**, qui n'a que 14 000 habitants, partage le même statut.

La **Polynésie française** n'a pas non plus de souverai-

neté internationale, mais elle dispose d'une large autonomie. Contrairement à ce qui se passe pour Hawaii, les
Polynésiens y restent largement majoritaires parmi les
250 000 habitants. Elle est constituée de cent vingt îles
groupées en cinq archipels : les îles Australes, les Gam-
bier, les îles de la Société, les îles Marquises et les Tuamotu. Toutes ensemble, ces îles ne représentent que
2 500 kilomètres carrés de terres émergées, mais elles
couvrent un territoire maritime immense. Papeete, la
capitale, dans l'île de Tahiti, rassemble à elle seule près
de la moitié de la population. Le territoire a longtemps
profité du Centre d'essais atomiques français de
Mururoa. Maintenant qu'il est désaffecté, la principale
ressource est le tourisme, car les îles, éloignées de tout,
sont splendides. **Wallis** et **Futuna**, royaumes archaïques
et minuscules, sont toujours administrés par la France.

Le Pacifique est parsemé de dizaines de micro-États,
îles ou archipels : les **Samoa**, la **Micronésie**, les
Mariannes, les îles **Marshall**, le **Tokelau**, l'île **Tonga**,
l'île **Nauru**, l'archipel **Kiribati**, les îles **Cook**, l'île
Tuvalu. Presque tous ces États insulaires ont une population et une surface insignifiantes. Seul l'archipel des **Fidji**
compte 18 000 kilomètres carrés de terre ferme et
regroupe un million d'habitants, qui ne sont d'ailleurs pas
polynésiens, mais noirs. Les Fidji produisent du sucre. Le
tourisme est la principale activité de ces micro-pays avec
la vente de pavillons de complaisance pour le transport
maritime et la constitution de refuges fiscaux pour les
entreprises occidentales.

À l'époque de la marine à voile ou à vapeur, ces îles
avaient leur utilité comme centres d'aiguade ou escales
charbonnières. Les super-pétroliers et les cargos géants
les ont rendues complètement inutiles.

Les quatre exemples qui suivent sont des cas limites. L'île **Niue**, avec 260 kilomètres carrés et tout juste 2 000 habitants, est un État souverain ; isolé, sans ressources, mais souverain ! **Pitcairn**, dix fois plus petite, n'est habitée que par une cinquantaine de résidents, mais il est vrai qu'elle reste une colonie anglaise ; cette communauté minuscule, qui descend des fameux « révoltés du *Bounty* » rendus célèbres par Hollywood, est ravagée par la consanguinité et des problèmes de mœurs. L'**île de Pâques** (2 000 habitants) appartient au Chili depuis 1888. Cette île volcanique est mondialement connue pour ses statues mégalithiques érigées il y a un millénaire par des immigrants polynésiens. Les **îles Galapagos**, elles, appartiennent à l'Équateur depuis 1832 – on se demande pourquoi. Situées à 1 000 kilomètres des côtes de l'Amérique du Sud, elles n'ont strictement rien à voir avec le vieil État inca. Leurs 7 000 kilomètres carrés (10 000 habitants) constituent une magnifique réserve naturelle océane. Le courant froid de Humboldt tempérant son climat équatorial, l'archipel est une niche écologique où coexistent tortues de mer, iguanes terrestres et marins, otaries et pingouins. Darwin, qui le visita en 1835, en tira des arguments pour sa théorie de l'évolution.

L'**océan Indien**, bien que rien ne le sépare vraiment du Pacifique, mérite d'avoir un nom particulier – qu'il tire des Indes, dont la péninsule massive le borde au nord. Cette mer-là, contrairement à l'océan Pacifique, est depuis des millénaires parcourue par les navigateurs et les commerçants qui en suivaient les rivages septentrionaux, lesquels forment une demi-circonférence entre la Malaisie, l'Indonésie, le sous-continent indien, le sud de l'Arabie et les côtes orientales de l'Afrique. Les marins musulmans y furent de très actifs trafiquants d'esclaves à Zanzibar ou d'épices en Inde.

Contrairement à l'océan Pacifique, désert, l'océan Indien, ouvert au commerce depuis des millénaires, pourrait être appelé l'« océan du Vieux Monde ».

La grande époque de la navigation arabe y a laissé de fortes traces dont les contes des *Mille et Une Nuits* ont gardé le souvenir, par exemple la figure de Sindbad le marin, une sorte d'Ulysse oriental aux sept voyages extraordinaires.

Le **sultanat d'Oman** et sa capitale, le port de Mascate, ont été longtemps au centre de la navigation arabe ; Sindbad aurait pu avoir Mascate comme port d'attache. Le sultan étendait son autorité jusqu'à Zanzibar ; il possédait la grande et sauvage île de **Socotra**, aujourd'hui yéménite. Cette époque est révolue. Bien que ses rivages soient magnifiquement ouverts sur l'océan Indien, le sultanat vit aujourd'hui essentiellement de la rente pétrolière. Mais, avec ses 200 000 kilomètres carrés et ses 2,5 millions d'habitants, il conserve, grâce à sa longue histoire, une consistance et une beauté que ne possède aucun des autres émirats pétroliers du golfe Persique.

Après les navigateurs arabes vinrent les marins portugais, dont nous avons noté la présence tout autour de l'océan Indien, du Mozambique au détroit de Malacca en passant par Goa. Puis ce furent les Français. Au XVIIIe siècle, la plus grande partie de l'océan Indien était française. Elle l'est largement restée par la langue, comme en témoigne le parler de l'**archipel des Mascareignes**.

La **Réunion** en est l'une des îles. C'est aujourd'hui un département français. Elle regroupe une série de volcans au relief tourmenté dont le plus élevé, le piton des Neiges, culmine à 3 700 mètres, le volcan de la Fournaise étant en éruption quasi continue. Très peuplée (750 000 habitants), agricole (son rhum est célèbre), elle rassemble sur ses 2 500 kilomètres carrés toutes les races et toutes les religions de la Terre : « petits Blancs » des hauts, grands Blancs des bas (bourgeoisie), Indiens, Noirs, Arabes, chrétiens, musulmans, hindouistes. Elle ne s'en sortirait pas, économiquement, sans l'aide de la métropole.

L'**île Maurice**, l'autre grande île des Mascareignes, de taille semblable, mais beaucoup plus plate et dotée de plages magnifiques, réussit au contraire à faire vivre son 1,2 million d'habitants, car elle possède une économie diversifiée qui repose sur le sucre, l'industrie textile, le tourisme de masse et les services financiers. De population encore plus mélangée que la Réunion, Maurice, annexée par les Anglais en 1814, indépendante depuis 1968, a retrouvé un usage général de la langue française. Son bilinguisme la sert.

L'**archipel des Comores**, dans le chenal du Mozambique, est devenu indépendant en 1975. Ses 600 000 habitants cantonnés sur 2 000 kilomètres carrés de terres émergées n'ont guère de possibilités économiques et ils émigrent en masse, en particulier vers **Mayotte**. Celle-ci, l'une des îles de cet archipel, a obstinément voulu rester partie intégrante d'une France qui aurait désiré s'en débarrasser, mais qui a fini, de guerre lasse, par lui envoyer un préfet. 160 000 habitants y vivent serrés sur 375 kilomètres carrés et émigrent souvent vers la métropole.

Au nord de l'océan Indien, à l'exception des îles **Andaman** et **Nicobar** qui appartiennent à l'Union indienne, on trouve deux micro-États indépendants.

Les **Maldives** sont des îles basses, au ras de la mer,

qui concentrent 300 000 habitants sur 300 kilomètres carrés et ne vivent que du tourisme. Le tsunami de décembre 2004 les a ravagées.

Les **Seychelles** sont composées d'une centaine d'îlots coralliens, paradisiaques, aux noms bien français : Praslin, La Digue, Silhouette. Elles portent 80 000 habitants, qui vivent uniquement du tourisme et de la pêche.

Très au sud, presque à la limite des eaux froides de l'Antarctique, la France conserve le grand archipel des **Kerguelen** (il a la superficie de la Corse), mais il n'est occupé que par des missions scientifiques ou météorologiques, bien qu'il soit pourtant parfaitement habitable. À la même latitude, les éleveurs des îles Malouines (ou Falkland) font prospérer l'élevage du mouton. Au centre de l'océan Indien, le Royaume-Uni a loué l'archipel des Chagos aux États-Unis. Ceux-ci en ont chassé la maigre population créole pour y établir leur plus grande base aéronavale de l'outre-mer, celle de **Diego Garcia**, où stationnent super-bombardiers et troupes de passage.

Madagascar est un cas particulier. Cette grande île, d'une superficie égale à celles de la France et de la Belgique réunies, située au sud-ouest de l'océan Indien, n'est séparée de l'Afrique que par le canal de Mozambique, bras de mer qui ne dépasse pas 500 kilomètres de largeur au point le plus étroit. Madagascar est bien davantage une île de l'océan Indien qu'une terre africaine, par sa population venue majoritairement de l'Indonésie en pirogue du grand large, par vagues successives. Ces Indonésiens y dominèrent longtemps les tribus venues d'Afrique.

Sur les hauts plateaux, ils créèrent une sorte d'État féodal qu'on pourrait comparer à celui des Éthiopiens, l'État Houve, sauf que les Houve ne devinrent chrétiens qu'au XIXe siècle. La France détruisit cet État, exilant la reine Ranavalona III à Alger. L'île accéda à l'indépendance en 1960. Mais elle avait connu une décolonisation sanglante, en particulier un soulèvement très durement réprimé par les Français en 1947.

La grande île est un haut plateau au climat assez sain qui culmine dans le massif volcanique du Tsaratanana (2 876 mètres) et où subsiste une faune spécifique comme en Australie et en Nouvelle-Zélande (lémuriens). La plaine littorale orientale, où est situé le port de Tamatave, est étroite, équatoriale et malsaine, la côte occidentale étant plus découpée et aérée autour de Majunga. La capitale de l'île (et de l'ex-monarchie Houve), Tananarive (un million d'habitants), est perchée sur les hauts plateaux. Travailleurs, quelque peu asiatiques, les Malgaches ont bâti une industrie textile non négligeable et leur agriculture exporte des produits exotiques (litchis, vanille, café). Avec ses 17 millions d'habitants, sa civilisation originale, sa bonne position stratégique sur la route du Cap, Madagascar pourrait, bien gouvernée, devenir une petite puissance économique. De plus, elle produit du riz et se nourrit. Elle est en tout cas le cadre où devrait renaître une véritable et ancienne nation, même si les habitants des côtes contestent la domination séculaire des gens des hauteurs.

L'Atlantique, nouvelle Méditerranée

L'océan Atlantique est caractérisé par des terres qui l'entourent. « Méditerranée », terme formé à partir des mots latins *medius* et *terra*, signifie non pas « centre du monde » (même si de fait la mer du même nom occupe cette position stratégique), mais « mer au milieu des terres ». On peut difficilement appliquer cette définition à l'océan Pacifique, où ce seraient plutôt les terres qui sont au milieu des mers. En revanche, on peut l'utiliser pour l'océan Atlantique, car le mot est géographique et il s'applique à la géographie physique et non pas économique. Constater qu'il y a aujourd'hui, dit-on, sept fois plus d'échanges commerciaux entre les pays de l'hémisphère Pacifique – Chine, dragons asiatiques, États-Unis, Inde – qu'entre les pays de l'hémisphère Atlantique ne rend pas ce mot caduc. On peut appeler l'Atlantique « nouvelle Méditerranée » parce que, compte tenu de la durée des transports maritimes, il est vraiment devenu un océan « au milieu des terres ». Les cargos actuels mettent, pour aller d'une rive à l'autre, autant de jours que les galères antiques pour joindre deux points de la Méditerranée (l'Atlantique est deux fois moins large que le Pacifique). Comme la Méditerranée, l'Atlantique est une mer allongée : la Méditerranée l'est d'est en ouest, l'Atlan-

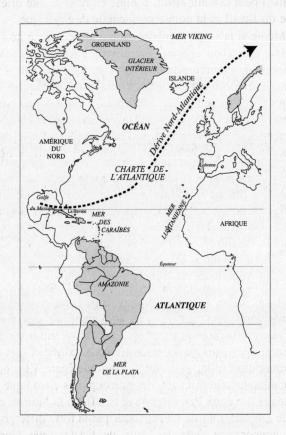

Carte 15. L'Atlantique, nouvelle Méditerranée

tique du nord au sud. Cet océan s'étend des zones
arctiques aux zones antarctiques sur 14 000 kilomètres,
mais il peut devenir étroit, comme entre la pointe orientale du Brésil et la pointe occidentale de l'Afrique.

Même si la veine jugulaire du monde moderne ne s'y
trouve plus (voir chapitre précédent), l'Atlantique reste
sillonné de communications. Tout au long des côtes se
sont développés les plus grands complexes portuaires du
monde, à l'exception de Singapour : Rotterdam, New
York, Londres, Anvers, Le Havre ; ce sont les lignes
aériennes reliant New York et d'autres villes américaines
aux capitales européennes qui connaissent le trafic le plus
intense.

Profond de plusieurs milliers de mètres (moins que le
Pacifique), l'Atlantique connaît des marées plus considérables que ce dernier, surtout à proximité de ses mers bordières : mer du Nord, Manche, golfe du Mexique, mer des
Antilles. À l'instar des océans jumeaux, il est parcouru de
puissants courants marins et atmosphériques. Le courant
du Labrador, qui descend du pôle Nord, rafraîchit le
Canada ; celui du Gulf Stream, appelé aussi « dérive
nord-atlantique », est le plus important de ces flux.
Déviée par la rotation terrestre, cette dérive entraîne vers
l'Europe les eaux tièdes du golfe du Mexique. C'est ce
courant qui explique pourquoi, à latitude égale, l'Europe
occidentale jouit d'un climat beaucoup plus chaud que le
Canada. Le doux Paris se trouve en effet à la latitude du
rude Québec. Le flux est provoqué par la forte différence
de température entre les eaux de l'Atlantique Nord,
refroidies par les glaces arctiques, et les eaux du golfe du
Mexique, réchauffées par le soleil tropical.

Paradoxalement, si le climat de la planète se réchauf-
fait, les eaux de l'Atlantique Nord se réchaufferaient les

premières (on le constate aujourd'hui) et la diminution du différentiel thermique entre l'Atlantique Nord et le golfe du Mexique risquerait d'arrêter ou du moins d'atténuer fortement la dérive atlantique, entraînant un alignement de l'Europe sur le Canada qui la refroidirait. Voilà pourquoi le réchauffement planétaire pourrait refroidir la France !

Par ailleurs, le climat général des vents atmosphériques est original au-dessus de l'Atlantique Nord. Les dépressions se forment sur les Caraïbes, région chaude, où l'air monte ; puis elles sont poussées vers l'est par le mouvement de la rotation terrestre ; enfin, elles arrivent sur l'Europe, qu'elles arrosent de pluies. Le climat habituel de l'Europe occidentale est donc celui d'une succession de dépressions pluvieuses séparées par des intervalles ensoleillés. Seuls les anticyclones venus du Sahara (anticyclone des Açores) ou des steppes orientales (anticyclone sibérien) maintiennent de longues périodes sèches, les unes froides (anticyclone sibérien), les autres chaudes (anticyclone des Açores). Dans l'Atlantique Sud, le voisinage du grand désert continental entraîne la persistance tout au long de l'année d'une zone de hautes pressions qui engendre la formation de vents constants. Les alizés, qui soufflent des Açores sur les Caraïbes, ont été un précieux auxiliaire de la navigation à voile. Enfin, l'océan est poissonneux, surtout dans ses hauts fonds : au large de Terre-Neuve, aux alentours de l'Islande et de la Mauritanie. En son centre, il cache une chaîne de volcans surgis d'une ligne médiane de fracture tectonique. Ils font surface ici et là, surtout au nord, en Islande. La mousson y est inconnue, mais les cyclones sont fréquents en zone tropicale.

L'Atlantique couvre 100 millions de kilomètres carrés

avec ses mers bordières. On peut le diviser en cinq régions à la fois historiques et géographiques : l'Atlantique viking, l'Atlantique anglo-saxon, l'Atlantique caraïbe, l'Atlantique lusitanien et l'Atlantique de la Plata.

L'ATLANTIQUE VIKING

L'Atlantique viking peut se définir comme la zone maritime qui borde au nord l'océan Glacial Arctique et s'arrête au sud à une ligne oblique tirée de la Normandie à l'Acadie. C'est lui qui a été le théâtre de l'aventure des Vikings norvégiens. Si l'on tient compte du rétrécissement de la planète vers le nord (l'« orthodromie »), cette étendue est beaucoup moins vaste qu'elle ne le paraît, d'autant que les terres s'y succèdent, proches les unes des autres, depuis la Norvège jusqu'au Labrador, en passant par les îles Féroé, l'Islande, le Groenland. Incapables (comme tous les navigateurs d'avant la Renaissance) de pratiquer la navigation hauturière, les Norvégiens possédaient cependant d'excellents bateaux à rames, les célèbres drakkars, qui leur permettaient de voguer de rivage en rivage.

Ils s'installèrent en Islande dès 865. Depuis cette île, un explorateur viking, Érik le Rouge, découvrit en 982 la terre immense du Groenland. Depuis le Groenland, les Norvégiens gagnèrent ensuite naturellement le Labrador et l'estuaire du Saint-Laurent. Remontant ce fleuve, ils arrivèrent aux Grands Lacs américains. Bons navigateurs, mais ignorants de la géographie générale, ils ne comprirent pas qu'ils avaient découvert un monde nouveau et ne virent dans ces atterrages que de nouveaux rivages. De son côté, l'Europe, alors très divisée, n'était pas préparée à les suivre. Cependant, leurs récits ou « sagas » se transmirent et Colomb en eut peut-être connaissance. Quoi qu'il en soit, les Norvégiens sont les premiers Européens à avoir navigué jusqu'en Amérique.

La **Norvège** : en raison de cette épopée et de sa position géographique, nous n'en avons pas parlé avec les autres pays scandinaves, car sa place est en Atlantique Nord. Ce pays fait face à l'océan sur 1 750 kilomètres de long au versant occidental des montagnes de Scandinavie, lesquelles occupent les deux tiers de sa superficie et se jettent dans la mer en multiples échancrures étroites et profondes baptisées fjords. Ces montagnes arrêtent les perturbations, ce qui donne à la Norvège un climat très pluvieux (2 000 millimètres de précipitations par an à Bergen), mais aussi assez doux pour sa latitude grâce à la dérive nord-atlantique qui vient y mourir, amenant les eaux tièdes du golfe du Mexique.

Alliance des flots et des rochers, le pays est superbe comme en mer Égée ou en Bretagne, mais ici les neiges abondantes descendent, l'hiver, jusqu'aux flots. Comme les Grecs, les Norvégiens sont et ont toujours été de grands marins. Comme celle des Grecs, leur flotte commerciale est l'une des premières du monde – il est vrai, sous divers pavillons. Les communications intérieures étant difficiles, les villes sont pratiquement toutes des ports, à commencer par la capitale, Oslo, qui s'ouvre vers le sud. Les autres ports sont orientés plein ouest : Bergen, Trondheim, Narvik. Au septentrion, la Norvège dépasse de beaucoup le cercle polaire pour s'enfoncer dans l'océan Glacial Arctique, et l'on peut y admirer, l'été, pendant de longues semaines, le soleil de minuit. C'est un beau voyage que de remonter vers le nord cette côte grandiose avec ses fjords sombres, paradis des pêcheurs et des marins.

Enrichis par le pétrole et le gaz de la mer du Nord extraits en abondance depuis 1970 (dixième producteur mondial), les Norvégiens n'ont pas voulu rejoindre l'Union européenne. Avec ses 328 000 kilomètres carrés, le pays n'occupe qu'une superficie moyenne, mais le développement de ses côtes est prodigieux (16 000 kilomètres) ; il n'a que 4,5 millions d'habitants, qui constituent une ancienne et originale patrie. Malgré les vicissitudes de l'Histoire et une indépendance à éclipses (elle a souvent été annexée par le Danemark ou la Suède), cette monarchie constitutionnelle a construit un État-providence actif. Les Norvégiens sont un peuple très homogène, presque autant que les Japonais ; mais, à la différence de ces derniers, ils sont ouverts à l'immigration et l'on compte aujourd'hui une forte communauté maghrébine sous ses cieux boréaux.

L'**Islande** est occupée par les Vikings norvégiens depuis plus de mille ans. C'est une grande île de 100 000 kilomètres carrés où apparaît la principale fracture tectonique du globe, la « médiane atlantique ». L'Islande compte de ce fait plus d'une centaine de volcans (immenses ou minuscules) en activité ; elle produit chaque année une bonne partie de la lave et des fumées éruptives de la planète. Par chance, ces volcans sont presque tous situés dans l'intérieur, où leurs éruptions, qui ne dérangent personne, attirent les volcanologues (mais l'île a connu quelques éruptions dévastatrices et meurtrières).

Le pays se compose de deux parties dissemblables : l'intérieur et la côte. Le premier est un plateau élevé absolument désert, beaucoup plus désert aujourd'hui que le Sahara, car on n'y trouve ni peuples nomades ni gibier à pattes, et on ne le traverse plus. En son centre s'élève le magnifique cratère circulaire du volcan Askja, l'une des plus grandes caldeiras de la Terre, qui ressemble au volcan Olympus de la planète Mars. Un lac bleu ciel, au milieu duquel émerge le cône noir et pourpre du cratère actif, l'emplit. Sous le soleil de minuit, les parois verticales de lave noire, blanchies de neige, jaunies de soufre et rougies de fer non refroidi, se reflètent de manière irréelle, voilées par la vapeur des solfatares, dans les eaux. D'immenses glaciers couvrent le plateau central, dont le plus étendu, le Vatnajökull, dépasse la Corse en superficie et culmine à 2 119 mètres. Jadis, les Islandais traversaient ce plateau avec des caravanes de petits chevaux amenés de Norvège. Ils ne le font plus et le silence de ce désert arctique, qui ressemble tellement à la Lune que les astronautes de missions Apollo s'y entraînèrent, n'est plus troublé que par le mugissement des chutes d'eau qu'on peut y admirer et par les allées et venues des volcanologues et des randonneurs. Il y fait froid en toute saison.

La côte ne diffère guère de celle de la Norvège, sauf dans l'étrange partie où le grand glacier Vatna s'écroule au sud-est dans la mer. On comprend que les colons norvégiens ne s'y soient pas sentis dépaysés. Les ports de pêche s'y blottissent au fond des fjords. Le climat n'y est pas vraiment froid (toujours le Gulf Stream). Reykjavik, au sud, est devenue une grande ville de 100 000 habitants sans caractère. Il faut lui préférer la capitale du nord, Akureyri (10 000 habitants), plus froide mais beaucoup plus ensoleillée et authentique. Intensément volcanique, l'île regorge de sources chaudes parfois éruptives, les fameux geysers, et fonctionne à l'énergie géothermique. Les rivages sont parsemés de fermes isolées où des paysans obstinés élèvent chevaux et moutons ; ils cultivent aussi, sous serre (il n'y a pas d'arbres en Islande), des légumes. Cependant, la pêche industrielle est aujourd'hui la première activité des Islandais, auxquels elle assure des revenus substantiels.

Les 300 000 Islandais, descendants des premiers colons du Xe siècle et tous cousins (il n'existe pas, en Islande, de nom de famille...), sont une curiosité génétique : une ethnie non mélangée. Ils ne sont pourtant nullement dégénérés par la consanguinité, mais au contraire robustes. Dès l'an mille, ils avaient créé une assemblée représentative, l'Althing. Longtemps annexés et exploités par le Danemark qu'ils détestent, ils ont profité de l'occupation de ce dernier par les Allemands, en 1941, pour proclamer leur indépendance. On trouve, à Keflavik, une importante base américaine. L'Islande est une véritable contre-épreuve : elle démontre, à l'inverse de la plupart des micro-États, qu'on peut être à la fois une très petite nation et une vraie patrie.

Le **Groenland** fut, on l'a vu, découvert avant l'an mille par l'Islandais Érik le Rouge. C'est une terre immense (plus de 2 millions de kilomètres carrés) dont seuls les rivages et les fjords sont libres de glace et, en été, de neige. Le nom que lui attribua Érik (« Terre verte ») fut longtemps regardé comme de l'humour noir, jusqu'à ce que les historiens comprennent qu'à son époque le climat était plus chaud qu'aujourd'hui (c'est ce qu'on appelle l'« optimum climatique médiéval »). De fait, les Vikings purent élever des vaches laitières au Groenland et y faire les foins, ce qui est encore impossible de nos jours. Il y eut ensuite un refroidissement général (le « petit âge glaciaire », du XIVe au XIXe siècle) et les Vikings ne purent se maintenir. Lentement, leurs grandes fermes périclitèrent (ce n'est pas sans nostalgie qu'on peut aujourd'hui en contempler les ruines récemment exhumées). Les paysans dégénérèrent par malnutrition, les derniers disparaissant au XVIe siècle, au moment même où les Espagnols prenaient pied en Amérique. Ils furent remplacés par les Eskimos ou Inuits, Amérindiens de race jaune, adaptés, eux, au climat : chasse au phoque, igloos, kayaks, anoraks. Ce sont aujourd'hui, avec quelques administrateurs et pasteurs danois, les seuls habitants de ces rivages encore inhospitaliers ; au nombre d'environ 70 000, ils se sont convertis à la pêche industrielle autour de quelques ports, Godthab, Upernivik, Thulé.

Le sol utile du Groenland représente moins du dixième de sa superficie. Il n'est pas impossible qu'il soit gorgé de pétrole, d'or, de diamants... L'essentiel pour la planète est ailleurs : il concerne l'état de l'immense glacier continental qui recouvre neuf dixièmes du pays, atteignant parfois, comme en Antarctique, 3 kilomètres d'épaisseur. Si ce glacier fondait, le niveau général des océans s'élèverait de 7 mètres. Là est le véritable risque du réchauffement climatique (l'Antarctique, lui, ne fond pas ; il continue même à épaissir). La grande île polaire est toujours une possession danoise, dotée d'autonomie.

L'ATLANTIQUE ANGLO-SAXON

L'Atlantique anglo-saxon est l'Atlantique du centre, depuis qu'en 1763 les Anglais chassèrent les Français d'Amérique. Malgré l'indépendance des États-Unis (fortement soutenus dans leur guerre de libération par une

France revancharde), les liens n'ont pas tardé à se renouer entre la métropole et son ancienne colonie. Pendant la Seconde Guerre mondiale, Churchill et Roosevelt alliés proclamèrent solennellement, depuis le pont d'un navire de guerre, la Charte de l'Atlantique, transformée après la capitulation des Allemands et des Japonais en Organisation du traité de l'Atlantique Nord (OTAN), et la suprématie des Anglo-Saxons. Cette alliance-là ne s'est pas démentie depuis que Churchill a dit préférer le « grand large » à l'Europe. Mais l'hégémonie est passée de l'Angleterre aux États-Unis. Elle y demeure à ce jour.

Bien que faisant partie de l'Union européenne, le Royaume-Uni, qui n'adhère pas à la zone euro, se soumet en tout (la guerre d'Irak l'a rappelé) à la volonté de Washington. Nous avons traité du Royaume-Uni et nous parlerons longuement des États-Unis par la suite. Pour le moment, contentons-nous d'observer qu'il existe toujours un Atlantique anglo-saxon, un monde anglo-saxon centré sur l'Atlantique.

Dans cet Atlantique-là, la France conserve – souvenir minuscule de son ancienne suprématie américaine –, escales utiles pour les droits de pêche, deux petites îles, **Saint-Pierre et Miquelon** (242 kilomètres carrés de superficie et 7 000 habitants originaires de Bretagne et de Normandie), aux rives brumeuses mais poissonneuses.

L'ATLANTIQUE CARAÏBE

L'Atlantique caraïbe fait penser à une écharpe qui serait jetée de l'Espagne au golfe du Mexique. À l'est de ce dernier se situent de nombreuses îles. Dans l'une d'elles, le 12 août 1492, abordèrent les trois caravelles du Génois Christophe Colomb pour le compte de la monarchie espagnole. Il gagna ensuite Cuba et Saint-Domingue, laissant lors de ses voyages ultérieurs des garnisons bientôt rejointes par des colons – « routiers et capitaines... ivres d'un rêve héroïque et brutal » (José Maria de Heredia). Submergés sous le flot des nouveaux arrivants les indigènes de ces îles, les Indiens caraïbes, furent exterminés ou disparurent par suite de la misère et de la dénatalité. Il n'en existe plus aucun et nul ne se souvient plus de ces premiers occupants, lesquels n'ont laissé que leur nom. Comme celui des aborigènes de Tasmanie, le génocide des Caraïbes a été complet et rapide !

L'Atlantique caraïbe jouit d'un agréable climat, chaud mais aéré, sujet cependant à des cyclones qui se forment sur ses flots et en dévastent régulièrement la partie nord-orientale. On appelle **Antilles** les îles, divisées en « petites » et en « grandes ».

Cuba est la plus grande de ces îles. Avec ses 110 000 kilomètres carrés, elle équivaut à vingt départements français. Cuba est aussi la plus proche des deux péninsules qui encerclent le golfe du Mexique : la Floride au nord et le Yucatan à l'est. Elle commande donc l'entrée de ce golfe. De la pointe du Yucatan aux bouches de l'Orénoque, les îles caraïbes (à l'instar de celles de l'Asie des mers) forment comme les piles d'un pont écroulé. Plate dans son ensemble, quoique égayée de collines verdoyantes comme celles de Guaniguanico, Cuba possède une seule véritable montagne, la Sierra Maestra à l'ouest, qui culmine à 1 972 mètres. De forme allongée (1 100 kilomètres de long) et étroite, l'île est bien arrosée sans être étouffante ; le sol et le climat sont favorables aux plantations de tabac et de canne à sucre. Terre espagnole entre toutes (malgré la révolte d'un José Marti), elle l'était restée trois générations après les *libertadores* quand, par une guerre inique, les États-Unis s'en emparèrent en 1898. Elle demeura de fait sous leur domination, leur servant de bordel tropical. Durant la Prohibition, l'alcool y coula à flots et les grands noms de la pègre américaine, dont Al Capone, s'y firent construire de véritables palais. Cuba devint réellement indépendante avec la révolution qui porta au pouvoir les guérilleros de la Sierra Maestra (dont Fidel Castro et « Che » Guevara). Cependant, les États-Unis y conservent la fameuse base de **Guantanamo**, dans laquelle ils jouissent de l'extraterritorialité. Dans le reste de l'île, l'illusion lyrique s'est transformée en une dictature corrompue et répressive que des millions d'habitants ont voulu fuir. Ces Cubains-là se sont installés en Floride, à Miami en particulier. Reste qu'avoir résisté à la superpuissance américaine avec autant de courage et d'opiniâtreté confère à la majorité du peuple cubain, demeurée dans l'île, un grand prestige. Les Cubains sont, comme les Vietnamiens ou les Finlandais, un petit peuple qui a mis un géant en échec.

L'île est grande productrice de sucre, bien que les quantités aient diminué depuis la chute de l'URSS qui l'achetait. Son tabac est le meilleur du monde : le cigare est un produit de terroir, et les feuilles de tabac n'ont pas la même saveur d'une colline à l'autre. C'est à Pinar del Rio qu'ils sont les plus fins. (Mais a-t-on le droit de parler du tabac sans le dénigrer, dans un monde envahi par la mode américaine des prohibitions, celle du tabac remplaçant celle de l'alcool ?) Des secteurs nouveaux, comme l'industrie pharmaceutique et surtout le tourisme de masse, que le régime encourage, sont en expansion. Les transferts financiers de la diaspora de Miami sont tolérés,

ainsi que les dons de pétrole du Venezuela (lequel a remplacé sur ce point l'URSS), ce qui aide l'île, soumise à
un rigoureux blocus américain, à vivre. La Havane, la
capitale, est une superbe cité espagnole d'outre-mer (la
baie de Malecon fait penser à la corniche Kennedy de
Marseille), bien qu'elle soit un peu délabrée.

Malgré ces vicissitudes, Cuba est une véritable nation
(de 12 millions d'habitants), originale et certainement
riche d'avenir.

Hispaniola est la deuxième, en superficie, des grandes
Caraïbes avec ses presque 62 000 kilomètres carrés. Elle
prit ensuite le nom français de **Saint-Domingue**, puis fut
partagée entre les Français et les Espagnols. Elle se
trouve immédiatement à l'est de Cuba.

La **République dominicaine**, qui en occupe les deux
tiers, appartient à la partie large et orientale de l'île. Indépendante, elle parle l'espagnol et compte 9 millions de
sang-mêlé. Sa cordillère centrale, la plus importante des
Caraïbes, culmine à 3 175 mètres. Elle n'en développe
pas moins de belles plaine aptes à toutes les cultures tropicales. La République a été occupée à plusieurs reprises
par les États-Unis (de 1916 à 1924, encore en 1965), dont
elle reste une sorte de protectorat. La capitale est San
Domingo. Le pays exporte des matières premières :
sucre, café, cacao, nickel, tabac. Il est surtout devenu,
comme nous l'évoquions au début de cet essai, l'une des
destinations les plus prisées par le tourisme de masse et
a érigé sur ses rivages un décor paradisiaque qui dissimule mal la misère persistante.

Haïti (le mot signifie « la montagneuse » en langue
caraïbe) occupe le tiers occidental de la grande île. Longtemps perle des Antilles françaises, colonie de plantation
grâce à la main-d'œuvre importée d'Afrique par la traite,

elle se révolta sous la conduite de Toussaint Louverture, esclave affranchi qui se considérait comme le « premier des Noirs » traitant avec le « premier des Blancs » (Bonaparte). Ce dernier le fit arrêter et Toussaint mourut interné au fort de Joux, dans le Jura. L'indépendance de cette première République noire (que le Premier Consul avait échoué à reconquérir) fut reconnue, mais le nouvel État tomba de Charybde en Scylla, ne parvenant pas à se doter d'un bon gouvernement. Il y a une malédiction du peuple haïtien, issu d'une population mentalement et physiquement déracinée, séparée de sa sève culturelle. Le traumatisme de cette population est d'autant plus durable qu'elle s'est coupée de la culture blanche, sans avoir eu le temps de vraiment l'assimiler. Haïti n'arrive pas à se libérer de ce passé sanglant, handicapé par la débilité constante d'un État qui tolère la violence permanente sans combattre l'illettrisme et le sida. Le pays n'exporte rien et ne se nourrit pas, le déboisement aggravant les choses : il n'y a plus une seule forêt sur les collines d'Haïti, appelées « mornes ». Les trois quarts des 8 millions d'Haïtiens vivent dans la misère et l'insécurité, dépendant totalement de l'aide internationale. Les élites indigènes fuient le pays, le tourisme de masse aussi. Port-au-Prince, la capitale, n'est qu'un immense bidonville.

La **Jamaïque**, située au sud de Cuba, a été conquise en 1655 par les Anglais, qui en firent une colonie productive dans le cadre du système de plantation esclavagiste ; elle est indépendante depuis 1962. Un peu plus étendue que la Corse, elle est montagneuse et nourrit 2,5 millions de Jamaïcains de langue anglaise, qui alimentent une forte émigration en direction de Londres. Elle exporte du sucre et du cacao. Kingston, sa capitale, est le centre du reggae. Cette musique est l'expression d'une secte reli-

gieuse qui se réclame du défunt Ras Tafari (le nom prin-
cier du dernier négus d'Éthiopie, Hailé Sélassié) et prône
le retour à l'Afrique ; par abréviation, on parle de « ras-
tas » (Ras Tafari). Certains d'entre eux ont fondé des villages en Éthiopie. On retrouve là aussi le mythe du
« retour ».

Porto Rico, située à l'est de Saint-Domingue, est
grande comme la Corse, montagneuse comme elle, mais
beaucoup plus habitée puisqu'elle compte 4 millions de
Portoricains de langue espagnole. Elle fut conquise par
les Américains en même temps que Cuba en 1898, mais,
contrairement à Cuba, elle demeure un territoire des
États-Unis. Plus de deux cents entreprises américaines
s'y sont établies afin de bénéficier des avantages fiscaux
qui lui sont consentis par Washington. Deux millions de
Portoricains sont installés aux États-Unis. L'île est
déchirée entre deux tentations : celle de l'indépendance,
et celle de la fusion avec les États-Unis dont elle deviendrait le cinquante et unième État.

Dans les parages se trouvent une poussière d'îles
anglaises : les **îles Vierges** (20 000 habitants), **Anguilla**
(12 000), **Turks** et **Caicos** (20 000), **Montserrat** (6 000),
Saint-Kitt-et-Nevis, **Antigua** et **Barbuda** (75 000), les
unes jouissant d'une indépendance factice, les autres
étant toujours colonies de la Couronne. Seuls sont à noter
l'**archipel des Bermudes**, composé de cent cinquante
îles et peuplé de 60 000 habitants – micro-État devant sa
réputation à la légende du « triangle des Bermudes » qui
en fait une zone de perdition pour navires et aéronefs –,
et les **îles Caïmans**, colonie anglaise qui compte sur son
territoire davantage de sociétés immatriculées que d'habitants et qui est le plus avantageux paradis fiscal de la
planète.

Au nord des grandes Caraïbes, on trouve seulement les **Bahamas**, vaste archipel (13 880 kilomètres carrés) peuplé de 300 000 habitants, avec sept cents îles plates et coralliennes (capitale Nassau), indépendant depuis 1973. Cet État trouve quelque consistance dans le tourisme, car il est une destination prisée par les riches Américains.

Les **petites Antilles** constituent un arc de cercle entre Porto Rico et le Venezuela. Anglais, Français et Hollandais se les sont partagées. Aujourd'hui, la Grande-Bretagne a accordé l'indépendance partout, mais les Français et les Hollandais ont gardé leur souveraineté. Peu de gens savent que la Hollande a encore des colonies ; par exemple, elle partage avec la France l'**île de Saint-Martin**. **Curaçao** (avec sa dépendance, Bonaire) a au moins un nom connu à cause de la célèbre liqueur d'orange qu'elle produit. Assez plate, l'île nourrit 150 000 sujets néerlandais (capitale Willemstad).

Les Antilles françaises sont plus fréquentées. La **Martinique** regroupe près de 400 000 habitants sur ses 1 100 kilomètres carrés. Cette magnifique île montagneuse est, malgré son étroitesse, une véritable petite patrie chantée par son grand poète, Aimé Césaire. Il y existe un mouvement indépendantiste, mais elle est encore un département français et Fort-de-France, sa capitale, n'a pas usurpé son nom.

La **Guadeloupe**, un peu plus étendue (1 800 kilomètres carrés avec ses dépendances, la Désirade, **Saint-Barthélemy**, Marie-Galante) et plus peuplée (450 000 habitants), est faite de deux îles jumelles, Basse-Terre et Grande-Terre. Basse-Terre, la plus élevée, s'orne d'un volcan actif, la Soufrière (1 647 mètres d'altitude). La Guadeloupe aussi est un département français. Les deux îles produisent un rhum célèbre et exportent leurs bananes dans toute l'Union européenne, dont elles font partie (l'euro y a cours) ; cependant, les accords de Cotonou menacent cet avantage douanier. Des centaines de milliers d'Antillais se sont installés en métropole en vertu d'une politique favorisée par Paris, dans le but – atteint – de soulager la pression démographique locale. La France subventionne largement ses départements caraïbes.

À l'inverse, l'Angleterre a abandonné à elles-mêmes ses petites Antilles en même temps qu'elle leur accordait l'indépendance : la **Dominique** (71 000 habitants), **Sainte-Lucie** (160 000), **Saint-Vincent et les Grenadines** (100 000), **Grenade** (100 000) et la **Barbade** (260 000) ont beaucoup de mal à assumer leur indépendance. **Trinité-et-Tobago**, archipel situé à l'extrême sud de l'arc antillais et à 12 kilomètres seulement des côtes du Venezuela, est au contraire un pays consistant par le territoire (plus de 5 000 kilomètres carrés), la population (1,35 million d'habitants) et les ressources fondées sur l'exploitation du pétrole et du gaz. Les infrastructures sont modernes ; l'aéroport vient d'être agrandi. Et Trinité abrite un peuple spécifique, métissé de Noirs et d'Européens comme ailleurs aux Antilles, mais aussi de beaucoup d'Indiens venus au temps de l'Empire britannique, et une culture originale dont le grand écrivain V.S. Naipaul est l'illustration. Paradoxalement, la capitale se nomme Port of Spain.

Le géographe doit constater que l'univers caraïbe ne se limite pas aux îles. La mer des Antilles forme en effet une espèce de Méditerranée tropicale d'une surface comparable à l'autre. Et le monde caraïbe déborde, comme le méditerranéen, sur les terres. Comment oublier le rivage sud, situé à moins de 12 kilomètres de Trinidad ?

Le **Venezuela** touche à l'ouest Curaçao et à l'est Trinidad, tout son rivage est caraïbe et c'est à bon droit qu'il peut être rattaché à cette zone. D'autant plus que son grand fleuve, l'Orénoque, est une espèce de Rhône ou de Nil de la mer des Antilles, dans laquelle il se jette, comme eux, par un delta de 25 000 kilomètres carrés, l'Amacuro, une sorte de Camargue tropicale. Long de 3 000 kilomètres, le « superbe Orénoque » (Jules Verne) prend sa source dans la Sierra Parima. Quatrième fleuve du monde par le débit, il draine la totalité du Venezuela. Un diverticule de la cordillère des Andes, haut de 5 007 mètres au pic Bolivar, traverse le pays jusqu'à la mer, assainissant le climat lourd et humide. La capitale, Caracas (4 millions d'habitants), est située à 900 mètres d'altitude, mais proche de l'océan où se trouve le port, La Guaira. Reste que la majeure partie du Venezuela est une dépression, à l'ouest de laquelle s'étend la ville de Maracaibo. Dans le delta de l'Orénoque et tout autour poussent encore de vastes forêts tropicales.

Avec 25 millions d'habitants sur 900 000 kilomètres carrés, le Venezuela est avec Cuba le grand pays espagnol de la zone caraïbe. Indépendant depuis 1822, il a d'abord fait partie de la Grande Colombie, mais s'en est séparé dès 1830, attiré par la mer des Antilles. Le Venezuela est le cinquième pays exportateur mondial de pétrole. Membre fondateur de l'OPEP[1], il en tire de gros revenus et une forte croissance qui lui permettent une grande indépendance vis-à-vis des États-Unis, dont il conteste l'hégémonie. Bien que, à rebours de Cuba, il n'ait jamais été communiste et que ses classes moyennes

---

1. Organisation des pays exportateurs de pétrole.

n'aient pas, comme celles de la grande île, émigré à Miami, le Venezuela présente de fortes analogies idéologiques avec Cuba (qu'il soutient par des dons de pétrole). Sa population métissée ressemble d'ailleurs à celle de l'île castriste.

Sur la même côte, mais à l'ouest, on trouve les trois Guyanes. Aux temps coloniaux, la française était la plus pauvre. La **Guyane française** (90 000 kilomètres carrés, plus de dix départements métropolitains), est le seul département d'outre-mer situé sur un continent. Il n'a que 200 000 habitants, entre sa capitale Cayenne et l'ex-ville pénitentiaire de Saint-Laurent-du-Maroni. Mais il doit au centre spatial de Kourou (dont nous avons parlé à propos de la France), et à la fusée européenne Ariane, d'être aujourd'hui riche. Pour cela, il attire l'immigration.

L'ex-Guyane hollandaise et l'ex-Guyane anglaise ont, au contraire, sombré dans la misère. Le **Surinam**, ex-hollandais, avec 450 000 habitants sur 160 000 kilomètres carrés, jadis perle de la région, a connu une terrible guerre civile dans les années 1980. Sa population est un mélange d'ethnies de l'ancien Empire batave, et c'est pour cette raison qu'on y trouve une forte minorité de Javanais. Par bonheur, le pays, aux cours d'eau puissants – dont le Maroni, frontière avec la France américaine –, est un grand exportateur de bauxite. Sa capitale, Paramaribo, reste l'une des plaques tournantes du trafic de drogue.

La **Guyana** est la plus grande des Guyanes (215 000 kilomètres carrés) et la plus peuplée (800 000 habitants). C'est aussi la plus pauvre. La moitié du pays est couverte de forêt dense, comme d'ailleurs toutes les Guyanes. La Guyana produit du sucre et de la bauxite. Mais elle est instable et anarchique.

L'Atlantique lusitanien succède au sud à l'écharpe caraïbe, entre le Portugal et le Brésil, de la presqu'île du cap Saint Vincent à Salvador de Bahia. Le **Portugal** est aussi atlantique, vers les tropiques, que la Norvège dans l'Arctique – raison pour laquelle nous ne l'avons pas décrit au cours de notre périple méditerranéen, bien qu'il soit situé sur la péninsule Ibérique. Il tourne en effet le dos à cette péninsule de la même façon que la Norvège tourne le dos à la Scandinavie. Au cours de notre récit géographique, nous l'avons souvent rencontré au long des rivages de l'Afrique (Guinée-Bissau, Angola, cap de Bonne-Espérance, Mozambique), dans les détroits de l'Indonésie (Malacca, îles de la Sonde, Timor, Makassar) et jusqu'en Inde (Goa) et en Chine (Macao). Nous avons raconté qu'un Portugais, Magellan, ouvrit le chemin entre l'Atlantique et le Pacifique, et que, alors qu'il était mort en route, ses bateaux retournèrent en Europe, effectuant ainsi le premier tour du monde (1520-1522). En Atlantique Sud, la domination lusitanienne fut totale. En 1445, les caravelles portugaises doublaient la presqu'île du Cap-Vert, en 1471 le cap de Bonne-Espérance, les îles du Cap-Vert leur servant d'escales.

Souvent, dans leur navigation au-delà du cap, les vents alizés détournaient les caravelles vers l'ouest et elles touchaient alors l'endroit où un continent inconnu pointait son nez au sud du Cap-Vert. Les Portugais furent, au xve siècle, les plus grands navigateurs du monde, lancés à l'assaut des mers par leur roi Henri « le navigateur » depuis son palais de Sagres. En 1500, Cabral découvrit le Brésil par hasard. L'Atlantique Sud est donc un lac portugais. Le Portugal occupe la façade atlantique de la péninsule Ibérique (à l'exception de la Galice espagnole), dont les plateaux et les fleuves descendent vers l'ouest dans l'océan, les plateaux étant plus élevés vers le nord (1 991 mètres) que dans l'Algarve. Toutes les villes ou presque sont des ports. Porto, à l'embouchure du Douro, regroupe des activités de main-d'œuvre dans de petites entreprises. Le Portugal a exporté ses hommes vers la France, où ils se sont établis, construisant au pays de vastes maisons dans lesquelles ils ne retourneront jamais.

Les rivages portugais regardent le grand large vers l'ouest (seuls ceux de l'Algarve regardent le Maroc). À son embouchure, le grand fleuve ibérique Tage (aussi long que la Loire, 1 006 kilomètres, il n'est portugais que sur 150 kilomètres) développe un vaste estuaire, la mer de Paille. Sur sa rive escarpée s'est construite au nord la superbe Lisbonne – « reconstruite » serait plus juste, la ville ayant été rebâtie après le fameux tremblement de terre de 1755, sur lequel Voltaire a écrit. C'est une ville « classique » autour de la Praça do Comércio, dont l'un des côtés ouvre sur la mer. Des ponts suspendus la relient au sud de l'estuaire. Avec 3 millions d'habitants, elle concentre les fonctions de gouvernement et les activités portuaire, intellectuelle, industrielle (l'université siège au nord, à Coimbra). C'est l'une des plus belles capitales européennes, ou plutôt de l'Atlantique Sud.

Le Portugal n'est pas très étendu (92 000 kilomètres carrés), et de plus il est allongé : c'est davantage un rivage qu'un territoire. Il compte 11 millions de citoyens, en démocratie depuis la chute de Caetano en 1974. Les Portugais sont sympathiques, intelligents et travailleurs, mais le pays est encore trop tourné vers des activités de main-d'œuvre à faible valeur ajoutée ; à cause d'une émi-

gration excessive, le travail de ses hommes et de ses
femmes profite davantage à la France qu'à lui-même.

Les **Açores**, archipel volcanique du milieu de l'Atlantique, furent longtemps escale obligée pour les bateaux
partis vers l'Amérique du Sud. Avec 220 000 kilomètres
carrés émergés, elles nourrissent mal leurs 240 000 habitants. Le tourisme souffre du faible développement des
infrastructures. Les Açores appartiennent au Portugal.

Madère est un volcan qui tombe sur la mer en gigantesque falaise. Son occupation par le Portugal en
1418 marqua le début de l'expansion maritime lusitanienne. L'île, dont les 260 000 habitants vivent de la
culture des fruits tropicaux ainsi que du tourisme et de
l'exportation de ses vins liquoreux, est une région autonome portugaise.

Le **Brésil** n'a été, pour les Portugais obsédés par les
Indes orientales, qu'une conquête accidentelle liée aux
humeurs des vents alizés. L'ironie de l'Histoire en a fait
la première nation de langue portugaise du monde et le
pivot de l'Atlantique lusitanien, et cela sans guerre ni
rupture. En 1807, Napoléon fit envahir le Portugal par
Junot. Le roi (la maison de Bragance) se réfugia alors à
Rio (une espèce de France libre ou plutôt de « Portugal
libre »). Après Waterloo, le roi, de retour à Lisbonne,
laissa son fils à Rio. Quand l'indépendance fut proclamée
au Brésil en 1822, le Bragance devint naturellement
« empereur », et cela donna naissance à l'empire du
Brésil. Un empire immense, légitime, qui ne parut pas
aux contemporains ridicule comme celui proclamé plus
tard en Afrique par Bokassa. Un empire progressiste
(contrairement à celui du négus en Éthiopie), fortement
inspiré des idées novatrices des saint-simoniens qui ins-
crivirent leur devise sur le drapeau du pays (elle y

demeure). En 1888, la monarchie fut abolie et transformée en république fédérale.

Ce pays énorme de 8,5 millions de kilomètres carrés et de 175 millions d'habitants est aujourd'hui le sanctuaire de la langue portugaise, importante dans le monde grâce à lui. Étalé sur trois fuseaux horaires, c'est le cinquième pays du monde par la superficie. Par sa forme, on constate qu'il est fait pour s'emboîter dans l'Afrique du golfe de Guinée. Il y a un milliard d'années, les deux terres devaient être jointives ; et la « dérive des continents » les a éloignées l'une de l'autre. Si le Brésil est le phare de l'Atlantique Sud, il demeure proche de l'Afrique (c'est entre Dakar et Natal que l'Atlantique est le plus étroit) géographiquement et même ethniquement. La traite y a amené des millions de Noirs. Colonialistes et négriers, les Portugais le furent, mais ils n'étaient pas racistes, à l'inverse des Anglo-Saxons ou des Hollandais. Les Blancs et les Noires se métissèrent, donnant au Brésil une population beaucoup plus lusitanienne et africaine qu'américaine. Il est vrai, cependant, qu'on trouve une plus forte proportion de Blancs dans les classes aisées. Catholique à l'africaine (le plus grand pays catholique du monde), le Brésil est aujourd'hui travaillé par de multiples sectes pentecôtistes.

Il y a deux Brésil : le Brésil solide et le Brésil spongieux. Le Brésil solide constitue un immense plateau qui court de Fortaleza dans le nord-est à Porto Alegre dans le sud. Ce plateau évoque celui du Dekkan indien. Comme lui, il est relevé sur les côtes par des sortes de Ghats, découpés en baies et en collines, puis il s'abaisse vers l'intérieur jusqu'au Matto Grosso.

Au Matto Grosso s'étend une savane d'agriculture sèche. À l'intérieur, autour de la nouvelle capitale, Brasilia, on cultive le soja, dont le pays est le deuxième producteur du monde. L'action diplomatique du Brésil au sein de l'OMC [1] y trouve sa justification : il a pris la tête des pays qui demandent aux Européens de renoncer à leurs subventions agricoles.

Le Nord-Est, au contraire, s'appauvrit et reste dominé par le modèle de la *fazenda*, grande plantation de canne à sucre, de cacao ou de coton qui appartient à un grand propriétaire et que protègent des milices – ce qui laisse les petits paysans sans terres.

Le sud-ouest du plateau est le centre vital du Brésil. Il concentre les deux tiers de l'activité économique (sidérurgie, automobile, aéronautique, armement, textile, agro-alimentaire) et toutes les grandes villes : Porto Alegre, et surtout São Paulo, à l'intérieur mais non loin de la côte, la plus importante mégapole industrielle (10 millions d'habitants), vibrionnante d'activité. Cette ville sans grâce est une véritable ruche à entreprises, entourée malheureusement de bidonvilles. Belo Horizonte (un million d'habitants) est une autre ville du plateau. À Brasilia, volontairement enfoncée à l'intérieur (2 millions d'habitants), le Brésil moderne a voulu se projeter en 1960 sous la direction de l'architecte Oscar Niemeyer. Les bâtiments publics y sont beaux : cathédrale, place des Trois-Pouvoirs, Parlement, palais présidentiel, palais de justice, palais de l'Aurore. Mais la population loge dans des HLM, genre Sarcelles, sans aucune originalité.

Sur la côte se trouve la ville dominante de Rio de Janeiro, centre de la culture et de l'âme brésiliennes. Son site est magnifique ; sa baie, plus belle encore que celle de Naples, profonde, enserrée par la forêt tropicale, par-

---

1. Organisation mondiale du commerce.

semée de rochers verticaux dont le grand « Pain de Sucre », est dominée à 750 mètres d'altitude par le célèbre Corcovado qui écarte sur elle ses bras de géant. Rio est un résumé du Brésil : beauté, métissage, Afrique, Atlantique, Portugal. Les inégalités sociales sont fortes : les plages pour riches de Copacabana sont surplombées par les *favellas* les plus pauvres, et 10 % de membres de la bourgeoisie détiennent 90 % des richesses. Rio, c'est la ville de la violence, des gangs, des meurtres, mais aussi celle du carnaval.

Aller en autocar de Rio à São Paulo par les autoroutes monotones du plateau permet de se faire une idée assez juste de ce cœur du Brésil. Le Nord-Est des *fazendas* reste une curiosité historique, mais on y peut visiter les cités historiques. La plus étrange par ses églises baroques, ses palais lusitaniens, son mélange incroyable d'Afrique et de Portugal, est San Salvador de Bahia (3 millions d'habitants).

Le Brésil spongieux se résume au bassin de l'Amazone, mais il couvre la plus grande partie du territoire. L'Amazone est un fleuve géant, presque un monstre. Il est premier en tout : par sa longueur (6 762 kilomètres), il égale le Nil ; par son débit (200 000 mètres cubes par seconde), aucun fleuve ne lui est comparable. On le nomme le « fleuve-mer ». Les cargos et paquebots peuvent le remonter à plus de 3 000 kilomètres de son embouchure. Quand il se jette dans l'Atlantique par un vaste estuaire ramifié, découpé d'îles immenses, ses eaux douces sont encore repérables au large dans l'océan à des centaines de kilomètres de la côte.

Le bassin amazonien est le contraire du plateau brésilien. Il est spongieux, couvert d'une immense forêt équatoriale primaire dans laquelle se cachent les seuls

Amérindiens qui vivent encore à l'ancienne. Mais, depuis les années 1970, l'immense Amazonie n'est vue par les dirigeants brésiliens que comme un espace pionnier qu'il suffirait de défricher pour résoudre la question agraire du Nord-Est. Aujourd'hui, la forêt, éventrée par les autoroutes, essartée par les planteurs et les chercheurs d'or, est en péril. On y trouve deux villes en bordure du fleuve. Manaus (un million d'habitants) est un port de mer à 1 000 kilomètres à l'intérieur des terres. De l'époque de sa splendeur économique (caoutchouc), elle garde un Opéra copié sur celui de Paris. Et Belem (un million d'habitants également) est le port de l'Amazonie sur l'Atlantique.

Le Brésil est une véritable nation industrielle et financière, mais encore très inégalitaire. Pour 50 millions de Brésiliens qui vivent au XXIe siècle, on compte encore 125 millions de pauvres, de déclassés, maltraités par une classe dirigeante brutale. La réélection d'un président de gauche, l'ex-syndicaliste Lula da Silva, fait espérer que cet immense pays saura surmonter ses tensions sociales et sa violence endémique. S'il le fait, il a vocation à devenir une puissance mondiale ; déjà il pousse ses pions sur le continent noir, où beaucoup d'Africains sont lusophones, de l'autre côté de l'Atlantique portugais : Cap-Vert, Guinée-Bissau, São Tomé et surtout Angola...

L'ATLANTIQUE DE LA PLATA

Au sud de l'océan Atlantique, la terre américaine descend très bas. Elle se présente alors comme une immense plaine, comme une savane arrosée baptisée « Pampa ».

Vaste étendue comparable aux plaines du Middle West ou de l'Ukraine, adossée à la muraille infranchissable des Andes, cette Pampa est largement ouverte sur l'océan. Elle est divisée en deux par l'estuaire de la Plata. Cet estuaire, l'un des plus vastes du monde, peut légitimement donner son nom à la partie de l'Atlantique dans laquelle il se jette. Large de 250 kilomètres à l'ouverture, il ne mesure jamais moins de 35 kilomètres. Il reçoit le Parana, grossi des fleuves Paraguay et Uruguay (en guarani, *parana* signifie également « mer » et « rivière »). Le Parana est long de 3 300 kilomètres ; il bénéficie d'un débit puissant et les marées atlantiques le remontent fort avant. L'estuaire de la Plata, véritable mer bordière atlantique, sépare l'Argentine et l'Uruguay. Ces deux pays, à l'exception de la langue qu'ils parlent (l'espagnol), n'ont rien d'américain. De même que le Chili est « pacifique », l'Argentine et l'Uruguay sont entièrement « atlantiques ». D'abord par les immigrants qui y sont venus : des Basques et surtout des Italiens, qui y furent bien plus nombreux que les Espagnols.

L'**Argentine**, grand pays agricole, exportateur de viande et de blé, a longtemps passé pour l'une des puissances de ce monde (en particulier au temps du dictateur Perón). Dès la fondation de Buenos Aires (« bons vents ») en 1536, la vice-royauté de La Plata avait basculé vers l'océan Atlantique.

Pays immense (2,8 millions de kilomètres carrés), l'Argentine compte 36 millions d'habitants, venus pour beaucoup d'Italie. Cela en fait une nation originale : une Espagne adoucie d'Italie et ouverte aux vents océaniques. Buenos Aires est une ville haussmannienne prestigieuse, un grand port peuplé de millions de citadins actifs qui, l'été austral venu, se transportent en masse sur les plages de Mar del Plata, à 300 kilomètres au sud. Comme l'Australie (à laquelle elle ressemble économiquement), l'Argentine manque d'industries de transformation. Par la composition de ses exportations, elle demeure un pays du tiers monde, bien qu'elle soit « moderne » par sa civilisation. Vers l'ouest, au pied des Andes, et un peu au-dessus du niveau de la Pampa, se situent des oasis de piémont assez ensoleillées : Tucuman, Mendoza. Vers le sud, l'Argentine a progressivement annexé l'immense Patagonie et une part de la Terre de Feu (qu'elle dispute au Chili). C'est une terre sans limites et mélancolique, mais propice à l'élevage. Les Argentins y submergent les rares indigènes encore nomades jusqu'à la mythique ville d'Ushuaia.

L'Argentine pourrait retrouver son statut de puissance, malgré une crise d'hyper-inflation qui a récemment sinistré son économie (et fait rentrer en Italie certains de ses citoyens). Patriotes, les Argentins ont fait la guerre aux Anglais en 1982 à propos de la possession des îles Falkland (ou Malouines), qu'ils revendiquent comme faisant partie de leur espace maritime. Ils furent battus (plusieurs milliers de morts, en particulier à la suite de l'impitoyable torpillage d'un vieux cuirassé argentin par un sous-marin nucléaire d'attaque anglais). Cependant, leurs pilotes de chasse montés sur des Super-Étendard français combattirent comme des lions et infligèrent de lourdes pertes à la Royal Navy. Ce fut la plus récente des batailles de l'Atlantique.

L'**Uruguay** : de l'autre côté du rio de la Plata, on trouve un morceau de Pampa exactement semblable à l'Argentine. On se demande bien pourquoi l'Uruguay n'est pas intégré à l'Argentine, dont absolument rien – ni le paysage, ni la population, ni la situation, ni les productions – ne le distingue. Les choses étant ce qu'elles sont, l'Uruguay constitue aujourd'hui un État souverain assez réduit (170 000 kilomètres carrés) et peuplé de seulement 3,5 millions d'habitants, dont la moitié se concentrent dans la capitale, Montevideo, seul port en eau profonde de l'estuaire de la Plata. Cette ville regroupe les industries agro-alimentaires nécessaires à ce pays d'éleveurs.

L'île Amérique

Quand on regarde le globe terrestre, il apparaît évident que l'Amérique est une île. Elle l'est d'abord parce qu'elle est entourée d'eau, ensuite et surtout parce qu'elle se suffit à elle-même.

La plupart des îles de la Terre, à commencer par la Grande-Bretagne, dépendent du monde extérieur et sont influencées par lui. Ainsi, l'Angleterre ne saurait vivre plus de trois mois sur ses seules ressources. Pour cette raison, ses adversaires qui ne pouvaient l'envahir faute de marine ont cherché à l'affamer par le blocus, aussi bien Hitler que Napoléon. Et les influences extérieures y conditionnent les esprits. Il y avait une mentalité insulaire chez les Britanniques, mais elle relevait davantage d'un esprit de domination que d'un esprit de repli. Au Moyen Âge, le roi d'Angleterre voulait être aussi roi en France. Après Waterloo, ses successeurs ont régné sur les mers avec l'Empire britannique. En un sens, l'Angleterre n'est pas une île. Elle n'a même jamais été isolationniste, refermée sur elle-même, comme la Sardaigne ou la Corse l'ont été.

La véritable définition de la mentalité insulaire, c'est que les habitants de l'île sont fermés au monde extérieur et n'ont pas besoin de lui.

Vue ainsi, l'Amérique est doublement une île. Elle est entourée de tous côtés de mers et d'océans, formidablement isolée du Vieux Monde. Les **États-Unis d'Amérique** sont une île-continent qui produit sur son sol la nourriture, l'énergie, les objets manufacturés nécessaires à sa vie, ou qui est capable de les produire. Le monde extérieur pourrait disparaître sans changer l'*american way of life*. Il faudrait seulement que les États-Unis entament leurs réserves stratégiques de pétrole et qu'ils recommencent à fabriquer les objets qu'ils importent aujourd'hui du Japon ou de Chine. Ils le pourraient rapidement : en 1942, ils n'ont pas mis deux ans pour reconvertir leur économie civile en une industrie de guerre dont ils étaient dépourvus.

Ajoutons qu'ils sont peuplés de gens dont les parents ou les aïeux ont fui le Vieux Monde et ses querelles, et ne désirent pas s'y intéresser. L'« isolationnisme », mot clef de la politique des États-Unis, ne traduit pas seulement le profond désintérêt de l'Américain moyen pour le reste de la planète ; il manifeste aussi la conviction que les États-Unis d'Amérique n'ont rien à voir avec l'extérieur. Demander, comme le font certains journalistes, à un Américain de Minneapolis ce qu'il pense de la France est une question oiseuse. Évidemment, depuis Pearl Harbor, le monde extérieur s'est rappelé au bon souvenir des Américains qui, devenus dominants, sont bien obligés de s'en occuper, mais, à l'exception des intellectuels de la côte Est, ils le font contraints et forcés.

Le continent nord-américain touche aux zones polaires glacées ; à l'est et à l'ouest, il est isolé par les deux plus grands océans de la planète. Sa structure physique est simple. Sur le Pacifique, à l'ouest, les montagnes Rocheuses de type alpin, mais orientées du nord au sud

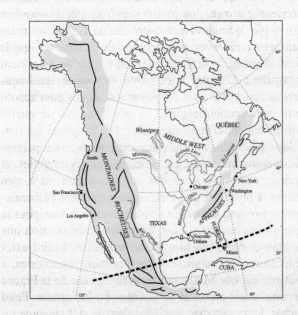

Carte 16. L'île Amérique

(et non pas, comme les Alpes et l'Himalaya, de l'ouest à l'est). Couvertes de neige en hiver, elles s'élargissent en leur milieu pour intégrer une zone géologique primaire, le bouclier canadien. Les Rocheuses « digèrent » le bouclier canadien comme on voit, dans le dessin fameux du *Petit Prince* de Saint-Exupéry, le boa digérer un éléphant. Montagnes élevées, parfois volcaniques (on se souvient de l'explosion du volcan Saint Helens), dont le point culminant (si l'on omet les montagnes de l'Alaska) est le mont Whitney (4 418 mètres). Sur l'Atlantique, à l'est, on trouve à l'opposé une chaîne jurassique, les Appalaches, qui culminent à 2 000 mètres, mais s'étendent du Saint-Laurent à l'Alabama.

Entre les deux, une vaste plaine, la « Prairie », qui rappelle la plaine russe et la Pampa argentine, est continentale, largement ouverte aux vents du nord dont elle n'est séparée par aucune montagne, de climat ukrainien – froide l'hiver, chaude l'été –, mais, comme l'Ukraine, fertile et propre à tous les genres de cultures céréalières. Cette plaine est drainée par un système lacustre et fluvial puissant et complexe. Le Mississippi (3 700 kilomètres de long) reçoit à Saint Louis le Missouri, beaucoup plus long encore, qui lui apporte les eaux des Rocheuses ; des Appalaches, il reçoit le Tennessee. Le grand fleuve, au lit très large, aboutit sur le golfe du Mexique à un immense delta marécageux aux crues dévastatrices, surtout quand elles sont aggravées par des cyclones. Les villes qui le bordent au sud, Memphis et Baton Rouge, vivent dans la crainte de subir la crue de La Nouvelle-Orléans, comme en août 2005 avec l'ouragan Katrina.

Au centre-nord de la Prairie s'étale un vaste ensemble lacustre, véritable mer intérieure. Le lac Supérieur (82 000 kilomètres carrés) se déverse dans le lac Huron

(60 000) et le lac Michigan (également 60 000). Les trois
se répandent dans le lac Érié (30 000 kilomètres carrés)
par une rivière impétueuse où est située la ville de Detroit.
Le lac Érié enfin se déverse, près de la ville de Buffalo,
dans le lac Ontario (25 000 kilomètres carrés) par les
célèbres chutes du Niagara. De ce lac sort le puissant
fleuve Saint-Laurent, qui se jette dans l'Atlantique Nord.
Il peut être remonté jusqu'à 1 000 kilomètres en amont par
les bateaux de mer. Cet ensemble lacustre (260 000 kilomètres carrés de superficie globale) est plus étendu que la
Grande-Bretagne et constitue la plus grande réserve d'eau
douce de la planète. Par le Saint-Laurent, les communications avec cette mer intérieure sont faciles (on se souvient
que les Vikings sont venus là). Ces lacs servent de frontière entre les États-Unis et le Canada – seul le Michigan
appartient totalement à l'Union.

Les États-Unis d'Amérique s'étendent sur 9,6 millions
de kilomètres carrés. Peuplés de 300 millions d'habitants,
ils sont de loin la première puissance économique du
monde. Leur PNB est supérieur à 11 000 milliards de dollars : trois fois celui du Japon, quatre fois celui de l'Allemagne, sept fois celui de la France, du Royaume-Uni ou
de la Chine.

Nés en 1783 de la révolte des colons anglais de la côte
Est contre la mère patrie, ils ont gardé leur Constitution
de 1787 (exemple à méditer pour les Français qui veulent
changer de loi fondamentale à chaque crise). En 1800, ils
édifièrent une capitale fédérale sur les plans conçus par
le Français Pierre Charles L'Enfant. En 1803, ils achetèrent à Napoléon l'immense Louisiane, et la Floride à
l'Espagne en 1819. En 1846, ils obtinrent des Anglais la
possession de l'Oregon, qui commande l'accès à l'océan
Pacifique. Ils entreprirent aussi de refouler les Mexicains

(Alamo, 1836). En 1848, ils arrachèrent au Mexique l'Arizona, le Texas et la Californie, dont la toponymie proclame assez l'hispanité (Los Angeles, San Francisco, San Antonio...). Au XIXᵉ siècle, 30 millions d'Européens franchirent l'Atlantique pour s'établir en Amérique. En pleine explosion démographique, l'Europe d'alors y envoyait ses surplus de femmes et d'hommes résolus à refaire leur vie. Beaucoup venaient de l'ancienne patrie britannique, et ils constituent toujours l'armature de la société américaine (les WASP, White Anglo-Saxon Protestants). Beaucoup venaient aussi de l'Irlande opprimée par l'Angleterre et rongée par la famine, d'Allemagne, de Scandinavie, etc. – on a longtemps parlé l'allemand dans le Middle West. On vit également arriver des millions d'Européens du Sud et de l'Est : catholiques italiens ou polonais, Ukrainiens orthodoxes, Russes, Grecs, Arméniens. Beaucoup de Juifs enfin : c'était l'époque des pogroms dans l'empire des tsars. Auparavant, la traite des Noirs avait laissé des millions d'Africains qui, jusqu'à Martin Luther King, durent lutter pour leurs droits civiques.

Le nouvel État n'échappa pas aux affres d'une terrible guerre civile : la guerre de Sécession, de 1863 à 1865, fit 700 000 morts et mit fin aux velléités séparatistes des États du Sud. En 1867, les États-Unis achetèrent l'Alaska à la Russie (imaginons ce qu'eût été la guerre froide si l'URSS avait possédé l'Alaska...). En 1898, en faisant la guerre à l'Espagne pour lui enlever Porto Rico et Hawaii, ils s'affirmèrent comme la puissance dominante du Nouveau Monde. Le slogan d'alors, « L'Amérique aux Américains », signifiait en effet : le continent américain doit être dominé par les États-Unis.

En même temps, le pays connaissait une formidable

expansion industrielle : chemins de fer, pétrole, aciéries, dont les milliardaires s'appelaient Vanderbilt, Carnegie, Morgan, Rockefeller... Les luttes sociales furent violentes (la fête du 1er mai est née en Amérique) et les syndicats puissants (AFL-CIO). Au xxe siècle, malgré la crise financière et économique de 1929, surmontée par le New Deal de Roosevelt, les États-Unis devinrent plus puissants encore. Mais ils restaient une île. L'isolationnisme n'est pas un avatar de la conscience américaine : c'en est l'axe. Il fallut, en 1941, l'attaque simultanée des Japonais et des Allemands, qui leur sautèrent à la gorge, pour les en faire sortir. Ils auraient bien voulu y revenir après la Seconde Guerre mondiale : « *Bring the boys home.* » C'est, en 1947, la guerre froide avec l'URSS qui les en empêcha. Depuis la chute du mur de Berlin en 1990, les États-Unis n'ont plus de compétiteur et exercent une hégémonie sur le monde.

Remarquons que l'hégémonie diffère de l'empire. Un empire exploite les pays qu'il domine, mais s'y reconnaît des devoirs ; par exemple, les Anglais aux Indes, du temps de l'Empire britannique, s'y sentaient responsables de l'ordre public, de la santé, etc. Toutes les familles anglaises avaient un cousin ou un frère dans l'armée des Indes ou l'administration du Kenya. Une puissance hégémonique, elle, n'a aucun devoir si ce n'est de préserver ses intérêts.

Il faut certes admirer la force des États-Unis, mais il faut souligner aussi qu'ils ont bénéficié d'un formidable concours de circonstances, jamais réunies jusque-là dans l'histoire des hommes. Premièrement, le renfort de dizaines de millions d'immigrants, culturellement proches et très motivés, qui pleuraient en apercevant du pont de leur bateau la statue de la Liberté (offerte par la

France en 1886). Ces immigrants, écœurés par la vieille Europe où ils n'avaient connu que misère et persécutions, arrivaient là sans esprit de retour et prêts à tout. Deuxièmement, la libre disposition d'un continent immense, au climat tempéré, drainé de fleuves, parsemé de lacs, apte à l'agriculture, où les arrivants retrouvaient, en plus grand, les paysages auxquels ils étaient habitués en Europe.

Cet espace favorable semblait vacant aux immigrants. En réalité, il était occupé par des peuples « premiers ». Amérindiens superbes, ornés de plumes, guerriers pleins d'honneur, mais restés des chasseurs qui se déplaçaient sur des centaines de kilomètres à la poursuite des troupeaux de bisons, ils étaient arrivés là pendant la dernière glaciation par le détroit de Bering. Pour les agriculteurs venus d'Angleterre, d'Italie ou d'Allemagne, ces gens n'étaient que des sortes de bédouins. S'emparer de leurs terrains de chasse pour y creuser leurs sillons leur semblait juste.

Les nobles Indiens ne pouvaient comprendre ce qui faisait courir vers l'ouest ces hommes d'un autre monde. Les immigrants ne voyaient en eux que de cruels barbares. Les Indiens se défendirent, mais que pouvaient 3 millions de chasseurs néolithiques contre dix fois plus d'agriculteurs européens emplis de bonne conscience ? Tocqueville a parfaitement décrit les sentiments des Américains d'alors envers les Indiens : « On ne saurait détruire des hommes avec un sens plus aigu de l'humanité[1]. »

Par ailleurs, aucune puissance européenne ne disputait vraiment aux Américains la possession du continent (une fois l'Angleterre chassée, puis réconciliée). L'Espagne

---

1. *De la démocratie en Amérique.*

alors décadente, le Mexique encore débile furent facilement écartés, et la Russie, trop lointaine, préféra vendre
l'Alaska.

Aucune population d'immigrants ne disposa jamais
d'autant d'atouts que les nouveaux Américains (à l'exception des Argentins). En Afrique du Sud, en Algérie,
en Palestine, les paysans indigènes étaient nombreux. En
Australie, en Nouvelle-Zélande, les Aborigènes vivaient
un peu comme les Amérindiens – surtout les Maoris, dont
les tribus guerrières évoquaient les Sioux –, mais l'Australie est dans l'ensemble un désert poussiéreux et la Nouvelle-Zélande un petit archipel isolé. Là seulement, au
nord de l'Amérique, les arrivants retrouvaient les paysages de l'Europe dans un espace immense qui leur semblait vide.

Cet espace ne fut pas facile à dominer à cause de son
étendue même. Longtemps le front de colonisation,
appelé la « frontière », resta indéfini. Lieu mythique que
cette « frontière », magnifiée plus tard dans les westerns.
L'Amérique intégrait ses immigrants dans la forge à
haute température de la frontière : « Va vers l'ouest,
homme jeune », sans trop se soucier de la légalité repré-
sentée par des shérifs à la détente facile. D'où ce culte des
armes incompréhensible autrement (les Suisses gardent
leurs armes de guerre chez eux et passent pour paci-
fiques). En 1869, le premier chemin de fer continental, le
Grand Pacific Railway, relia New York à San Francisco.

Après la guerre de Sécession qui mit en question le
droit jusque-là reconnu à un État de quitter la fédération,
les États-Unis devinrent un faux État fédéral, en réalité
fort centralisé. Certes, on y compte cinquante États avec
des lois particulières, des assemblées et des gouverneurs,
mais le gouvernement de Washington a la main sur la

plupart des leviers de commande. Faux État fédéral, les États-Unis sont devenus une véritable nation, comme le raconte le cinéaste Griffith dans *Naissance d'une nation* (1915). Une nation patriote comme il n'en existe plus en Europe. Lorsqu'on accède à la dignité de citoyen américain, on s'engage ; on obtient des droits, mais on accepte des devoirs. On prête serment. Tout jeune citoyen répète dans les écoles ce serment jusqu'à quatorze ans : « I pledge Allegiance to the flag of the United States of America, and to the Republic for which it stands : one nation, under God, indivisible, with liberty and justice for all. » On salue le drapeau. Seul un auteur français de passage dans l'Union peut s'étonner d'y voir partout des bannières étoilées [1]. La fierté d'être américain (*american pride*) est commune. Le *melting pot* a fonctionné. Si les Wasps sont encore nombreux dans les allées du pouvoir, il y a eu un président catholique (Kennedy) et on y trouve une ministre des Affaires étrangères hispanique et un général en chef noir.

Ce brassage a donné un mode de vie curieusement uniforme : restauration rapide, génératrice d'obésité, sucre et Coca-Cola. Notons en passant que si les Anglais mangent mal, ils en ont conscience et n'ont jamais l'audace d'ouvrir hors de chez eux des « restaurants anglais », mais seulement des pubs. Les Américains, eux, mangent mal (quoiqu'on puisse trouver là-bas d'excellents restaurants de toutes les gastronomies du monde pour les initiés), mais ils ne le savent pas et inondent la planète de leurs affreux Mac-Do.

Toutes les villes se ressemblent : des tours-bureaux pour les affaires en leur centre, entourées de banlieue *middle class*. Vingt-quatre villes dépassent les 2 millions

1. Bernard-Henri Lévy.

d'habitants. 82 % des Américains habitent des zones urbaines. Mais ce taux fait illusion : la ville moyenne américaine n'est pas l'*urbs* européenne, mais le *suburb*, la périphérie. Les Américains ne sont pas un peuple de citadins, mais de banlieusards. Les stations-service, les hôtels, les équipements constituent un maillage d'une surprenante uniformité, entièrement centré sur l'utilisation de la voiture individuelle ou de l'avion.

Aujourd'hui, il n'y a plus d'Indiens en liberté, plus de chemins de fer à voyageurs ; partout règne une civilisation de la bagnole de laquelle on sort le moins possible : on peut manger, aller au cinéma en restant dans sa voiture. On peut dire que la plupart des villes américaines sont des villes *drive in*. Civilisation également des aéroports, les transports aériens de masse contribuant à rendre invisible l'immensité angoissante de l'espace américain. Cependant, comme nous l'avons souligné dès le début de cet essai, sous cette mince pellicule ultra-moderne, la géographie demeure.

Le nord-est des États-Unis est la partie du territoire la plus semblable à l'Europe : la Nouvelle-Angleterre. Les Appalaches reproduisent le Jura en plus allongé : chaînes calcaires et parallèles, trouées de cavités spéléologiques. Les côtes sont découpées par les estuaires des fleuves qui en descendent, puissants mais courts. Le climat est tempéré. Là sont situés la plupart des États historiques, les anciennes colonies révoltées : Maine, New Hampshire, Vermont, Massachusetts, Rhode Island, New York, Pennsylvanie, Connecticut, Maryland, New Jersey, Delaware, les deux Virginies, et aussi les plus grandes villes, qui sont des ports tournés vers l'Europe : Boston (3 millions d'habitants), centre commercial, industriel et intellectuel, est la cité la plus « anglaise » et la plus élégante.

À proximité se trouve la célèbre université MIT. New York (16 millions d'habitants), magnifiquement située sur l'estuaire de l'Hudson et dont nous avons rappelé plus haut la surprenante ressemblance avec Istanbul, a l'étroitesse de la presqu'île de Manhattan, faisant jaillir les gratte-ciel et imposant une forte contrainte. Cet élan vers le haut en fait la ville la plus belle des États-Unis. La vision de son mur de gratte-ciel – *sky line* – depuis la statue de la Liberté est saisissante. La ville, puissamment cosmopolite et intégratrice, est l'exception à la règle isolationniste. Elle est tournée vers le monde. Elle passe à juste titre pour exprimer le meilleur de la culture américaine. Souvent les détails sont laids, mais l'ensemble est superbe. C'est la capitale du monde, titre que seul Paris lui dispute. Il est significatif qu'un cinéaste comme Woddy Allen aille de l'une à l'autre ville, sans pouvoir choisir. Après elle, les villes se succèdent vers le sud, historiques mais sans grand attrait, toutes millionnaires : Philadelphie, Baltimore, jusqu'à Washington, la capitale fédérale. Washington est assez réussie par son architecture du XVIIIe siècle (le Capitole, la Maison Blanche), mais c'est une ville ennuyeuse, restreinte aux fonctions administratives.

Les autoroutes de cette immense conurbation (en fait, une seule agglomération de Boston à Washington) sont encombrées et les lignes aériennes encore plus. Il faudrait un TGV (New York-Washington, c'est la distance Paris-Lyon). Les Japonais, dans un environnement semblable, ont construit des trains à grande vitesse. Les Américains, trop « bagnoles et aéroports », n'en sont pas encore là (pour échapper aux bouchons routiers et aux interminables attentes aériennes, les plus riches utilisent leur hélicoptère). Démographiquement, le Nord-Est pèse aujourd'hui moins de 20 % de la population totale de l'Union. Mais, économiquement, la mégapole représente encore 40 % du PNB et les centres de décision politique et militaire (Pentagone, NSA, CIA) s'y trouvent. Le long de la route 128 sont installées des firmes pharmaceutiques, génétiques et informatiques.

Le Sud – les Carolines, la Georgie, l'Alabama, le Tennessee, la Louisiane, le Mississippi – reste très marqué par la guerre de Sécession. Mais la ville d'Atlanta, celle d'*Autant en emporte le vent*, deuxième aéroport, siège de plusieurs universités, ultra-moderne, échappe à cette malédiction. La Louisiane, dévastée par les ouragans, se reconstruit autour de La Nouvelle-Orléans inondée où la population noire, encore pauvre, est majoritaire. Deux États de la région ont décollé. La Floride était un vaste marécage que la vogue des bains de mer et l'immigration cubaine ont tiré de sa léthargie. Miami, capitale du tourisme, est devenue une espèce d'icône de l'Amérique dont témoigne la série *Deux flics à Miami*. Cap Canaveral, le plus important centre spatial américain, se trouve en Floride.

Le Texas est un monde à lui seul. Il a d'ailleurs été indépendant durant des années après s'être séparé du Mexique en 1836, et n'a rejoint l'Union qu'en 1845 ; il a ensuite fait partie de la confédération sudiste pendant la guerre de Sécession. Plus vaste que la France, peuplé de 18 millions d'habitants, c'est le plus étendu des États de l'Union, à l'exception de l'Alaska. Houston est une ville immense. Ses richesses géologiques sont considérables : gaz, pétrole, soufre, charbon, et l'industrie est très moderne, l'agriculture très développée : coton, riz. La tendance à voir se redéployer la population des pays occidentaux depuis les anciens bassins industriels en direction des zones ensoleillées est apparue aux États-Unis. Rien d'étonnant à ce que ce mouvement de « sun-beltisa-tion » marque le Texas, mais aussi la Georgie. À Richardson Dallas, au Texas, les firmes de téléphonie se sont regroupées. Autour d'Atlanta, de nombreuses entre-prises spécialisées dans l'électronique de défense se sont agglutinées. On peut assimiler au Sud le Nouveau-Mexique où sont fabriqués, dans la région d'Albu-querque, des composants électroniques et des semi-conducteurs. L'élection de présidents texans est un symp-tôme de ce déplacement de l'Amérique vers le Sud.

Le Middle West reste cependant, plus que le Texas ou la Nouvelle-Angleterre, les États-Unis par excellence. C'est là, dans la plaine immense, près des Grands Lacs, au bord du Missouri et du Mississippi, que bat le cœur du pays. La ville de Chicago en est le véritable centre et le symbole (10 millions d'habitants) : marché des céréales et du bétail, grande cité industrielle, capitale du syndicalisme. Les aéroports de Chicago ont le trafic aérien le plus important du monde ; quand Hollywood veut faire une série télévisée sur la médecine américaine, c'est un hôpital de Chicago qui est choisi (*Urgences*). Ceux qui veulent vraiment comprendre l'esprit américain doivent parcourir en cars Greyhound les autoroutes du Middle West et s'arrêter aux gares routières de Chicago, Madison, Saint Paul ou Indianapolis dans les États du Wisconsin, du Dakota, de l'Illinois, du Michigan, de l'In-diana, de l'Ohio et du Missouri. Ils y trouveront le sens du travail, la brutalité des rapports sociaux, un certain ennui confortable dans l'immensité d'espaces assez sem-blables dans leur ensemble à ceux de la Russie, y compris par le climat, très froid en hiver.

L'Ouest américain est tout entier marqué par le sys-

tème continental des montagnes Rocheuses, qui ont
« avalé » le « bouclier canadien » comme le ferait un boa.
Ce « bouclier » de roches primaires se présente comme
une espèce d'altiplano assez désolé où se sont réfugiés
les Mormons à Salt Lake City (Utah). Au sud du plateau,
la zone désertique de l'hémisphère Nord se fait sentir.
Les déserts américains, parcourus d'autoroutes et plantés
de distributeurs de Coca-Cola, n'ont absolument rien à
voir avec le Sahara (dix fois plus vaste et plus beau).
Cependant, leurs quelques dunes et leur Grand Canyon
ont pour eux, contrairement à ceux du Hoggar et du
Tibesti, d'avoir servi de décor à d'innombrables westerns. Las Vegas, dans le Nevada, cité des jeux et des
casinos, est probablement la ville la plus laide du monde.
Nulle part n'est atteint ce sommet dans le kitsch et le
mauvais goût, avec les Venise, Paris ou Florence de Dis-
neyland qu'on peut y voir. Même les horribles palais des
dirigeants chinois ou des nouveaux riches séoudiens semblent discrets, comparés au ridicule grotesque de Las
Vegas. En revanche, le souvenir des Indiens flotte toujours sur les beaux paysages du Wyoming, de l'Idaho, du
Colorado et de l'Arizona.

L'Ouest américain borde l'océan Pacifique sur toute
sa largeur. L'État de Washington, au nord, a des rivages
presque scandinaves autour de la grande ville moderne
de Seattle. C'est, avec celui du MIT sur la côte Est,
l'autre centre septentrional du *high tech* des États-Unis,
avec un complexe industriel et technologique où voisi-
nent Boeing, Amazon et Microsoft. Seattle a un climat
pluvieux, mais elle occupe un remarquable site naturel
dominant la mer.

La Californie est l'État le plus peuplé et le plus riche des
États-Unis. Grande comme l'Espagne dont elle a gardé la

toponymie, elle est peuplée de plus de 30 millions d'habitants. Elle attire par son climat méditerranéen (la mer, la
montagne, le désert) et ses plages splendides. Parmi les
dix villes américaines ayant enregistré le taux de croissance le plus fort depuis vingt ans, sept sont califor-
niennes. Los Angeles (15 millions d'habitants) n'est pas
vraiment une ville. C'est une conurbation qui s'étend sur
des dizaines de kilomètres, empilement d'échangeurs routiers, de maisons de luxe et de bidonvilles. Par sa banlieue
d'Hollywood, l'Amérique règne sans conteste sur la planète audiovisuelle. Le cinéma a deux patries, selon
Woody Allen : la France et les États-Unis. Par la quantité,
les seconds écrasent tout (sauf le cinéma populaire de
l'Inde) ; 80 % de la production d'images dans le monde
viennent de là. Non loin se trouve aussi la célèbre Silicon
Valley, patrie du *high tech* ; près d'elle, la Long Beach de
Californie du Sud, rivage somptueux où se succèdent la
ville et les entreprises.

San Francisco, au contraire de Los Angeles, est une
ville à l'européenne située dans un site magnifique. Elle
a un vrai centre, une belle architecture, une âme.

L'**Alaska**, coupé du reste des États-Unis par le Canada,
est le quarante-neuvième État de l'Union. Acheté au tsar
en 1867, il correspond à l'extrémité nord des montagnes
Rocheuses. Pays immense (trois fois la France), mais peu
habité (600 000 Américains), il est constitué par l'extrémité nord-ouest des Rocheuses, qui atteignent leur point
culminant au mont McKinley (6 194 mètres), et se prolonge dans le Pacifique par les îles Aléoutiennes (cent
cinquante), bras tendu vers le Japon (qui réussit à les
occuper pendant la Seconde Guerre mondiale). L'intérieur de l'Alaska a un climat sibérien, également un paysage sibérien, drainé par le grand fleuve Yukon, gelé

l'hiver. Au nord domine la toundra. En résumé, l'Alaska est une espèce de Sibérie dont seul la sépare le détroit de Bering. Le pétrole et le gaz y sont abondants. Depuis 1977, un oléoduc relie le gisement de Prudhoe Bay au port de Valdez, non sans risque écologique. L'Alaska est le nouveau Far West américain (nous avons parlé plus haut de **Hawaii**, le cinquantième État de l'Union).

Le **Panama** est un État souverain qui n'appartient juridiquement pas aux États-Unis. Il peut sembler curieux d'en parler ici, d'autant plus qu'il est séparé d'eux par le Mexique et l'Amérique centrale. Mais c'est en fait un protectorat des États-Unis, qui l'ont créé. En effet, l'isthme de Panama (725 kilomètres d'est en ouest), appartenant en entier à la Colombie, lui fut arraché en 1903 par les États-Unis, qui voulaient s'en assurer la possession à cause du canal projeté. Le canal de Panama relie à travers l'isthme la côte Atlantique à la côte Pacifique. Construit de 1904 à 1914 sur un projet de Lesseps et modernisé depuis, il est coupé d'écluses ; contrairement au canal de Suez, il traverse des hauteurs. Accessible aux navires de 65 000 tonnes, donc insuffisant pour les super-pétroliers et porte-conteneurs (un plan d'élargissement aux navires de 120 000 tonnes a été voté. Les travaux cyclopéens devraient commencer en 2008 et s'achever en 2015), il est essentiel au cabotage est-ouest des États-Unis et surtout à leur marine de guerre, dont les bases principales sont situées de part et d'autre dans deux océans différents. Pour cette raison, les Américains allèrent jusqu'à créer dans ce protectorat panaméen une zone de souveraineté (analogue à celle qu'ils possèdent à Cuba avec Guantanamo), laquelle n'est revenue – en théorie – au Panama qu'en 1999. Des ports – Colon, Cristobal,

Balboa (qu'on peut comparer à Port-Saïd, Ismaïlia et Suez) – desservent le canal, qu'un seul pont traverse.

Trois millions de Panaméens, très anti-Yankees, habitent cet État artificiel qui n'a d'autres revenus que ceux du canal et d'autre monnaie que le dollar, l'essentiel des activités se concentrant dans la capitale Panama.

Les États-Unis, malgré leur puissance, ont aujourd'hui des difficultés. Ils ont à faire face à un genre d'immigration qu'ils ne connaissaient pas. Ils avaient jusqu'alors accueilli des arrivants d'outre-océan, très motivés et prêts à tous les sacrifices. Maintenant, ils voient déferler par-delà le Rio Grande (leur frontière avec le Mexique) une immigration de proximité qui désire rester hispanique (les « Latinos »). Jadis, les arrivants entendaient s'assimiler. Aujourd'hui, les Latinos veulent continuer à parler l'espagnol. Ils sont en fait en train de reconquérir et malgré les barrières électrifiées, les régions que les Anglo-Saxons leur avaient arrachées par la force (Californie, Arizona, Nouveau-Mexique).

En deuxième lieu, la prospérité des États-Unis repose avant tout sur l'industrie d'armement, soutien essentiel de l'emploi (un Américain sur six travaille pour la défense) et de l'investissement ; par exemple, il n'y aurait pas d'Internet sans le projet Arpanet du Pentagone. L'industrie d'armement, contrôlée par l'État fédéral, permet des investissements massifs et de long terme que les firmes sous la tutelle de leurs actionnaires n'autorisent pas. Nous touchons là le point aveugle du libéralisme anglo-saxon qui prétend vivre dans un monde dirigé par le marché. Or, sans le Pentagone qui échappe totalement à la loi du marché, il n'y aurait pas d'ordinateurs, pas d'avions à réaction, pas de satellites, pas de téléphones portables, pas de GPS. Le renseignement économique est aussi un enfant du renseignement militaire : les agences fédérales emploient les trois quarts des mathématiciens américains. Ajoutons que la plupart des cabinets d'avocats ou d'audit, pénétrant le secret des affaires des firmes rivales de celles de l'oncle Sam, sont américains. Chaque année, les États-Unis dépensent 400 milliards de dollars pour leur complexe militaro-industriel (à comparer avec les 150 milliards de tous les pays européens réunis). Les pays d'Europe forment davantage de chercheurs que les États-Unis, mais ceux-ci en emploient trois fois plus, la plupart dans la recherche militaire.

Autre souci : l'Amérique vit à crédit, son déficit financier est abyssal. Le dollar est devenu une espèce d'assignat planétaire. Les Américains paient les commerçants du monde entier avec des « chèques » que personne n'osera jamais déposer à la « banque ». Et pourquoi cela ? Tout d'abord, parce que « déposer les chèques » à la banque serait ruiner l'Amérique qui ne peut honorer ses débiteurs. Mais comme le monde entier a les poches pleines de dollars, il se ruinerait lui-même en précipitant la chute du dollar. L'autre raison du soutien extérieur au dollar est qu'il n'est jamais facile de réclamer le remboursement de sa dette à un débiteur plus musclé que vous. Ici intervient encore l'énorme puissance militaire américaine.

Mais aujourd'hui l'essentiel de l'armée américaine est engluée en Irak, où elle peine à contrôler la zone verte de Bagdad. Parlons donc de la fragilité de l'hégémonie américaine. Isolationnistes, les États-Unis n'étaient nullement préparés à l'empire du monde, qu'ils exercent assez mal. Leur politique étrangère, trop marquée par l'exploitation du pétrole et la protection de ses routes, est brutale. Ils ont inutilement humilié la Russie et gèrent le Proche-Orient de manière catastrophique. L'Amérique sait se défendre, c'est une grande vertu et cette vertu-là n'est pas inutile au monde. On pourrait dire d'elle ce que Woody Allen remarquait au sujet de la France : « Heureusement que l'Amérique existe ! » Mais un peu d'*intelligence* – au sens anglo-saxon du terme – ne lui serait pas inutile.

Véritable problème : la stabilité sociale est menacée. Les États-Unis ont été longtemps la patrie des classes moyennes, des *middle classes*. On croyait que chacun pouvait réussir dans la vie selon ses capacités. Mais si en France la réussite dépend des concours que l'on a passés quand on était jeune (modèle chinois importé par les jésuites), en Amérique elle dépendait de la débrouillardise et du travail. Le mythe américain était celui du milliardaire qui avait commencé sa vie en cirant des chaussures. Quoique excessif, ce mythe était fondé. Il ne l'est plus. Depuis dix ans, le PNB américain a augmenté de 30 %, mais le niveau de vie des 80 % de la population qui forment le socle des classes moyennes a beaucoup baissé, et l'on compte toujours 10 % de pauvres, si l'on dénombre peu de chômeurs. Les 10 % d'Américains les plus riches ont intégralement absorbé les fruits de la croissance.

Quant au revenu des dirigeants, il a explosé. Le milliardaire Morgan affirmait jadis que le salaire des cadres supérieurs ne devait pas excéder vingt fois le salaire médian ; aujourd'hui, il lui est cent fois supérieur (les Américains ont d'ailleurs exporté partout dans le monde industriel et financier cette pratique des salaires extravagants et totalement injustifiés des patrons, pratique encore aggravée par la remise de *stock options* et des parachutes dorés prévus par les contrats). L'Amérique était le pays du risque. Ce n'est plus le cas, hormis quelques exceptions comme Bill Gates. Elle est en train de devenir – elle, le pays phare des *middle classes* – une nation profondément inégalitaire et tend à ressembler davantage au Brésil qu'à la Suède. Le contrat social américain est ainsi profondément remis en cause.

Enfin, dernier problème : le gaspillage énergétique est fabuleux aux États-Unis. Ils brûlent 30 % de l'essence mondiale alors qu'ils sont 5 % de la population de la planète : un Américain consomme deux fois plus d'essence qu'un Français et douze fois plus qu'un Chinois. Même s'ils ont chez eux d'énormes gisements – non exploités pour des raisons stratégiques –, il y a là une source de faiblesse, car on peut penser que la civilisation du pétrole sur laquelle l'Amérique a fondé son mode de vie est menacée, et elle est loin, en valeur absolue, d'égaler la France en puissance nucléaire civile installée.

Malgré ces problèmes, la grande nation américaine n'a pas fini de nous étonner, d'autant plus que sa démographie, comme celle de la France, est équilibrée.

Finalement, ce qu'on peut reprocher à l'Amérique est à mettre au débit des imitateurs serviles que sont la plupart des classes dirigeantes européennes, qui jargonnent le « globish » et dont les enfants font à vingt ans leur tour d'Amérique, comme ils faisaient à la Renaissance leur tour d'Italie. Or l'Italie avait Michel-Ange et n'était pas une superpuissance, mais un ensemble d'États désunis... L'américanisme est le pire ennemi des États-Unis, tout pouvoir ayant besoin, pour s'adapter, d'être contesté.

Le **Canada** occupe le septentrion de l'île américaine, à l'exception de l'Alaska. Il est constitué du territoire resté sous la domination anglaise après l'indépendance des États-Unis. C'est aujourd'hui une puissance souveraine avec presque 10 millions de kilomètres carrés, le deuxième pays du monde en superficie, peuplé de 30 millions d'habitants seulement. Il faut reconnaître que plus de 80 % de son territoire, quasiment inhabités, ne sont qu'une toundra arctique tout à fait comparable à la Sibérie qui lui fait face quand on regarde le globe terrestre par le haut, juste sur l'autre rive de la méditerranée arctique et de la banquise. Cet espace a récemment été constitué en région autonome, le **Nunavut**, administrée par les Inuits (Eskimos).

Comme aux États-Unis, on remarque au Canada la chaîne des montagnes Rocheuses, qui borde le Pacifique à l'ouest (la Colombie-Britannique), avec le port de Vancouver ; au centre, une vaste « prairie » séparée des États-Unis par une frontière rectiligne artificielle, puis par les Grands Lacs américains, Saskatchewan, Manitoba, Alberta, zones de culture céréalière aux villes rares (Edmonton, Winnipeg) ; enfin, à l'est, un massif, le Labrador, que jouxte dans l'Atlantique la grande île désolée de Terre-Neuve, aux abords propres à la pêche.

La région vitale de la fédération, son centre géographique, est cependant la belle vallée du fleuve Saint-Laurent qui joint le lac Érié à l'Atlantique. Là se trouve le chenal historique du Canada qui explique le peuplement du pays. Au long de cette colonne vertébrale se situent les centres de commandement anglophones : la grande ville moderne et industrielle de Toronto (un million d'habitants) et la capitale fédérale, Ottawa, l'État peuplé de l'Ontario. La spécificité du Canada est pourtant ailleurs.

De la colonisation française d'avant 1763 étaient restés, abandonnés par leurs nobles mais toujours encadrés par leurs curés, 60 000 paysans sur les rives du Saint-Laurent. Ils sont aujourd'hui 10 millions, grâce au phénomène démographique connu sous le nom de « revanche des berceaux », qui parfois pousse les opprimés à faire beaucoup d'enfants. Plus à l'est, les Acadiens ont été déportés par les Anglais en 1755, purification ethnique appelée « Grand Dérangement », mais les Québécois résistèrent. Beaucoup ont émigré aux États-Unis ou ailleurs dans la fédération, mais 6 millions sont restés, groupés dans la province de **Québec**, autour de la métropole moderne de Montréal, admirablement située sur le fleuve, et de la vieille ville historique de Québec. Assujettis, menacés de submersion par la langue anglaise, ils sont demeurés obstinément fidèles à la langue française, dont ils imposèrent la prépondérance dans leur province par la loi. Les élites américano-jargonnantes de l'Hexagone et de l'Union européenne feraient bien d'en tirer la leçon... Loin d'être un inconvénient, le maintien du français est un avantage pour le Québec. Les Québécois sont aujourd'hui des Américains, mais le français leur donne un atout que les unilingues n'ont pas, et aussi un style de vie plus convivial que l'*american way of life*. Un mouvement indépendantiste (souverainiste) a plusieurs fois gouverné le Québec, perdant de très peu, en 1992 et 1995, des référendums d'indépendance. On se souvient du « Vive le Québec libre ! » poussé par de Gaulle au balcon de l'hôtel de ville de Montréal en 1966.

Les géographes amenés à décrire tant de micro-États de par le monde doivent constater que le Québec, avec ses ressources hydro-électriques, son agriculture, sa façade maritime, son 1,7 million de kilomètres carrés et ses 7 millions d'habitants, a infiniment plus de réalité que bien des pseudo-nations de la planète. Le Québec est une véritable patrie. Lui reconnaître la souveraineté serait légitime. Il est vrai que, s'il devenait un État souverain, le reste du Canada (qui n'existe qu'à cause de lui) s'intégrerait probablement aux États-Unis – qui s'en plaindrait ? Une seule ombre au tableau de la « belle province » : la faible natalité des Québécois. Ce peuple jadis si fécond a en effet connu depuis trente ans un renversement de tendance comparable à celui de l'Espagne et de l'Italie. L'Église catholique, mère et sauvegarde de la nation comme en Pologne, constate maintenant que sa suppléance historique est terminée : avec les communistes, tous les Polonais allaient à la messe ; sous les Anglo-Canadiens, chaque Québécois était catholique pour afficher sa différence. Ici comme là, ce n'est plus nécessaire.

Un continent oublié, le monde précolombien

En Amérique du Nord, les immigrants européens avaient cru découvrir un continent vide. En Amérique latine, en revanche, les conquistadores comprirent immédiatement qu'ils arrivaient dans un continent plein. Plein d'Indiens.

Dans les plaines d'Amérique du Nord, les conquérants pouvaient ignorer les tribus nomades. Dans les montagnes d'Amérique du Sud, ils se heurtaient à des milliers de villages d'agriculteurs, à des paysans opiniâtres comme eux, à des États. Les Indiens d'Amérique du Nord ont disparu ou presque. Ceux d'Amérique du Sud ont subsisté. Ils constituent même la majorité de la population dans plusieurs pays et une forte minorité culturellement influente dans les autres. Certes, ils sont catholiques et parlent l'espagnol, mais ils possèdent encore leurs langues : l'aymara, le quechua, etc.

Ces paysans-là ont inventé des plantes qui nous sont aujourd'hui familières : la pomme de terre est amérindienne, comme le chocolat (cacao), le tabac et la coca, mais aussi le maïs, la tomate et le haricot. On peine à imaginer les Français sans pomme de terre et le monde méditerranéen sans tomate, et pourtant les Français du Moyen Âge mangeaient des raves, et les Grecs et

Romains de l'Antiquité ignoraient les « pommes d'or ». Ces paysans, comme tous les paysans de la Terre, avaient construit des États. Les Mayas, déjà en décadence à l'arrivée des Espagnols, vivaient au Yucatan et au Guatemala dans des cités comparables à celles des Grecs du temps d'Homère. Les Aztèques, en pleine expansion au xve siècle, créaient au Mexique un État guerrier qui, pour l'architecture, les sacrifices humains, le rôle de la guerre et celui de la religion, ressemblait beaucoup à l'Assyrie de Sargon et d'Assourbanipal. Les Incas surtout avaient édifié en Amérique du Sud un immense empire depuis l'Équateur jusqu'au Chili en passant par la Bolivie et le Pérou, lequel évoque à s'y méprendre l'Égypte des pharaons.

Le climat de la zone étant tropical ou équatorial et les « bas » malsains, toutes ces civilisations (à l'exception de celle des Mayas, qui avaient réussi à drainer leurs marécages et ont régressé d'avoir déboisé à outrance) étaient des cultures d'altiplano, situées en altitude dans un climat sain (parfois rude), délivrées des fièvres, protégées par de hautes montagnes, château d'eau des fleuves d'Amérique du Sud (l'Amazone, l'Orénoque, le Parana).

La grande chaîne des Rocheuses se prolonge au Mexique en sierras parallèles et en Amérique du Sud dans la gigantesque chaîne des Andes. Ces montagnes culminent au Mexique avec l'Orizaba (5 610 mètres), au Pérou avec le Huascaran (6 788 mètres), et sont parsemées de volcans actifs. Mais toutes enserrent des plateaux d'altiplano (entre 1 500 et 2 800 mètres d'altitude) assez vastes pour y cultiver avec profit et propices aux activités humaines.

Avec un décalage de plusieurs millénaires sur le Vieux Monde, l'architecture de ces civilisations appelées « pré-

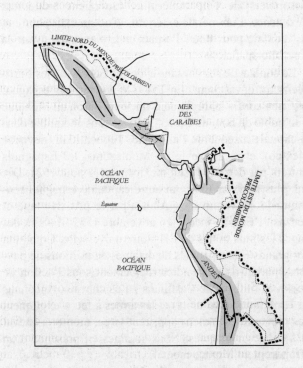

Carte 17. Un continent oublié

colombiennes » (avant l'arrivée de Christophe Colomb) est, pourrait-on dire, pharaonique. Aujourd'hui encore, on peut, du Mexique à la Bolivie, en admirer les ruines prodigieuses : citadelles, pyramides... Ces grands États, prisonniers de l'île Amérique, ignoraient totalement l'existence d'un monde extérieur. L'océan était pour eux ce qu'était pour nous l'espace interplanétaire avant la conquête spatiale.

Le contact de ces paysans et de ces États avec les Européens fut dévastateur. En 1519, le gouverneur espagnol de Cuba confia la direction d'une expédition au Mexique à un noble du nom de Cortes. Arrivés sans encombre dans la capitale aztèque de l'altiplano, Tenochtitlan (devenue Mexico), et reçus par le roi Montezuma, les Espagnols finirent par détruire l'État mexicain le 13 août 1521. Dix ans plus tard, en 1531, un autre capitaine espagnol rencontra le souverain inca Atahualpa, le prit en otage et détruisit l'Empire inca le 16 novembre 1532. Il s'agit des pages les plus tristes de l'Histoire universelle. Comment ces grands États, peuplés de dizaines de millions de paysans, purent-ils s'effondrer rapidement sous l'action de quelques milliers de Castillans ? Les chevaux (inconnus en Amérique jusqu'alors) et les armes à feu n'expliquent pas tout, car les Indiens apprirent vite à monter à cheval et à se servir d'armes. Nous sommes en présence d'un effondrement d'ordre mental.

Pour les Aztèques, pour les Mayas, pour les Incas, les Espagnols (s'ils n'étaient pas des dieux) étaient sûrement des « extraterrestres ». Nous avons évoqué plus haut, à propos des Maoris, l'espèce de stupeur mêlée de résignation et même de désespoir qui saisissait les « peuples premiers » quand ils découvraient la modernité. La catastrophe de la conquête fut aggravée par ce que les médecins appellent le « choc microbien » ou viral. Dans leur île-continent, ces populations n'étaient nullement immunisées contre les microbes du Vieux Monde. Par millions, elles moururent de rougeole ou de grippe. Mais, contrairement à celles d'Amérique du Nord, elles survécurent. Et elles vivent encore, souvent majoritaires, parfois métissées ou minoritaires, mais toujours par millions. Certes, l'hispanité triomphe, les civilisations précolombiennes ont paru s'évanouir devant la castillane, laissant seulement, en témoignage du passé, leurs monuments mégalithiques. (De même, en Égypte, la civilisation pharaonique s'est évanouie devant l'islam, laissant le sable envahir les temples.) Mais, par-dessous, les villageois maintinrent sous un catholicisme de façade leurs vieilles religions, leurs rites et même leurs langues. Ils sont toujours là et impriment aux pays où ils vivent une marque indélébile. Les Espagnols ne furent pas meilleurs que les Anglo-Saxons (encore que moins racistes : tous les nobles castillans épousèrent des princesses aztèques ou incas, ce qui fait des grands d'Espagne la noblesse la plus métissée de la Terre). Simplement, s'il est aisé de « génocider » des nomades errants, il est presque impossible d'exterminer des millions et des millions de paysans ! Les Indiens sont donc toujours là. Aujourd'hui, ils remontent à la surface un peu partout. Nous évoquions en titre un « continent oublié ». Maintenant, le vernis espagnol et catholique craque et l'indianité ressurgit dans le continent qui s'étend depuis le Rio Grande jusqu'au désert d'Atacama.

Physiquement en Amérique du Nord mais humainement en Amérique latine, le **Mexique** se situe au sud des montagnes Rocheuses. La dominante aride, symbolisée

par le cactus, y est forte près de la frontière américaine ;
mais, plus bas, les cordillères, Sierra Madre occidentale
et Sierra Madre orientale, fixent les précipitations océaniques qui arrosent l'altiplano qu'elles enserrent avant de
se rejoindre sur la cordillère d'Amérique centrale. Au-
dessus d'un rivage atlantique tropical, chaud et malsain,
qui s'élargit dans la péninsule du Yucatan, les hauts plateaux du centre, frais et arrosés, sont le cœur de l'État,
comme ils étaient celui de l'Empire aztèque. L'ancienne
capitale aztèque, Tenochtitlan, était une sorte de Venise
de montagne, bâtie sur les digues d'un lac superbe.
Aujourd'hui, le lac est asséché et sur le même emplacement tourbillonnent la poussière et la pollution d'une
immense et violente agglomération de 15 millions d'habitants au moins : la capitale fédérale, Mexico.

Indépendant de l'Espagne depuis 1821, en guerre avec
les États-Unis en 1848, de mère indienne et de père
hidalgo, le Mexique a conservé leurs passions. Il déteste
les *gringos* (Américains), il se veut indien. Il fut anticlé-
rical comme seul peut l'être un vieux pays catholique, et
révolutionnaire comme les paysans sans terre le deviennent face à de grands propriétaires. Trotski s'y réfugia et
y fut assassiné par un agent de Staline. Les mouvements
indiens armés sont une tradition qui se maintient, de
Zapata au sous-commandant Marcos (dans la province du
Chiapas).

Dans les sierras, on peut toujours admirer de vieilles
cités castillanes, comme Querétaro (où l'« empereur »
Maximilien fut fusillé en 1867), tout autant que des
monuments aztèques dominés par le volcan Popocatepetl,
le plus élevé du pays (5 452 mètres), toujours actif et cou-
ronné, comme le Kilimandjaro, de neiges éternelles.

La côte atlantique, basse et marécageuse, s'épanouit

dans la péninsule du Yucatan où l'on trouve le Miami mexicain, Cancun, et surtout les ruines de magnifiques pyramides mayas. La côte pacifique, méditerranéenne (mer, montagne, désert : toujours la même combinaison), est plus sauvage dès que l'on a quitté vers le nord le mur de béton hôtelier d'Acapulco.

Grand comme quatre fois la France, le Mexique est aussi le premier pays de langue espagnole du monde avec plus de 100 millions d'habitants. Une Espagne indianisée. Producteur de pétrole, d'or, de cuivre et d'argent, il devient une puissance industrielle émergente dans l'industrie chimique. Le Mexique est aussi un pays agricole qui exporte du maïs et du café, mais qui surtout se nourrit lui-même.

Cette nation contrastée, originale et dynamique a certainement un grand avenir si elle surmonte ses problèmes d'identité, maîtrise sa violence (qui tourne, à Mexico, en terrifiante insécurité) et surtout résorbe ses inégalités sociales. Les gouvernements mexicains pâtissent d'être corrompus et peu contestés (en dépit de rares éclipses, c'est toujours le même parti révolutionnaire et institutionnel – tout un programme... qui gouverne). Le Mexique souffre surtout d'être le plus proche voisin du sud des États-Unis. « Loin de Dieu, proche de l'Amérique », dit un proverbe mexicain. Des millions de Mexicains ont passé le Rio Grande et vivent aux *States*. On peut comparer les sentiments des Mexicains envers les États-Unis à ceux que les Algériens éprouvent pour la France (le Rio Grande remplace pour les émigrants la Méditerranée) : depuis Mexico, les États-Unis sont comme la Terre vue de la Lune, comme la France depuis Alger.

Au sud du grand Mexique, on trouve l'isthme d'Amérique centrale, uni jusqu'en 1839 dans l'ancienne capitainerie d'Amérique du centre, disloqué depuis en plusieurs États.

Le **Guatemala** est le plus peuplé et le plus antique d'entre eux. Il compte 12 millions d'habitants, dont beaucoup d'Indiens. Ancien fief maya, il conserve de superbes souvenirs archéologiques de sa splendeur précolombienne (Tikal). Mais ce pays de 100 000 kilomètres carrés est déchiré par la guerre civile permanente que s'y livrent l'oligarchie, l'armée et les mafias, malgré la patience et l'opiniâtreté au travail de la population. La découverte de pétrole et les complots vaseux de la CIA n'arrangent rien ; la paix n'est pas revenue à Guatemala City, la capitale.

Le **Belize**, ancienne colonie anglaise, incongrue en ces lieux, fut abandonné à lui-même dès 1981. Grand comme un mouchoir de poche et peu peuplé, ce pays sans ressources est une aberration coloniale. Il est d'ailleurs revendiqué par ses voisins (on pense à la Gambie anglaise enclavée dans le Sénégal...).

Le **Honduras** ne possède qu'une côte étroite sur le Pacifique, mais s'ouvre largement sur l'Atlantique. On y retrouve la même structure de plaines littorales et de montagnes que dans le reste de l'isthme. Ses 7 millions d'habitants sont métis d'Indiens (quelques Blancs, quelques Noirs). Grand comme le Guatemala, le Honduras n'est pas comme lui en proie à la guerre civile ; pis, il est en proie à l'anarchie ! On dit que c'est le pays le plus violent d'une région violente (46 meurtres par an pour 100 000 habitants !). Les bandes de délinquants appelés *maras* y font régner la terreur. Sa capitale, Tegucigalpa (un million d'habitants), située à 975 mètres d'altitude, est aujourd'hui dépassée en importance par la ville basse de San Pedro.

Le **Nicaragua** est le plus vaste pays d'Amérique centrale (130 000 kilomètres carrés). Il a la chance d'être ouvert également sur le Pacifique et sur l'Atlantique. Une révolution marxiste avait réussi à s'y maintenir de 1979 à 1996 (les sandinistes), malgré l'opposition de la CIA qui y armait les Contras. La démocratie semble aujourd'hui rétablie. Les sandinistes, toujours actifs, ont choisi l'affrontement politique depuis Managua, la capitale. Ils bénéficient encore d'un large soutien parmi les 5 millions de Nicaraguayens et leur leader Daniel Ortega vient de gagner les élections. On trouve au Nicaragua de l'or et du pétrole. Depuis longtemps, on pense creuser un canal entre l'Atlantique et le Pacifique, qui passant par le lac Nicaragua, doublerait celui de Panama, mais cela ne peut se réaliser qu'avec l'aval des États-Unis, réticents à cause des Sandinistes.

Le **Salvador**, au nord du Nicaragua, coincé entre le Honduras et l'océan Pacifique, est un petit État surpeuplé (7 millions d'habitants sur seulement 20 000 kilomètres carrés), montagneux et pauvre. Outre l'agriculture et l'argent envoyé au pays par ses fils émigrés aux États-Unis, il vit mal de la confection textile.

Le **Costa Rica** enfin – nous avons déjà parlé du Panama avec les États-Unis –, grand comme la Suisse, est parfois abusivement comparé à celle-ci, davantage pour son côté paisible que pour son aspect montagneux. Il occupe une position stratégique importante au nord du canal de Panama, mais surtout, comme la Suisse, il jouit depuis longtemps de la paix civile. Les 4 millions de Costaricains, Blancs ou métis, ont la prétention – justifiée –

de donner à l'Amérique centrale une leçon de démocratie
depuis la capitale San José.

L'énumération de ces petits États impose l'idée que le
salut viendrait de leur confédération, fugitivement réalisée au moment de l'indépendance, mais aussitôt brisée
en 1839. À eux six, ils auraient la superficie d'une nation
moyenne comme l'Italie et regrouperaient 35 millions
d'habitants culturellement très proches. Évidemment, ni
le Mexique ni les États-Unis n'ont intérêt à ce regroupement qu'impliquerait le simple bon sens. Par ailleurs,
depuis presque deux siècles, de petits nationalismes
agressifs sont nés et il serait difficile (mais pas impossible), par exemple, aux Honduriens et aux Costaricains
de cohabiter.

La **Colombie** souffre de tous les maux d'une Amérique centrale qu'on aurait déplacée en Amérique du Sud.
D'ailleurs, elle appartenait pour partie à l'isthme central,
les États-Unis lui ayant arraché par la force en 1903 le
morceau d'Amérique centrale qu'elle possédait pour y
construire le canal de Panama. C'est aussi le seul État
indien à disposer, comme la plupart de ceux d'Amérique
centrale, d'une double façade maritime : l'une, large, sur
le Pacifique avec le port de Buenaventura ; l'autre sur
l'Atlantique avec le port de Barranquilla et la ville-forte-
resse de Cartagena, sorte de Cadix colombienne. Les
Andes s'y divisent en trois chaînes séparées par de profondes vallées d'effondrement qu'occupent les fleuves
Magdalena et Cauca.

Le volcan de Nevada del Huila (6 750 mètres) domine
la cordillère centrale. Les Andes poussent un bras dans
les Caraïbes avec la Sierra Nevada de Santa Marta, qui
surplombe l'Atlantique de ses 5 775 mètres. Le climat est
plus humide dans les Andes colombiennes que partout

ailleurs dans ce massif longitudinal, à cause précisément de cette double ouverture océanique. Cette région, l'une des plus pluvieuses du monde, est verte, fertile, de relief tourmenté. D'Amérique centrale, la Colombie a importé la violence et la guerre civile. Bolivar, le « Libertador », qui libéra en 1819 la capitale Bogota de la domination espagnole, mourut de chagrin quand il en prit conscience en 1830. Depuis sa mort, deux partis s'opposent en Colombie : des conservateurs favorables à un État centralisé et des libéraux partisans d'un État fédéral et laïque. Leur opposition constante dégénère parfois en guerre civile : celle des « Mille Jours » (1899-1902) fit 200 000 morts ; la « violence » de 1948 à 1957, un demi-million. Avec la guerre froide, Fidel Castro et la révolte des paysans communistes, la guerre a rebondi. Aujourd'hui, Bogota doit combattre les 17 000 marxistes des FARC et les 5 000 combattants de l'ELN qui s'opposent à eux.

Le trafic de drogue est entièrement contrôlé par les guérilleros, la Colombie étant d'ailleurs le premier pays producteur et exportateur du monde pour la cocaïne – activité très lucrative, à peine clandestine, aux mains des narcotrafiquants du cartel de Medellin (deuxième ville de pays), auxquels ont succédé depuis 1993 ceux du cartel de Cali (troisième ville).

Que la Colombie, avec ses guérillas folles, son trafic de drogue et les interventions étrangères (américaines), puisse cependant demeurer une république démocratique avec des élections libres, relève du miracle. Il faut croire au miracle quand on décrit la Colombie.

Ce pays de 44 millions d'habitants, grand comme deux fois la France, a beaucoup de possibilités : un sol fécond, une agriculture développée (deuxième producteur du monde de café après le Brésil) et la réelle volonté qui anime beaucoup de ses citoyens de surmonter violence et insécurité. Si cela arrivait, ce pays potentiellement riche deviendrait une puissance régionale incontournable.

Avec l'**Équateur**, nous entrons sur le territoire de l'ancien Empire inca, le Tahuantinsuyo ou les « quatre contrées du monde », qui s'étendait de la Colombie au Chili. Quito, capitale actuelle du pays, était la capitale septentrionale des Incas. C'est aujourd'hui une belle ville espagnole d'un million d'habitants, sise à 2 800 mètres d'altitude au pied de l'un des plus beaux volcans de la planète, le Cotopaxi ou Pichancha, neigeux et enfumé. Ce septentrion de l'Empire amérindien n'a pas la rudesse du reste. Les hautes vallées équatoriennes sont agréables, aimables, situées sous l'équateur – d'où le nom du pays –, mais assainies par l'altitude.

Étendu comme la moitié de la France, le pays fait vivre en paix ses 13 millions d'habitants – grand contraste avec la Colombie voisine. De nombreux *pueblos* équatoriens ont conservé des ruines de l'ère péruvienne : chaussées empierrées, forteresses, temples du Soleil. Les marchés sont joyeux et colorés. Ce pays paisible et beau est un paradis pour le voyageur. La principale ville est le port de Guayaquil, où se concentre une activité économique centrée sur la banane et le cacao. À l'est des Andes, la partie amazonienne de l'Équateur, disputée au Pérou, est délaissée.

Au **Pérou**, les Incas avaient fondé, autour de la ville sacrée de Cuzco, un empire immense et ordonné, comparable à l'Égypte des pharaons – mais une Égypte postérieure de trente siècles et une Égypte des hautes terres. De même que le Nil fait l'unité de l'Égypte, l'altiplano qui s'allonge de l'Équateur à la Bolivie fait l'unité de ce

Pérou, grand comme trois fois la France. Les Incas ado-raient le Soleil, n'avaient pas de dieux sanguinaires et laissaient le soin des sacrifices humains à leurs cousins du Mexique. À l'arrivée des « Martiens » espagnols, toute cette grandeur se dissipa comme un indicible songe. Le Pérou fut pour l'Espagne une riche colonie minière. Au moment de l'indépendance (début du XIXe siècle), les descendants des conquistadores gardèrent le pouvoir. Ce sont eux qui imposèrent aux indigènes l'indépendance voulue par San Martin et confirmée en 1822 par la vic-toire, à la bataille d'Ayacucho, des colons révoltés contre les troupes espagnoles. Cela ressemble à la révolte des colons anglais contre l'Angleterre en Amérique du Nord, à la différence que les Indiens étaient (et restent) cent fois plus nombreux au Pérou que dans les colonies rebelles de la Nouvelle-Angleterre. Aujourd'hui, le vieux fond inca remonte à la surface. S'ils parlent toujours l'espagnol, beaucoup de Péruviens parlent aussi le quechua, l'ancien parler inca, langue compliquée et poétique.

La rudesse de l'altiplano au climat sec et froid, le sou-venir enfoui de la grandeur perdue expliquent peut-être le caractère assez mélancolique de la population péru-vienne. Cajamarca, capitale inca du centre, vit toujours au milieu des hauts plateaux. Cuzco, la ville sacrée, est entourée de ruines cyclopéennes dont les plus célèbres, celles de Machu Picchu, dominent la forêt amazonienne. À l'est des Andes, le Pérou contrôle la partie occidentale du cours de l'Amazone et deux fleuves, le Maranon et le Yucayali, qui, en confluant à Iquitos, donnent naissance au fleuve-mer brésilien.

Cependant, la vie économique du pays est maintenant concentrée sur la façade maritime, que les Incas n'ai-maient guère. Victime du courant froid de Humboldt (dont les eaux ont 12° de moins que l'océan qui les porte), cette région est sèche et grise – « les oiseaux s'y cachent pour mourir », affirmait Romain Gary. C'est pourtant là qu'est aujourd'hui située la capitale espagnole du Pérou, Lima, immense et triste métropole de 7 millions d'habitants qui monopolise l'activité économique. Producteur de pétrole, d'argent, d'étain, de zinc, de plomb, de cuivre et d'or, le Pérou reste le grand pays minier qu'il était sous les Espagnols. Pourtant, la moitié de ses 27 millions d'habitants sont encore misérables.

La **Bolivie** est la plus inca de trois régions du Tahuantinsuyo (la quatrième étant la forêt amazonienne). Grande comme deux fois la France, c'est une contrée austère, composée de deux parties différentes mais également inhospitalières. Un altiplano fort rude et, dans les bas, un piémont assez sec, proche du Brésil, qui n'est plus de forêt, mais de savane comme le Matto Grosso brésilien. Steppe piquante et monotone. Sur l'altiplano, la Bolivie est centrée sur le lac Titicaca (dont la rive nord est péruvienne). C'est un lieu de réelle culture inca, dont les rives présentent de nombreuses ruines. Les mines, toutes situées sur le plateau, occupent une grande place dans l'économie – étain, argent, or, plomb, etc. –, bien que la splendeur dont témoigne la ville délaissée et baroque de Potosi ait disparu. Les mines expliquent la présence, assez rare en Amérique du Sud, d'une classe ouvrière et de syndicats combatifs. Aujourd'hui, dans son piémont, le pays regorge de pétrole, ce qui pourrait lui assurer un avenir. La Bolivie est devenue une véritable nation. Dans ses savanes basses, « Che » Guevara mena son dernier combat, échouant, malgré ses discours persuasifs, à entraîner les rares paysans de la steppe. Il s'exprimait en espagnol et les paysans ne comprennent que le quechua ! Il fut pris et abattu en 1967.

La Bolivie est le pays le plus indien, le plus « précolombien » du continent oublié. La majorité de sa population de 9 millions de personnes est amérindienne et parle le quechua. Un président indien et syndicaliste vient d'y être élu. La Paz, sa capitale, occupe un site improbable au flanc d'une fosse étagée entre 3 000 et 4 000 mètres d'altitude (un million d'habitants). Les riches sont en bas et les pauvres en haut, dans le froid. La Bolivie garde une plaie au flanc. Par la guerre, le Chili lui a ravi sa façade pacifique traditionnelle, faisant d'elle un pays enclavé sans débouché sur l'océan. Les 300 kilomètres de rivage annexés par le Chili en 1883 à l'issue de la guerre du Pacifique (1879-1889) sont comme l'Alsace-Lorraine des Boliviens, qui « y pensent toujours, mais n'en parlent jamais ». (Il existe encore à La Paz une école navale formant de futurs enseignes de vaisseau de la marine d'une Bolivie sans accès à la mer...) Comme le Chili n'a aucune intention de rendre un jour le désert d'Atacama, riche en nitrates, cette blessure ne guérit pas. La Bolivie aurait le droit d'espérer un meilleur avenir.

Le **Paraguay**, grand comme l'Allemagne et peuplé comme la Suisse (7 millions d'habitants), est lui aussi complètement enclavé. Il n'a de voies d'eau que fluviales. Sans être inca, il est le plus indien du continent. C'est le pays des Guaranis, qui en débordent d'ailleurs la frontière jusqu'en Argentine. Le fleuve Paraguay partage la contrée en deux : à l'est, une plaine sèche, le Chaco, semblable à la savane bolivienne ; à l'ouest, une plaine arrosée et fertile où est située la capitale, Asunción. C'est le pays des « missions ». Les jésuites avaient encadré ce peuple amérindien travailleur et doux, lui assurant calme et prospérité. Mais ils ne furent pas aidés par les gouvernements espagnol et portugais, ni même par le pape, soucieux de ménager les Rois Catholiques. Quant aux aventuriers européens, ils ne voulaient des Indiens que leurs os. L'ouvrage des jésuites a péri. Reste l'actuel Paraguay.

Ce pays promettait beaucoup grâce à sa population calme, optimiste, agricole. Par malheur, son honnête aisance provoqua la jalousie des grands voisins – Brésil, Argentine, Uruguay –, qui voulurent se le partager comme l'Europe, au siècle précédent, avait laissé la Russie, la Prusse et l'Autriche démembrer la Pologne. S'ensuivit, de 1865 à 1880, une guerre sanglante. Les Guaranis résistèrent avec un héroïsme égal à celui des Français de Verdun et perdirent près de la moitié de leurs jeunes hommes. Le pays en reste marqué aujourd'hui. Le Paraguay a d'importantes possibilités agricoles et n'est plus menacé. Il a même construit avec le Brésil le barrage d'Itaipu, sur le fleuve Parana, qui anime l'une des plus grandes centrales hydro-électriques du monde.

Au Mexique, en Bolivie, au Pérou, le continent oublié se réveille. Les peuples amérindiens, les métis et même les descendants des Espagnols, réconciliés, méritent une revanche sur un passé tragique.

La mondialisation, mythe ou réalité ?

Il faut se méfier des mots à la mode, et celui de « mondialisation » en est un. Il apparaît soudainement après 1990. N'y avait-il pas de mondialisation avant cette date ? Bien sûr que si. Par exemple, les échanges aériens et maritimes étaient déjà largement planétaires. Mais l'existence de l'Union soviétique engendrait deux systèmes concurrents, le capitaliste et le communiste. Avec la chute du mur de Berlin, l'URSS a éclaté et les États-Unis sont depuis lors la seule puissance planétaire. C'est à ce moment précis qu'apparaît le vocable « mondialisation ». C'est donc – en partie – un euphémisme pour désigner l'hégémonie américaine.

Cette prépondérance, nous l'avons noté, est d'abord militaire. L'Amérique en est venue à penser qu'il était tout à fait légitime, voire nécessaire, d'user de violence pour imposer sa volonté, et elle en a fait un usage excessif – contrairement à l'adage romain qui fait de la force l'*ultima ratio* (le dernier recours).

On compte aujourd'hui dans le monde onze armées dignes de ce nom – équipées, modernes, capables d'intervenir en défense ou en attaque –, mais aucune n'égale l'américaine. Si l'on donne à l'armée américaine un coefficient 100, les armées française, anglaise, chinoise et russe seront notées 10. Ces cinq armées sont aussi celles d'États qui disposent officiellement de l'arme nucléaire. Il faudrait noter 5 les armées israélienne, indienne et pakistanaise, qui disposent également – mais officieusement – de l'arme atomique, et 5 aussi les armées des vaincus de la Seconde Guerre mondiale, l'Allemagne et le Japon, qui pourraient disposer rapidement de la bombe atomique, mais ne le veulent pas par suite de l'opposition générale des Alliés de 1940-1945. La Corée du Nord, entièrement dans la main de Pékin, ne fait pas nombre. L'Iran seul est un candidat sérieux à la force nucléaire, et l'on voit mal qui pourrait l'empêcher de la construire.

Remarquons qu'il ne suffit pas de disposer de la bombe : il faut aussi lui assurer une force de frappe, c'est-à-dire des vecteurs sûrs. À ce jour, les seuls vecteurs absolument fiables sont les sous-marins nucléaires stratégiques qui lancent leurs missiles depuis le fond des mers et restent indétectables. Or trois puissances seulement en possèdent : les États-Unis par dizaines, la France et la Russie par unités (l'URSS en avait des dizaines dont la plupart, désarmés, rouillent à Mourmansk). Le Royaume-Uni en a quelques-uns, mais ils sont entièrement contrôlés par les Américains qui les équipent en missiles. Les Chinois utilisent des sous-marins diesels électriques classiques et éprouvent des difficultés à construire un véritable submersible stratégique.

La force nucléaire, force de dissuasion, est théoriquement conçue pour ne pas être employée, car ceux qui déclenchent les guerres (même Hitler) croient qu'ils vont les gagner sans pertes excessives. L'atome égalise. Une force de frappe réduite mais complète, comme celle de la France, suffisait à dissuader l'URSS. Paradoxalement, l'atome peut pacifier : l'Inde et le Pakistan ne se font plus la guerre depuis qu'ils ont chacun la bombe. À l'opposé, l'arme nucléaire ne sert strictement à rien contre une guérilla ; l'exemple d'Israël face au Hezbollah le prouve... La puissance militaire suppose également une aviation crédible (de chasse et de transport, au minimum une centaine d'aéronefs munis de pièces de rechange et dotés de pilotes entraînés), des missiles fiables, une marine de guerre (une douzaine de bâtiments aptes au combat), une infanterie aguerrie, des moyens d'observation et de communication sophistiqués, donc une industrie d'armement (dont dispose l'État d'Israël). Les Américains ne sont pas seuls à posséder tout cela, mais ils sont militairement prééminents – ce qui explique la force du dollar, comme nous l'avons noté.

La prépondérance s'exerce aussi, aujourd'hui, dans le monde audiovisuel. Là encore, la domination américaine, portée par Hollywood, est énorme. Seules la contestent la France, qui maintient un cinéma petit mais prestigieux, et l'Inde, patrie d'un cinéma populaire très important et premier producteur de films non américains. L'hégémonie culturelle américaine ne ressemble nullement à celle de l'Italie de la Renaissance. La culture la plus raffinée venait de la péninsule, la banque, la lettre de change, la comptabilité en partie double, la Bourse, Michel-Ange, Léonard de Vinci, l'architecture, l'ingénierie et la littérature. Les États-Unis, eux, exercent leur influence par une sous-culture de masse.

Le phénomène de sous-culture est une réalité mondiale dans beaucoup de centres urbains de la Terre, peuplés de déracinés. La sous-culture est constituée d'une sorte de copié-collé, d'un remixage de bric et de broc, d'approximations et de simplifications issues du Middle West. Rien de plus logique : le marketing mondialisé s'adresse à des populations en réalité très dissemblables, uniquement réunies dans leur consommation de Mac-Do et de Coca-Cola. La sous-culture audiovisuelle et musicale est le plus petit dénominateur américain entre une culture « européenne » simplifiée et une culture « africaine » réduite à un rythme sommaire.

Depuis le Bas-Empire romain et son latin de cuisine, on n'avait jamais entendu parler une langue aussi pauvre et désarticulée que l'anglais abâtardi du Bronx (l'*ebonics*) ou des conseils d'administration (le *globish*) – les seconds vendant parfois la musique *rap* des premiers. Barbares des ghettos pauvres et hilotes des résidences riches se tiennent la main et constituent réellement des îlots mondialisés, malgré leur différence de niveau de vie.

L'énorme accroissement des flux maritimes est un fait. Contrairement aux apparences, l'avion ne tisse autour du monde qu'un réseau léger, celui des hommes d'affaires ou des touristes. Le flux des marchandises reste assuré à plus de 80 % par le transport maritime. Le volume de ce flux a décuplé, comme le montrent les super-pétroliers et cargos multifonctionnels. L'invention des conteneurs, ces caisses passe-partout (certaines sont même réfrigérées), a révolutionné le transport transocéanique avec l'automation des manœuvres nécessaires et les ports de conteneurs relookés en « Hubs » ou terminaux maritimes. Aujourd'hui, un super-tanker utilise un équipage d'une quinzaine d'hommes seulement, et si ses officiers (norvégiens ou grecs) restent convenablement payés, les marins (philippins ou pakistanais) ne le sont pas. Par ailleurs, le « pavillon de complaisance » panaméen ou maltais lui permet de ne pas acquitter de taxe. Le transport des marchandises est donc devenu très bon marché. Prodigieuse révolution, qui explique aussi la mondialisation : il est aujourd'hui plus rentable de faire venir de Chine des chaussettes fabriquées à bas prix (par des ouvriers qui acceptent de vivre comme vivaient les ouvriers anglais au XIXe siècle) que de les confectionner sur place. L'énorme accroissement des flux océaniques est l'une des clefs de la mondialisation. C'est aussi sa faiblesse.

Il existe par exemple une géographie du pétrole avec ses rivages de production – le golfe Persique, la mer Caspienne, le golfe de Guinée, la mer du Nord, l'océan Glacial Arctique – et ses routes stratégiques – Suez ou Le Cap, Panama ou le Horn. Sans faire de catastrophisme, on peut être assuré que le prix du baril, maintenu longtemps par la volonté des États-Unis à un taux incroyablement bas, va tripler ou plus. Cet avenir certain (une bonne nouvelle écologique) met en cause l'un des principaux mécanismes de la mondialisation contemporaine : la quasi-gratuité du transport maritime. Si ce dernier redevient coûteux avec l'augmentation des prix du combustible, le transport maritime retournera à sa vocation première : transporter des marchandises à forte valeur ajoutée (ce que furent jadis les épices). Il deviendra alors absurde d'acheter en Chine les chemises que l'on pourrait fabriquer localement. Cet avenir prévisible menace à court terme l'ensemble de l'économie chinoise et donnera raison aux altermondialistes opposés aux délocalisations abusives.

L'écologie n'est pas seulement une mode, mais une prise de conscience justifiée du fait que les ressources de la Terre ne sont pas inépuisables ; du fait aussi que les activités humaines influent sur l'environnement (aujourd'hui, le réchauffement climatique). Elle nous dit que l'être humain n'est pas seulement un consommateur. Rappeler la beauté et la vulnérabilité de la planète, comme le font les écolos, ou la fragilité des sociétés humaines (laquelle n'est pas prise en compte par l'ultra-libéralisme), comme le font les altermondialistes, est méritoire et utile. Au cours du voyage géographique effectué dans cet essai, nous avons pu mesurer la justesse de ces points de vue.

Faisons toutefois deux remarques. Premièrement, ce n'est pas d'aujourd'hui que les hommes modifient leur voisinage. Depuis le néolithique, par exemple, l'agriculture, l'élevage des bovins et la riziculture émettent énormément de gaz à effet de serre (méthane), sans parler des cultures sur brûlis. Des civilisations évoluées ont pu disparaître ou régresser par suite du saccage de leur entourage – par exemple, les déboisements excessifs opérés par les Mayas ou les indigènes de l'île de Pâques. Deuxièmement, il serait souhaitable que les écologistes renoncent à un discours antinucléaire obsessionnel. L'énergie nucléaire civile est certes dangereuse – personne n'a oublié Tchernobyl. Mais elle peut être maîtrisée (on a oublié les dizaines de milliers de mineurs de charbon morts de silicose ou de coups de grisou). Le principal risque de l'énergie nucléaire réside dans la très longue nocivité de ses déchets. C'est cependant la seule qui ne produise aucun gaz à effet de serre. « Sortir du nucléaire » est un slogan absurde. Pour le mettre en pratique, il faudrait sortir du monde moderne. Les énergies alternatives, éoliennes et solaires, ne peuvent produire qu'une infime partie de la puissance nécessaire à l'industrie. Fermer une centrale nucléaire équivaut à ouvrir plusieurs centrales à fuel ou à charbon, ultra-polluante pour l'atmosphère.

Avec ses multiples réacteurs, la France est le pays industriel le moins polluant parce qu'elle tire 80 % de son électricité des centrales nucléaires. Il ne faut certes pas badiner avec la sûreté ; c'est le mérite des écologistes de le rappeler, et la leçon de Tchernobyl. Mais l'hypocrisie de certaines cités italiennes qui se proclament, par voie d'affiche, « dénucléarisées » alors qu'elles importent leur électricité des centrales atomiques de France fait sourire !

On parle, de nos jours, beaucoup des flux migratoires. Ils sont importants, mais infiniment moins qu'au XIXe siècle où les bateaux jetaient par dizaines de millions les immigrants dans les ports américains. Aujourd'hui, les flux sont moins océaniques et davantage issus du voisinage : les Latinos franchissent le Rio Grande, les Africains la Méditerranée. Cependant, ils sont plus problématiques parce qu'ils mettent en relation des populations plus différentes que les flux de jadis. Les Africains noirs vers l'Europe ou les Latinos vers les États-Unis se distinguent plus fortement des populations déjà installées que les Européens des grandes migrations ne se distinguaient des Américains. Les flux migratoires, vieux comme le monde, obéissent à des lois sociologiques : modérés, ils enrichissent les pays où ils aboutissent ; excessifs, ils peuvent en submerger les indigènes et être ressentis comme des « substitutions de population » – sans parler d'exemples extrêmes et voulus comme l'invasion des Hans au Tibet.

Subsistent, en particulier dans les zones sahéliennes ou désertiques, des nomades éleveurs – Touaregs, Mongols, Maures, etc. – en voie de sédentarisation. Les Tziganes constituent un modèle plus curieux. Ce sont des nomades, mais nullement des éleveurs, et ils ont toujours vécu en symbiose avec le monde sédentaire. Ils sont aujourd'hui plus de 10 millions, originaires de l'Inde dont ils parlent encore les langues. Il s'agit probablement d'une caste chassée du sous-continent, on ne sait pourquoi ni par qui, aux environs du ixe siècle de notre ère et qui s'est dirigée vers l'ouest par vagues successives. Ils se sont progressivement différenciés en trois groupes. Les Roms vivent en Europe, en Amérique, en Australie. Accueillis par l'empereur d'Autriche qui essaya de les parquer en Bohême, ils en gardent le surnom de « Bohémiens ». Les Manouches vivent en France et en Italie. Les Gitans, en Espagne et dans le midi de la France. Catholiques mais travaillés par les Églises pentecôtistes, les Tziganes réussissent non sans mal à garder une forte identité et à vivre en semi-nomades dans les marges des sociétés occidentales, de superbes caravanes remplaçant parfois les carrioles à chevaux. Ils monopolisent les métiers du cirque, mais on en voit toujours tresser et vendre des paniers d'osier.

Nous avons évoqué les flux du tourisme de masse véhiculés par les avions charters. Réalité planétaire et fortement économique, cela reste une réalité fragile et trompeuse en ce qu'elle concerne des implantations provisoires et saisonnières.

En revanche, les cerveaux migrent de façon planétaire par avion, parfois pour de courtes périodes (les informaticiens indiens), mais le plus souvent pour toujours. C'est ce qu'on appelle l'exode des cerveaux des pays pauvres vers les pays riches, ou des pays endormis vers les pays dynamiques ou qui paient plus cher. Les États-Unis, dont le système de formation interne est peu productif – contrairement à l'apparence que donnent leurs universités prestigieuses (Harvard, MIT...) –, achètent ainsi sur le marché mondial les chercheurs qu'ils ne produisent pas en assez grand nombre. Mais il existe aussi, en plus petit, un drainage des cerveaux en direction de l'Europe. Le seul moyen d'enrayer ce phénomène serait la possibilité pour ces cerveaux de trouver du travail à leur niveau de compétence dans leur pays d'origine.

L'unification démographique est l'une des vraies réalités de la mondialisation. L'état « naturel » des populations est celui dans lequel on compte beaucoup d'enfants par femme et une forte mortalité infantile. Ce fut l'état habituel du monde jusqu'au XIXe siècle, l'humanité s'étant stabilisée autour d'un milliard d'individus.

L'état « moderne » de la démographie est celui dans lequel on compte peu de naissances par femme et une faible mortalité infantile. La médecine, à partir du moment où elle devint efficace avec Pasteur, a quasi supprimé la mortalité infantile, induisant un allongement des moyennes – que l'on confond toujours avec l'allongement de la vie individuelle. Quand les commentateurs nous disaient que l'espérance de vie d'un Indien était de trente-sept ans, ils voulaient seulement dire que de nombreux bébés indiens mouraient en bas âge, faisant baisser la moyenne. Mais on a toujours trouvé de beaux vieillards en Inde. Et la démographie indienne change très vite en ce moment.

En 1700, il fallait qu'une femme ait sept ou huit enfants pour qu'il en survive deux ou trois. Aujourd'hui, ce n'est plus nécessaire car, heureusement, les bébés ne meurent plus (ou beaucoup moins). Ainsi, la médecine a davantage révolutionné le monde que l'agriculture ou l'industrie – les médecins, qui sont en général des individualistes (serment d'Hippocrate), n'en ont guère conscience. On appelle ce passage d'un état à l'autre la transition démographique, notion que nous avons déjà rencontrée plusieurs fois au long de cet essai. La transition demande trois ou quatre générations, les femmes ne se rendant pas compte tout de suite que leurs enfants ne meurent plus. Ce décalage explique les « explosions » démographiques.

Au XIXᵉ siècle, c'est l'Europe qui explosa (à l'exception de la France), déversant des dizaines de millions d'émigrants sur le monde. Elle acheva sa transition vers 1960. L'« explosion » fut ensuite celle du tiers monde : les femmes n'y eurent pas davantage d'enfants que leurs grand-mères (sept ou huit), mais elles n'avaient pas compris que ceux-ci ne mourraient plus.

L'explosion européenne avait doublé le nombre des hommes : de 1 à 2 milliards ; celle du tiers monde l'a triplé : de 2 à 6 milliards. La crainte d'une explosion infinie fut l'un des thèmes du catastrophisme. Aujourd'hui, cette explosion est terminée. Les idées progressent comme des épidémies et l'idée du contrôle des naissances s'est imposée aux femmes jusqu'au fond du Yémen. La transition démographique est en train de s'accomplir. Seule l'Afrique noire n'en est pas encore là, mais elle y vient – et même le Maghreb.

En vérité, l'humanité, qui compte aujourd'hui 6,5 milliards d'individus, n'est plus menacée d'explosion. Elle continuera à croître légèrement en vertu de l'« inertie démographique » que représentent les jeunes déjà nés, puis s'arrêtera et même régressera. Nous avons d'ailleurs évoqué un très réel risque d'« implosion » à propos de l'Europe, de la Russie, de la Chine, du Japon.

La fin prévisible de l'explosion serait une bonne nouvelle si l'humanité se stabilisait à la croissance zéro, au simple mais assuré remplacement des générations. Il faut rappeler aux malthusiens que cet idéal exige de la femme qu'elle accepte les deux enfants nécessaires au remplacement, et quelques-unes trois, pour contrebalancer les femmes qui ne peuvent (ou ne veulent) pas en avoir. Le slogan des *yuppies* américains, « DINK » (Double Income No Kids – Double revenu, pas d'enfant), est une prescription suicidaire.

Bien avant les temps modernes, les grandes religions ont été de puissants facteurs de mondialisation, en particulier le christianisme, religion juive et messianique porteuse de l'idée que l'avenir peut être meilleur que le passé, de l'idée de progrès, messianisme laïcisé. Le christianisme a permis les avancées techniques et la conquête des mers. Nous avons souligné que l'horreur du changement du confucianisme ou le détachement du bouddhisme ne furent pas favorables au développement technique.

Les Chinois, nous l'avons dit, ont tout inventé – la poudre, la boussole... –, mais ils n'ont voulu se servir de rien, tout cela restant pour eux des jeux de société. Les Européens chrétiens ont vu la poudre et ils ont fondu des canons – on ne soulignera jamais assez les dommages collatéraux des bonnes idées...

Lié à la conquête européenne des mers, le christianisme est présent plus ou moins dans le monde entier. C'est une religion « attrape-tout ». Elle baptise et assimile volontiers les réalités culturelles qu'elle rencontre. Pour cette raison, elle se présente sous des aspects très variés : la ressemblance entre un catholique philippin et un luthérien danois n'est pas évidente.

L'islam, au contraire, impose à ses fidèles une forte empreinte. Partout, alors qu'il n'est pas seulement arabe, mais aussi turc, persan, indien, le monde musulman, au-delà des différences doctrinales (sunnisme et chiisme), frappe le voyageur par une certaine uniformité. Par ailleurs, cette religion a connu son expansion principale dans l'univers sahélien et a eu du mal à sortir de sa niche écologique originelle, celle des cités-oasis. L'humidité, la forêt, la pluie l'ont fait reculer – nous l'avons noté aussi bien dans les Balkans que dans l'Afrique équatoriale. Mais toutes les règles ont leurs exceptions. En Malaisie, en Indonésie, l'islam a su devenir un islam des mers. Cette exception augure bien de sa capacité future d'adaptation, maintenant que l'émigration a mené des dizaines de millions de musulmans en Europe et en Amérique. Le jeûne du ramadan, par exemple, était prévu pour les pays où alternent le jour et la nuit (on jeûne le jour, on mange la nuit). Sur les forages pétroliers norvégiens du nord du cercle polaire où il n'y a pas de nuit l'été, comment faire ? L'adaptation de l'islam aux contraintes d'une géographie de diaspora est l'un des enjeux de l'Histoire.

Restent encore de nombreuses religions locales. Prospèrent toujours des religions continentales. Nous avons vu comment le bouddhisme, chassé d'Inde par les brahmanes, s'est recombiné avec divers animismes pour donner le tantrisme tibétain et le shintoïsme japonais, ou avec la sagesse de Confucius et le culte des ancêtres pour enfanter l'immense civilisation chinoise. L'hindouisme, encore plus stable, serait resté enfermé dans le sous-continent indien si l'ordre britannique n'en avait pas envoyé les hommes jusqu'à l'île Maurice ou à celle de la Trinité. Il existe ainsi, comme l'a montré Xavier de Planhol, « un fondement géographique [1] » de l'histoire des religions.

---

1. *Les Fondements géographiques de l'histoire de l'islam.*

Au long de cet essai, nous avons tenté de décrire tous les États de la planète – plus de deux cent vingt, dont beaucoup de micro-États. Mais nous n'avons pas encore parlé des États d'opérette. Ce ne sont pas même des micro-États, mais de simples survivances folkloriques consacrées par le temps et parfois détournées de leur rôle pour les besoins de la finance internationale. **Monaco** en est l'exemple type.

Cette petite ville de la Côte d'Azur française, où s'accroche à son rocher une vieille famille de nobles liguriens, compte à peine 6 000 citoyens et ne doit sa survie et sa prospérité qu'à ses casinos et à son système bancaire. Elle est en fait gouvernée par un préfet français.

Le **Liechtenstein**, à peine plus étendu, enclavé entre la Suisse et l'Autriche, joue sur un registre alpestre la même partition. Le prince de Vaduz est le dernier souverain absolu d'Europe.

Andorre et **San Marin** sont plus sympathiques. Les principautés ont en commun d'être constituées de villages de montagne. Les vallées d'Andorre (69 000 habitants tout de même) sont encore sous la double souveraineté de leurs coprinces, le président de la République française et l'évêque espagnol d'Urgel ; elles amusaient tant qu'elles ne prétendaient pas à la souveraineté. La ville de San Marin (28 000 habitants), perchée sur le mont Titan dans les Apennins, est resté l'organe témoin folklorique des cités-États italiennes de jadis. C'est le plus sympathique des États d'opérette, république depuis le Moyen Âge.

Le Vatican ne saurait être assimilé à ces principautés de comédie ; avec lui, on aborde la question des organisations internationales. C'est en fait une fiction juridique instituée par les accords du Latran conclus en 1929 avec l'Italie de Mussolini, accords qui assurent au chef de l'Église catholique une micro-souveraineté indispensable – croit-il – à son indépendance. Observateur à l'ONU, le Vatican conduit une diplomatie active et envoie des ambassadeurs (les nonces apostoliques) auprès des États, même non chrétiens, et ceux-ci sont nombreux à être représentés dans la cité pontificale : la France entretient ainsi à Rome une ambassade près l'État italien, au palais Farnèse, et une autre près le Saint-Siège, à la villa Bonaparte.

Au XXᵉ siècle sont nées de nombreuses organisations internationales. La première en date (si l'on excepte l'humanitaire Croix-Rouge), la Société des nations, sise à Genève, a été emportée par les remous de l'Histoire. La deuxième existe toujours, l'ONU (Organisation des Nations unies), et tient son mandat de la charte signée à San Francisco le 26 juin 1945. Elle siège à New York dans un immeuble de verre proche de l'Hudson. Tous les pays du monde (même aujourd'hui la Suisse) font partie de son assemblée. Son secrétaire général dispose d'un certain prestige. Un Conseil de sécurité (principale innovation par rapport à la SDN) de quinze membres, dont cinq « permanents », peut voter des résolutions. Autour de l'ONU gravitent des organisations vassales : l'UNESCO, à Paris, pour la culture ; l'OMS, à Genève, pour la santé (à Genève aussi, le Commissariat aux réfugiés) ; la FAO, à Rome (la France y délègue aussi un ambassadeur), etc. On ne saurait donner une liste exhaustive des organisations internationales dépendant ou non de l'ONU. L'OMC (Organisation mondiale du commerce), l'OIT (Organisation internationale du travail), le FMI (Fonds monétaire international) sont les plus notables.

La grande réussite de l'ONU par rapport à la SDN est que personne n'a jamais cherché à en sortir. Vaste usine à gaz par certains côtés, elle est cependant plus que le « machin » dont parlait avec mépris le général de Gaulle. C'est un forum utile. C'est aussi un « sceau » juridique dont les États-Unis eux-mêmes ne peuvent se passer totalement. Car il existe aujourd'hui – et c'est l'un des aspects positifs de la mondialisation – une opinion publique internationale liée à l'internationalisation des médias.

Les cinq membres permanents du Conseil de sécurité ont le droit de veto. Ce sont d'ailleurs des États disposant officiellement d'une force nucléaire : États-Unis, Grande-Bretagne, Russie, Chine et France. Le droit de veto est une arme juridique redoutable. Il ne faut pas se laisser abuser par l'écart de puissance qui existe entre les États qui en ont la jouissance : la simple menace d'un veto français à la guerre d'Irak de 2003 a beaucoup embarrassé les États-Unis...

On parle régulièrement d'augmenter le nombre des membres permanents. Il faut comprendre que l'accord qui a été possible sur leur désignation en 1945 dans les circonstances exceptionnelles de la fin d'un terrible conflit mondial ne le serait plus aujourd'hui. La présence du Brésil serait souhaitable, mais elle se heurte à l'opposition du Mexique, candidat lui aussi, et *vice versa*. La nomination de l'Allemagne, soixante ans après la fin de la guerre, s'imposerait afin de tourner la page, mais l'Italie, qui y prétend, ne veut pas en entendre parler. L'Inde est une grande puissance, le Japon encore plus, mais la Chine s'oppose avec énergie à leurs candidatures (celle de l'Inde, en outre, mécontenterait le Pakistan...). On évoque aussi l'idée d'un siège unique pour l'Union européenne. Mais la dernière guerre d'Irak, à propos de laquelle les États européens furent d'un avis absolument contraire les uns des autres, suffit à démontrer la vanité d'un tel projet.

Quel que soit le mérite de l'ONU, la vérité est qu'il n'existe pas d'État mondial, si ce n'est l'ordre hégémonique imposé – quand ils le peuvent – par les États-Unis. Et les deux langues de travail des organisations internationales sont, par voie de conséquence, l'américain et l'anglais (malgré une présence symbolique du français).

Un État mondial est-il souhaitable ? Platon s'était posé la question, et ce n'était pas pour lui un problème théorique : il a été le maître d'Aristote, et Aristote celui d'Alexandre, lequel allait conquérir le monde. Or Platon a répondu par la négative : à cause de la faillibilité de l'homme, un État mondial serait dangereux s'il devenait mauvais. Il faut qu'existent Sparte et Athènes, et une concurrence-émulation entre elles. La leçon est toujours actuelle.

N'oublions pas non plus que, en tant que mammifère, l'homme reste un animal territorial « qui pisse aux quatre coins ». Il a besoin d'un territoire. On ne doit pas davantage refouler le patriotisme qu'on ne peut refouler la sexualité. Freud nous a appris combien le retour du refoulé est dangereux. Si l'on supprimait par exemple la France, on ne supprimerait pas le patriotisme. Il s'investirait plus bas (l'Union européenne n'étant qu'une institution « affectivement froide »), on ferait surgir de petites nations oubliées : la Bretagne, la Corse, l'Occitanie, etc. Serait-ce un progrès ? Les vieilles nations ont jeté leur gourme et leur venin – mais non pas les nouvelles, qui donneraient naissance à des nationalismes xénophobes et agressifs plus qu'à des patriotismes ouverts. Les exemples sont nombreux.

Le véritable problème est celui de l'adhésion. Tout pouvoir repose, en définitive, sur le consentement du peuple, même le pouvoir dictatorial : quand les Russes ont préféré le « supermarché » au « grand soir », le communisme s'est effondré dans l'heure, en dépit du KGB. La seule exception à cette règle est le cas d'occupation d'un peuple par une armée étrangère : la Pologne n'était communiste qu'à cause de l'Armée rouge. La démocratie ne se distingue pas de la dictature par l'intensité du consentement, mais par la liberté qu'elle reconnaît aux voix discordantes, aux minorités et aux opposants, par les mécanismes de régulation qu'elle implique. Il faut aux hommes des patries qu'ils puissent aimer (à l'exception d'une mince couche de bobos cosmopolites, *de facto* américains), l'enjeu étant d'éviter le patriotisme fermé et xénophobe, de tendre vers des patriotismes ouverts. Tout au long de cet ouvrage, nous avons noté le « plus » que cela apportait aux peuples. Or, quel est le bon niveau où situer la patrie ?

L'humanité n'a connu que trois formes d'organisation politique : la cité, la nation et l'empire. Toutes trois subsistent aujourd'hui : Singapour est une cité-État ; la France, un État-nation ; la Chine, un empire. Une véritable patrie (expression que nous avons souvent employée faute de mieux) requiert une portion conséquente de territoire et une population non négligeable, mais ces constantes peuvent varier. L'Islande (350 000 habitants sur 100 000 kilomètres carrés) et la Russie (140 millions d'habitants sur des millions de kilomètres carrés) sont deux véritables patries d'échelle opposée. Disons que les dimensions moyennes d'espace et de population seraient les plus raisonnables, mais il y a aussi l'histoire vécue ensemble et l'avenir possible. Il faut aux patries de l'affectivité, de l'*affectio societatis*. Cela ne se décrète pas, et là est le problème de l'Union européenne. Chaque homme devrait, doit de toute façon avoir deux patries : la sienne et la planète Terre.

Certains climats ne sont supportés que par les indigènes. La touffeur équatoriale, par exemple, tue les Européens à petit feu. À l'inverse, l'interminable hiver scandinave déprime l'Africain et l'accable de maux. Le chauffage et la climatisation (on parle trop peu de la climatisation, qui est comme le fond de l'air que respire toutes les classes dirigeantes du monde) semblent avoir aboli les climats. Il n'en est rien. Si l'homme est le seul être vivant à s'acclimater partout (l'anorak de l'eskimo), tous les peuples ne s'acclimatent pas partout instantanément. Tous les climats du monde ne sont pas aussi favorables à l'épanouissement de l'humanité. Les zones tempérées du globe concentrent 90 % des richesses planétaires et cette concentration ne doit rien au hasard.

La contrainte climatique (qui s'explique par la conjugaison de la latitude et du relief) permet également de relativiser la superficie globale des pays comme facteur de leur puissance. Aux yeux du géographe, ce qui compte, c'est la surface utile. Prenons l'exemple de la Russie, l'État le plus vaste de la planète, sa surface utile égale à peine celle de la France. De même, la Chine ou les États-Unis sont des pays immenses et... en grande partie vides ! Au contraire, l'Italie est presque intégralement habitable et habitée d'ailleurs.

Si l'on revient, à présent, à notre question originelle : la mondialisation est-elle une réalité ? Il nous faut constater que cette réalité est modeste. Pour l'essentiel, ce que l'on appelle la mondialisation résulte de l'échange d'informations et de biens et de services par les Occidentaux entre eux et avec 10 % des peuples d'Asie.

In fine, la mondialisation ne touche qu'une minorité de terriens. Pourtant à considérer les masses d'argent échangées et leur progression fulgurante ces dernières décennies, beaucoup sont persuadés de la réalité invincible de la mondialisation. Là encore, les apparences sont trompeuses. Sur 100 dollars échangés chaque jour dans le monde, moins de 10 correspondent à des transactions « réelles » pour parler comme les économistes, les 90 autres relèvent de la pure finance : fusions-acquisitions, investissement, opérations de compensation, de couverture de risque, etc. La fameuse « globalisation économique » relève donc principalement d'une bulle financière.

Si le capital s'est bel et bien planétarisé (l'épargne abondante en Occident se place dans une Asie où le travail est bon marché), le travail reste fort peu mobile. Nous l'avons déjà signalé, les flux migratoires restent de faible ampleur par rapport à ce qu'ils furent au XIXᵉ siècle. Moins de 1 % des terriens trouvent leur conjoint dans un rayon de plus de 100 kilomètres autour de leur lieu de naissance.

Pour conclure ce long voyage, constatons que la mondialisation existe, mais qu'elle est seulement une mince pellicule d'individus ou un écheveau de réseaux parmi lesquels, aujourd'hui, Internet. Par-dessous, le monde reste incroyablement structuré par sa géographie. Il est varié, incroyablement divers, beau, passionnant.

Les images, les réseaux (avions, Internet), la climatisation (on parle trop peu de la climatisation, qui est comme le « fond de l'air » de toutes les classes dirigeantes du monde) n'effacent pas la campagne normande, les dunes du Sahara, les cimes enneigées de l'Himalaya, l'immensité toujours renouvelée des flots. Le bourgeois de Stockholm ne saurait regarder le soleil de la même façon que le bourgeois de Singapour ! Par-dessous la mondialisation, la géographie est toujours là.

Index

Table des cartes

Table des matières

Table

Jean-Claude Barreau
et Guillaume Bigot
dans Le Livre de Poche

Toute l'histoire du monde   nᵒ 30752

Il y a un siècle, ceux qui savaient lire savaient aussi se situer dans l'espace et dans le temps. Il n'en est plus ainsi. Les Français, et d'ailleurs tous les Occidentaux, sont devenus, pour la plupart, des hommes sans passé, des « immémorants ». Notre modernité fabrique, hélas, davantage de consommateurs-zappeurs interchangeables que de citoyens responsables, désireux de comprendre et de construire. Est-il possible de déchiffrer l'actualité sans références historiques ? Comment situer, par exemple, les guerres d'Irak sans avoir entendu parler de la Mésopotamie ? On voit tout, tout de suite, en direct, mais on ne comprend rien. D'où l'idée simple, ambitieuse et modeste à la fois, d'écrire un livre assez court qui soit un récit de l'histoire du monde, fermement chronologique, pour tous ceux qui souhaitent « s'y retrouver » et situer leur destin personnel dans la grande histoire collective de l'espèce humaine.

Jean-Claude Barreau
dans Le Livre de Poche

Toute l'histoire de France   n° 32677

Comprendre la France d'aujour-
d'hui, c'est savoir quelles sont ses
origines. Connaître l'histoire de
France, c'est avoir une vision
claire et ordonnée des faits. Voilà
le sens de ce livre. La France n'est
pas née spontanément et n'a jamais été un espace géopolitique
naturel. Elle est le fruit d'une lente
mais constante volonté politique :
unir la Méditerranée à la mer du
Nord. La nation que nous « habi-
tons », cette France que nous tra-
versons si vite, a connu des moments de gloire immense mais
aussi des heures sombres. Des périodes si troubles qu'elle
faillit disparaître. Jean-Claude Barreau remémore les grandes
étapes de cette histoire et en donne, avec pédagogie et passion,
une interprétation. Il propose ainsi au lecteur d'appréhender le
présent indécis de la nation française à la lumière de son passé
millénaire.

Des mêmes auteurs :

Jean-Claude Barreau :

Essais

La Foi d'un païen, Seuil, 1967 (Livre de vie, 1968).
Qui est Dieu ?, Seuil, 1971.
La Prière et la drogue, Stock, 1974.
Pour une politique du livre, Dalloz, 1982 (en collaboration avec Bernard Pingaud).
Du bon gouvernement, Odile Jacob, 1988.
De l'islam et du monde moderne, Le Pré-aux-Clercs, 1991 (Prix Aujourd'hui, 1991).
De l'immigration, Le Pré-aux-Clercs, 1992.
Biographie de Jésus, Plon, 1993 ; Pocket, 1994.
Les Vies d'un païen, Plon, 1996.
La France va-t-elle disparaître ?, Grasset, 1997.
Le Coup d'État invisible, Albin Michel, 1999.
Tous les dieux ne sont pas égaux, Jean-Claude Lattès, 2001.
Bandes à part, Plon, 2003.
Les Vérités chrétiennes, Fayard, 2004.
Toute l'histoire du monde, Fayard, 2005 (en collaboration avec Guillaume Bigot).
Y a-t-il un dieu ?, Fayard, 2006.

Immigration et bien commun, F.-X. de Guibert, 2007 (en collaboration avec R. Cagiano de Azevedo et R. Fauroux).

Les Mémoires de Jésus, Fayard, 2007.

Les Racines de la France, éd. du Toucan, 2008.

Nos enfants et nous, Fayard, 2009.

Paroles d'officiers, Fayard, 2010 (en collaboration avec J. Dufourcq et F. Teulon).

Tout ce que vous avez toujours voulu savoir sur Israël sans jamais oser le demander, éd. du Toucan, 2010.

Un capitalisme à visage humain : le modèle vénitien, Fayard, 2011.

Sans la nation, le chaos, éd. du Toucan, 2012.

L'Église va-t-elle disparaître ?, Seuil, 2013.

ROMANS

La Traversée de l'Islande, Stock, 1979 (téléfilm Antenne 2, 1983).

Le Vent du désert, Belfond, 1981.

Les Innocents de Pigalle, Jean-Claude Lattès, 1982.

Oublier Jérusalem, Actes Sud, 1989 ; J'ai lu, 1991.

Guillaume Bigot :

Les Sept Scénarios de l'Apocalypse, Flammarion, 2000.

Le Zombie et le Fanatique, Flammarion, 2002.

Toute l'Histoire du monde, Fayard, 2005 (en collaboration avec J.-C. Barreau).

Le jour où la France tremblera, Ramsay, 2005 (en collaboration avec Stéphane Berthomet).

La Trahison des chefs, Fayard, 2013.

Le Livre de Poche s'engage pour l'environnement en réduisant l'empreinte carbone de ses livres. Celle de cet exemplaire est de : **600 g éq. CO₂**

PAPIER À BASE DE FIBRES CERTIFIÉES

Rendez-vous sur www.livredepoche-durable.fr

Composition réalisée par NORD COMPO

Achevé d'imprimer en décembre 2013 en Espagne par
Black Print CPI Iberica, S.L
08740 Sant Andreu de la Barca
Dépôt légal 1re publication : septembre 2009
Édition 04 – décembre 2013
LIBRAIRIE GÉNÉRALE FRANÇAISE – 31, rue de Fleurus – 75278 Paris Cedex 06